U0163000

江苏高校哲学社会科学研究重大项目：李善兰译著《植物学》研究（项目编号：2021SJZDA179）
项目资助

晚清《植物学》译介及其科学文化意义研究

孙雁冰 著

南京大学出版社

图书在版编目（CIP）数据

晚清《植物学》译介及其科学文化意义研究 / 孙雁冰著 .
－－ 南京：南京大学出版社，2023.12
ISBN 978-7-305-27592-0

Ⅰ .①晚… Ⅱ .①孙… Ⅲ .①植物学－著作－翻译－
研究 Ⅳ .① Q94 ② H059

中国国家版本馆 CIP 数据核字（2023）第 255328 号

出版发行　南京大学出版社
社　　址　南京市汉口路22号　　　　　　邮　编　210093

WANQING ZHIWUXUE YIJIE JIQI KEXUEWENHUA YIYI YANJIU
书　　名　**晚清《植物学》译介及其科学文化意义研究**
著　　者　孙雁冰
责任编辑　刘　飞　　　　　　　　　编辑电话　025-83592146

照　　排　南京新华丰制版有限公司
印　　刷　苏州市古得堡数码印刷有限公司
开　　本　787mm×1092mm　1/16　印张13.5　字数270千
版　　次　2023年12月第1版　2023年12月第1次印刷
ISBN　978-7-305-27592-0

定　　价　58.00元
网　　址：http://www.njupco.com
官方微博：http://weibo.com/njupco
官方微信号：njupress
销售咨询热线：（025）83594756

▶ 序 ◀

晚清第二次西学东渐带来了中西方科技交流的繁荣，也带来了中国历史上的第二次翻译高潮。在此期间以西方来华传教士为主体而翻译的西方书籍，虽以宗教类为主，但其中也包含大量颇具影响力的西方近代科学著作，由此促进了晚清及后世中国科技的发展。

1842年鸦片战争后，中国备受西方列强的欺凌。在魏源"师夷长技以制夷"的主张提出之后，越来越多的有识之士意识到，"科学救国"才是实现国家强大的根本所在，有不少学者开始从事西方近代科技著作的译介工作，晚清时期的李善兰（1811—1882）正是其中的代表人物。李氏学贯中西，被称作中国近代科学的先驱，晚清科技翻译第一人。他先后翻译了近10部颇具影响力的西方科技著作，内容覆盖天文学、数学、物理学、植物学等多个领域，梁启超认为其科技翻译成就不亚于徐光启。尤其是李善兰主译的《植物学》一书，内容突破了中国传统植物学经验主义与实用主义的范畴，是中国第一部具有现代科学意义的植物学著作，在中国植物学发展史上占据重要的地位。

作为中国近代植物学的开山之作，李善兰《植物学》所介绍的主要是基础性的西方近代植物学知识。其中，包括植物形态学与解剖学方面的，如细胞、根茎叶、花果种子；植物分类与生理生态方面的，如植物系统与演化、繁殖、腐烂的基本原理、光合作用、呼吸作用及其他相关科学知识等。译著中行文语言简洁贴切，创译了许多植物学方面的专门术语，且大量术语沿用至今。李善兰等译者在创译过程中尽量采取中国传统植物学中已有的表达方式，这样便于为当时的中国植物学研究者及普通民众所接受，从而助力晚清中国植物学的现代转型及本土传播。

19世纪，西方近代植物学研究已然进入全面发展阶段，而晚清植物学却依然徘徊在传统植物学研究的范畴；同时，立足于晚清西学东渐的时代背景，中西方科技交流日渐频繁，科学救国思潮的影响日渐扩大。因此，《植物学》汉译的发生既是中西方植物学发展到一定阶段的必然产物，也受到彼时社会历史语境的影响。

由于《植物学》是李善兰等译者根据晚清植物学发展实际情况和需要进行的"有目的"的选译，同时也受到三位译者个人学术经历、宗教信仰等的影响，因此，为后世考证其外文原本带来了极大的难度。通过对三位汉译者的学术经历和科技翻译经历等进行梳理，并深入分析《植物学》的内容结构、配图、思想观点和内容性质等，进一步考证《植物学》的外文原本，认为《植物学》以《植物学基础：结构、生理、分类及药用》（*Elements of Botany: Structural, Physiological, Systematical, and Medical*）一书作为主要外文参考来源，以其中的知识体系作为构建译著的主要知识框架，其中融合了李善兰、韦廉臣及艾约瑟个人的学术观点、学术倾向性及宗教观点。

《植物学》具有丰富的科学文化价值。通过将《植物学》与《植物名实图考》《植物图说》及部分清末民初代表性植物学著作、教科书进行对比，进一步明晰《植物学》在推动中国传统植物学研究向近代研究过渡方面，所发挥出的承上启下的关键作用。《植物学》的文化信息量极为丰富，是了解晚清中西方科技文化交流的重要参考凭证，此外，《植物学》的文化影响力远超科学影响力。

《植物学》具有一定科技翻译价值。这主要表现在《植物学》译文及创译的术语可以运用翻译目的论、译者主体性、生态翻译学等当代翻译学理论进行分析解读，尤其译著中所创译的术语，加快推进了近代植物学学科术语规范形成。此外，《植物学》也能够客观折射李善兰兼容并包的科技翻译思想，进一步丰富李善兰"晚清科技翻译第一人"的研究内涵。

当然，限于晚清第二次西学东渐的总体特征及西方来华传教士"科技传教"的科技翻译目的，《植物学》也具有一定的局限性：书中有多处自然神学主导的痕迹，缺乏深度科学理论的支撑；此外，从当代植物学研究的视角看来，《植物学》中所介绍的植物学知识较为浅显，甚至少数表述存在错漏之处。对《植物学》开展系统性的研究，有助于我们对之产生客观、理性的认识，从而更好地掌握晚清中西方科技交流发生发展的经过与特征。

著　者

2023年10月

▶目　录◀

第一章　绪　论

第一节　研究背景

一、选题依据

本研究为植物学史研究，属科学史研究范畴，其中也涉及翻译学的部分研究内涵。《植物学》为晚清西学东渐时期植物学方面的首部译著，也被称作中国植物学史上第一部介绍近代植物学知识的著作，由李善兰（1811—1882）和英国来华传教士韦廉臣（Alexander Williamson, 1829—1890）、艾约瑟（Joseph Edkins，1823—1905）"有目的"选择西方植物学研究中的部分基础性知识辑译而成。《植物学》的汉译出版为晚清植物学界带来了全新的视角，在推动晚清植物学进步与发展方面发挥出了不可替代的作用。《植物学》前七卷由李善兰与韦廉臣翻译完成，后因韦廉臣返回英国，第八卷便由李善兰与艾约瑟共同完成。

与西学东渐时期的其他科技译著一样，《植物学》的翻译同样采取了"合译"的方式。"合译"即合作性的翻译，通常由西方来华传教士口述，中国学者进行笔述，为明末清初及晚清西方科技译著翻译过程中所普遍采取的方法。"合译"的翻译方法具备一定的特色，既可以克服中国学者不懂外语的困难，也可以解决西方传教士文言文造诣不足的问题。虽然"合译"法可能带来目标语与源语之间的不匹配，也可能造成译文传情达意方面的不足，但限于多方面客观因素的制约，"合译"法无疑是晚清西学东渐时期科技翻译中所能够采取的最佳翻译策略。

由于19世纪中西方植物学发展的差距，在《植物学》汉译发生前，晚清植物学界对西方近代植物学知识了解较为有限；大多数植物学术语在中文中尚未有对应的表达方式，因此，李善兰等译者的工作带有一定的开创性质。为便于晚清植物学研究者对译著中所引介科学知识的理解，李善兰等译者极为重视译著中相关植物学术语的汉译。书中除对极少数原产于国外的植物名称采取音译法外，大多数术语均采用意译法译介完成。《植物学》的科学价值得到学术界的普遍认可。《植物学》中所引介的植物学知识及所创译的术语，既向晚清植物学界呈现了全新的知识内容，也进一步推动了植物学学科的规范性发展，甚至"植物学"这一界定学科名称的表达方式也是在《植物学》中创译而来。译著中所引介的西方近代植物学知识拓展了晚清植物学研究者的视野，引领晚清植物学研究逐渐进入近代意义研究阶段，是清末民初中国植物学发展的基础。

在中国植物学发展史上，《植物学》是一部转折之作，具有一定的启蒙性质。在《植物学》汉译发生后，晚清植物学研究的重点即由本草学等传统植物学研究内容转向具有近代意义特征的植物学知识方面，清末民初多部介绍近代植物学知识的译、著作及教科书等均立足于《植物学》，并以其作为参考蓝本。19世纪后半叶，西方来华传教士傅兰雅先后编译了《论植物》《植物须知》及《植物图说》等三部与近代植物学研究有关的译著。傅兰雅在这三部译著的术语翻译中，充分借鉴了《植物学》，部分术语翻译沿用了《植物学》中的表达方式。

《植物学》汉译的影响还远播日本，对日本植物学的向上突破与发展等也产生了积极的影响。《植物学》中所引介的大量西方近代植物学知识及术语表达方式在传入日本后，受到日本植物学界的普遍认可，并将相关知识及术语表达应用至其植物学研究工作中，如日本植物学译著《植物译荃》中所收录的植物名称，其中有12个植物科的名称即引自《植物学》。20世纪60年代日本出版的《日本科学技术史大系》，把《植物学》作为在日本生物学发展史上产生重大影响的文献之一。

开展本选题研究的缘起，除译著《植物学》已展现的科学价值与影响力外，笔者还受到来自以下三方面因素的影响。

（一）对科学史学及植物学史研究价值的认可

对科学发展的历程进行总结与科学性的归纳，能够提高科学研究能力与哲学研究水平，也是能够更好地为科学服务的有效途径之一。概括而言，科学史研究是关于科学和科学知识的总结，相关研究工作既围绕科学的概念进行论述，又受到历史观的指导。同时，开展科学史研究也具有一定的现实意义——既能够促进正确科学观的树立，也有助于强化研究者自身对于科学技术的应用能力。甚至从某种程度出发考虑，开展科学史研究也兼具一定意识形态指导功能，即端正科学观的树立有助于国民形成关于本国科学发展史的正确认知与了解，进而加强民族荣誉感；换言之，在客观认知科学的发展历程及所取得的科学成果基础上，开展科学史研究同样有助于加强爱国主义教育。此外，开展科学史研究需要综合运用文科知识与理科知识，取长补短之下，能够最大限度地将文科与理科有效融合，从而赋予了科学史研究不可替代的功能。

中国早期的植物学研究可被归入广义博物学研究的范畴，为科学史学科中的重要专科史之一，其发展历程可追溯到人类开始有文字记载的时期，其研究成果以多种形式呈现，在相关领域及人类农业生产过程中产生了深远影响。因此，对植物学史开展系统性研究，有助于进一步提炼并深入解读中国传统植物学的研究成就；同时，立足于现代植物学研究框架，对古典植物学研究的成果进行归类研究，也能够为当代植物学发展提供参考依据与哲学思想支撑。

（二）客观认识晚清中西方科技交流活动的历史作用

晚清西学东渐时期的中西方科技交流具有其独有的特征，也曾发挥出了不可替代的作用。虽然在本时期，大量与宗教有关的内容被传播至中国科学界，且这一时期科技交流的目的并不十分纯粹，但同时，彼时所引进的西方近代科学知识在推动中国传统科学突破瓶颈并向近代意义研究阶段过渡方面确实发挥出了积极的历史作用；既将西方近代科学的部分研究成果直接引介至晚清科学界，也带来了西方近代科学研究中的研究思路与研究方法论，从而促进了晚清科学的可持续进步与发展。《植物学》为晚清中西方科技交流中的代表之作，也是中国植物学发展史上的转折之作。在《植物学》的汉译中，译者既引介了西方近代植物学知识，也从文化的视角向晚清科学界强调了科学思想、科学理念以及科学方法等对于科学的持续性发展进步的价值；此外，彼时西方部分社会信息及人文信息也在开展科技交流的过程中被传达给晚清读者，从而实现了科学与文化在较为广阔的学术领域和社会领域的整合，进一步赋予了《植物学》长久的文化影响力。

二、研究目的

立足于已有的研究，本研究就《植物学》的科学贡献、科学文化意义、科技翻译价值、所依据的外文原本等问题进行了系统性研究。通过深度挖掘史料、研判文本，本研究拟实现如下研究目的。

第一，形成对《植物学》所依据外文原本问题的再认识。

总结学术界目前对于《植物学》外文原本问题几种较具影响力的说法，并对之进行分析解读，进而系统梳理约翰·林德利（John Lindley）的植物学研究经历，深度发掘在《植物学》内容体系中所蕴含的线索，并将《植物学》与约翰·林德利的植物学研究成果进行对比；同时，也根据《植物学》译文的行文表达方式与翻译策略，采用跨学科的研究方法，从科技史学与翻译学研究的双重视角出发，对《植物学》的外文原本问题形成再认识，并得出研究结论。

第二，探讨《植物学》的科学贡献。

在系统分析《植物学》内容体系与科学特征的基础上，同时考察中国传统植物学发展的历程及传统植物学向近代植物学过渡的过程，将《植物学》与《植物名实图考》、傅兰雅《植物图说》及清末民初代表性植物学著作、教科书等进行对比，从而进一步彰显《植物学》在中国植物学发展史上的重要地位及其里程碑价值意义的发挥。

第三，论证《植物学》的科学文化意义及科技翻译价值。

作为发生在西学东渐时期的代表性科技译著及晚清第一部系统介绍近代植物学知识的植物学译著，《植物学》一书产生了丰富的科学文化意义。本研究运用翻译学研究中的部分理论，分析《植物学》中所创译的植物学术语的翻译起源及产生的科学价值等，进一步阐释《植物学》的科学意义；同时运用当代翻译学理论对《植物学》进行全方位的解读，从而提炼《植物学》中所包含的李善兰科技翻译思想。此外，基于对译著文本的深度分析研判，本研究也进一步阐释《植物学》的文化内涵，为论证《植物学》的文化意义提供直观的佐证。

三、研究意义

《植物学》在中国植物学发展史、生物学发展史、中西方科技交流史及晚清西学东渐时期①，均产生了不可忽视的影响力；对其开展系统性、深入研究，具有如下研究意义：

（1）有助于开展与晚清中西方植物学交流途径、内容和特点以及中国近代植物学发端过程和影响等内容有关的研究工作。本研究从跨学科的研究视角出发，将科技史学研究方法与翻译学研究方法有机融合，并综合运用多种研究方法，深度挖掘史料，系统分析《植物学》译文翻译特色及创译术语的价值，强调晚清科技翻译这一科技交流主要手段的开创性特征与学术价值，并提炼其中所蕴含的文化价值，从而对《植物学》的科学文化价值等多方面的内涵与问题形成再认识。

（2）有助于进一步客观认识晚清西学东渐的历程和意义。本研究以探讨《植物学》的科学价值作为研究出发点，系统论证《植物学》在推动中国传统植物学研究向近代意义研究阶段过渡过程中的推动作用；在此基础上，进一步阐述西方近代科学知识、科学方法、科学思想、科学习惯等的传入，对于推动中国科学界打破传统研究障碍的束缚，并向近代科学研究逐步过渡且实现突破性发展的作用和价值；在此过程中，本研究也进一步指出了《植物学》的局限与不足之处，从而有助于当代学术界对晚清西学东渐的历程和影响力产生更加客观的认知。

（3）探讨《植物学》的科学文化意义具有一定的现实应用价值。科学文化的多方面内涵已充分融入社会主义核心价值理念的方方面面；对科学文化内涵进行探讨有助于进一步推动相关专业的发展，总结、回顾科学文化则是推动人类文化演进历程前行的重要动力源泉。本研究的切入视角为晚清科技文献翻译研究，研究内容涉

① 孙雁冰. 论李善兰译者主体性在晚清《植物学》汉译中的发挥［J］. 出版广角，2019（13）：88–90.

及目标科技翻译文献的多个方面，相关研究结论对于进一步发掘晚清中西方科技交流的开展情况及当代科技史学及翻译学研究均有一定助益。

此外，本研究中所涉及的关于中国植物学学科发展历程的总结与归纳，也有助于当代植物学与科技哲学研究水平的提高。本研究类属科技史学研究的范畴，围绕植物学（包括生物学）学科概念进行论述，既受到历史观的指导，也能够为植物学学科发展服务；同时，开展本选题研究有助于相关研究人员进一步树立正确的科学观，并提升自身对科学的应用能力。

从某种程度上看，开展本选题研究也兼具一定的意识形态功能，研究中所树立的正确科学观的树立有助于我们形成关于本国植物学发展史的正确认知与了解，进而增强民族荣誉感。

第二节　文献综述

19世纪中期是第二次西学东渐中西方科技交流的关键时期[①]，同样也是西学东渐时期中西方植物学（甚至生物学）交流较为活跃的阶段。作为中国第一部植物学方面的译著，学术界对于《植物学》一书的科学价值给予了充分肯定；并开展了一系列较为系统的研究。国内外学术界已有关于《植物学》及其相关内容的研究，主要集中在以下四个方面：

一、关于《植物学》的宏观性研究

国内学术界对《植物学》在中西方科技交流史、中国植物学史上的贡献给予了充分肯定。已有研究主要关注《植物学》宏观层面的介绍，研究内容涉及了《植物学》的多个方面，包括《植物学》汉译基本特征、译著者信息、科技贡献等，主要呈现在与生物学史的相关研究中。在这方面研究取得一定研究成果的学者包括汪子春（1984）、罗桂环（1987）等人。此外，汪振儒（1988）、熊月之（2006）、潘吉星（1984）、沈国威（2012）、刘华杰（2008）、闫志佩（2008）等学者也曾就晚清《植物学》的篇幅、基本内容、引介的植物学术语、在植物学史上的价值等进行了研究。其中，汪子春先生对于植物学的研究开始时间较早，多次撰文对《植物学》的性质、所引介的植物学知识特点及其翻译出版的科学贡献等做了较为系统的研究。此外，汪子春先生的研究也论及了李善兰等译者的科技翻译经历及《植物学》

① 孙雁冰. 晚清（1840—1912）来华传教士植物学译著及其植物学术语研究［J］. 山东科技大学学报（社会科学版），2019（6）：33-38.

在日本植物学界所产生的影响等。罗桂环先生的研究主要阐述了《植物学》在中国生物学史上的地位及作用，并从植物学术语创译的视角出发，就《植物学》中的术语与其他来华传教士的植物学著、译作进行了对比，从而进一步肯定了李善兰等译者所做开创性工作的意义。

国外学术界开展的相关研究也主要集中在《植物学》一书对于中国植物学发展的贡献方面，相关内容主要体现在国外学者对晚清西书汉译的研究中。较具代表性的研究包括：D.Wright[①]在论证西方科技译著对于近代中国科学发展的贡献的同时，也探讨了《植物学》在中国生物学发展史上的价值和意义；而Metailie, G的*Sources for Modern Botany in China during Qing Dynasty*一文则从中国近代植物学发展的角度研讨了《植物学》一书的贡献和价值。此外，也有国外学者从科技术语形成与发展的角度，论述了晚清科技翻译的贡献和影响，如Benjamin A．Elman[②]从探讨中国近代术语的发展的角度出发，其中以少量篇幅论及晚清《植物学》中的植物学术语对于近代中国植物学发展的影响和意义。

二、关于《植物学》的微观性研究

关于这方面的研究，国内学者对此涉猎较多。在充分肯定《植物学》科学影响力的基础上，国内学者进一步针对《植物学》一书开展了许多微观层面的研究。刘华杰（2008）对《植物学》中的自然神学开展了研究，挖掘并分析了《植物学》中丰富但不为人所注意的自然神学思想。汪振儒（1988）、沈国威（2012）等学者针对"植物学"一词的起源、产生的科学影响及其对日本植物学术语的规范与发展等方面开展了深入的研究。卢笛（2013）对《植物学》中的真菌知识进行了考察；张翮（2017）从双语对校的视角，对《植物学》的术语翻译、文本翻译及配图等开展了较为细致、深入的研究，并就研究内容形成新的研究结论，在肯定《植物学》先进性的同时，也指出了在相关知识引介过程中的不足之处。这些研究为学术界进一步考证《植物学》的科学文化影响力提供了重要的参考依据。

三、《植物学》的外文原本问题

长久以来，关于《植物学》的外文原本，学术界较具影响力的说法有两种：（1）普遍观点是译自林德利的*Elements of Botany*（《植物学基础》），有多位知名

① Wright D. The Translation of Modern Western Science in Nineteenth-Century China [M]. Isis,1998.

② Benjamin A. Elman, On Their Own Terms: Science in China, 1550—1900 [M]. Harvard University Press, Cambridge, Massachusetts, and London, England, 2005.

学者对此予以支持，如：汪子春（1984）、熊月之（2006）等人，大家认为"《植物学》是根据英国植物学家林德利所著的《植物学基础》一书节译而成[①]"，但未深入探究所依据的《植物学基础》的具体版本及出版地；（2）译自 *The Outline of the First Principles of Botany*（《植物学初步原理纲要》）。通过进一步的考证，潘吉星（1984）等学者认为 *Elements of Botany* 并非《植物学》一书所依据的外文原本，且 *Elements of Botany* 这本书可能实际上并不存在，但关于所依据的 *The Outline of the First Principles of Botany*（《植物学初步原理纲要》）具体版次依然未有定论。赞同此结论的学者还有沈国威（2006）等。

由于《植物学》一书是李善兰等译者有目的的选译，译文及所选译的知识深受译者主观能动性的影响，带有一定的学术倾向性，因此，为学术界考据其外文原本带来了极大的难度。近年来，不断有学者对此展开考证研究，并形成新的结论。2015年，伦敦大学学院卢笛博士得出新的研究结论，认为《植物学》前六卷内容节译自多位西方人士的植物学著作，而后两卷内容依然原本不详；同时也认为，李善兰在翻译过程中对译文的加工也为考据《植物学》的外文原本带来了一定的难度。张翮（2017）认为，《植物学》的外文原本包括约翰·林德利的《植物学基础》（1849）、《植物界》（1853），《植物神学》（巴尔弗，1851）及《钱伯斯国民百科》（钱伯斯兄弟，1848）。这些研究结论为进一步考证《植物学》的外文原本提供了重要的参考依据。

四、关于约翰·林德利及其相关植物学著作的研究

关于这方面内容，国外学者开展了更加系统的研究：Rudolph E D.的 *Almira Hart Lincoln Phelps*（1793—1884）*and the Spread of Botany in Nineteenth Century America*，Shteir A B.的 *Cultivating Women, Cultivating Science: Floraps Daughters and Botany in England*（1760—1860），Schmd R.的 *Jean-Jacques Rousseau*（1712—1778），*an Early Student and Teacher of Botany*（1763—1778），三篇文章在探讨18和19世纪西方生物学发展的同时，也论及了林德利其他的代表性植物学著作，包括 *The Outline of the First Principles of Botany*（《植物学初步原理纲要》）的几个版本的介绍。而Green P S的 *Book Review of John Lindley*（1799—1865）：*Gardener-Botanist and Pioneer Orchidologist* 与Stearn W T的 *The Self Taught Botanists Who Saved the Kew Botanic Garden* 则针对约翰·林德利其人及其在植物学方面所取得的成就开展了较为深入的研究，其中论及了林德利植物学研究的特点及主要成就。这些研究为学术界进一步考证《植物学》的外文原本及其西方近代植物学的发展

---

① 汪子春.中国传播近代植物学知识的第一部译著《植物学》［J］.自然科学史研究，1984（1）：90-96.

演化提供了重要的参考依据。

　　自《植物学》汉译出版以来，学术界已对其给予了充分关注，且取得了丰富的研究成果，为开展本选题研究奠定了必要的基础。立足于已有的研究，本研究将深度挖掘史料，从多维度的视角分析《植物学》译文及其中所介绍的植物学知识的特点，进一步探讨《植物学》的科学文化影响力；并在此基础之上，从科技史学及翻译学的双重视角出发，进一步挖掘《植物学》中的文化附加值，从而进一步客观彰显晚清中西方科技交流的特征与结果。相较于以往的研究，本研究的研究视角更为新颖，研究内容更为具体，研究方法更具跨学科特性，从而更加有利于系统且深入的研究结论的获得。

第三节　基本内容结构

　　本研究以《植物学》作为研究对象，研究内容覆盖《植物学》文本内容及其相关要素，包含译者、汉译发生背景及科学文化影响力等多个方面。

一、汉译《植物学》的科学文化背景与条件

　　首先就19世纪中西方植物学的发展情况进行对比与论证，并进一步考证《植物学》汉译发生时的时代背景，从而为更好地还原《植物学》汉译发生的经过，提供佐证和依据。主要观点包括：在《植物学》汉译发生之前，西方即已进入近代植物学发展阶段，而在西方植物学突破发展后相当一段时间内，中国植物学依然停留在传统植物学研究的范畴，且进入19世纪后，双方植物学发展的差距进一步加大；此种日益明显的不均衡性及晚清西学东渐时代的大背景等均为《植物学》汉译得以发生的直接推动因素。因此，汉译《植物学》对于中国植物学发展乃至整个生物学的发展均具有促进意义。此外，译者的学术经历、科技翻译经历及墨海书馆所开展的科技翻译工作等，既是《植物学》汉译发生的前提，也是译著《植物学》实现其科学文化价值的必要保障。本研究在对这些内容进行系统梳理的基础上，进一步深度挖掘《植物学》的科学文化影响力。

二、《植物学》的内容体系及其外文原本问题

　　在深度解析《植物学》引介植物学知识内容的基础上，本研究进一步运用翻译学研究方法对《植物学》文本进行研讨，重点考察《植物学》中所创译的相关术语，

并对《植物学》所依据的外文原本进行考析。相关研究切入点包含两个方面：一是对约翰·林德利及相关植物学著作进行分析，解读《植物学》中所选译的内容，证实《植物学》所依据的外文原本；二是梳理和分析《植物学》所引介的西方近代植物学知识，并将其与中国传统植物学的内容进行对比，考察其优点及不足。

三、《植物学》的科学贡献

通过对中国植物学发展情况进行梳理及对中西方植物学的发展情况进行比较，进一步阐述《植物学》一书在中国植物学史上的地位及价值。《植物学》的科学意义主要由其所传播的植物学知识来实现，通过对这些知识进行分类梳理，进一步论述这些科学知识对于晚清植物学研究者研究视野的拓展及其在助力中国早期植物学学科建设等方面所发挥出的重要作用。研究切入点包括系统论述 "细胞"等一系列近代植物学概念、植物分类法、显微镜等科学仪器以及实验观察法等科学研究方法等的科学价值；此外，本部分研究也论及《植物学》汉译出版对日本植物学发展所产生的助推作用，为论述《植物学》的科学贡献提供了进一步的依据。

四、《植物学》的科学文化意义及其科技翻译价值

论证《植物学》在晚清中西方科技交流史上的重要地位，深度挖掘《植物学》中所包含的文化内涵与文化附加值，以及从多个角度考察其文化传播价值；在此基础之上，从当代翻译学研究视角出发，深入分析解读《植物学》中术语创译的翻译缘起与科学翻译价值，并在论证过程中提炼李善兰科技翻译思想，从而进一步彰显《植物学》的科学文化意义。

第二章 《植物学》汉译的时代背景与社会条件

图2-1 《植物学》内封（引自李善兰等：《植物学》）

《植物学》汉译的发生既受到其所处时代大背景的驱动，也是中西方植物学发展水平差异达到一定程度的必然产物。汉译《植物学》发生在晚清西学东渐中西方科技交流的高潮时期。历史上的西学东渐开始于明代中后期，早期代表人物为意大利籍来华传教士利玛窦。为更好地传播西方宗教教义，利玛窦逐渐在与明代文人志士接触的过程中总结出了"科学传教"的策略，即在传播西方科学知识的同时开展宗教传播工作，而科技翻译则是利氏所依赖的主要方式，并就此开启了中国历史上的第二次翻译高潮。另一方面，晚清科技发展水平从整体看相对滞后，植物学学科也是如此，相关研究工作依然停留在传统植物学的研究范畴之内。西方植物学研究自17世纪起即逐渐进入近代意义的研究阶段，中西方植物学发展的不均衡性在进入19世纪后表现得更加明显，这一背景因素也在客观上推动了《植物学》汉译的发生。晚清知名出版机构墨海书馆，则为西书汉译事务提供了翻译与传播的载体，为《植物学》汉译的发生发展及传播推广提供了必不可少的平台与条件保障。

第一节 晚清中西方科技交流的社会背景

晚清社会的整体环境因素决定了其文化特征。在文化形成与塑造过程中，来自政治环境、经济背景等诸多社会因素均可对环境产生一定程度的制约与影响。1842年后，西方列强的欺凌与侵略使得晚清逐渐丧失主权与民族的尊严，而清政府内部的腐朽无能更使得国家面临着内忧外患的双重困境，从而使民族日渐孱弱。在此背景下，国民强烈的民族危机感也日渐显著，越来越多的人意识到只有国家的强大才能保障民族尊严的存留。同时，鸦片战争爆发后，清政府被迫开放国门。随之而来的，除了西方列强的压迫外，西方文化开始逐渐渗透至晚清社会的各个角落。这种文化渗透主要从两个层面进行，既有西方国家出于文化侵略目的而进行的被动影响，也有中国思想进步的有识之士主观上的吸收。在西方文化主动与被动的双重干扰下，中国传统文化自信面临极大的挑战。而在1905年，极具封建特色的科举制度被正式废止后，代表传统儒学不再占据统治地位。在西方文化的冲击下，晚清的进步之士不断寻求文化思想的新出路。因此，晚清社会的社会文化背景较之前发生很大改变，社会整体的文化包容度较清朝前期也有了大幅的提高。

包容的文化观使得晚清的文人志士们学术见识日渐广博，越来越多的人不再封闭自守，也能够意识到西方近代科技的先进之处。尤其在魏源提出"师夷长技以制夷"思想后，文人志士的思想日益开化，晚清新型知识分子已然出现，且队伍不断发展壮大，代表人物包括李善兰、王韬、康有为、马建忠、郑观应等人，他们既能够正视当时中西方科技发展的差距，同时也具有爱国、救国的情怀。因此，1842年鸦片战争后，这些站在思想及科学前沿的进步之士逐渐发展成为一股具备明确群体意识的社会力量，这股社会力量力求通过翻译、教育、出版等方式，不断地从西方科技文化中吸收精华。他们的根本目标即为传播西方近代科学，使之服务中国科学界，从而推动晚清科技的进步与发展。在此过程中，科技翻译是一种较为普遍的，也是较为直观有效的科技交流方式，产生的影响也最为深远。

晚清的西书汉译无论在传播内容还是在传播形式方面，均较明末清初的科技翻译有了很大的提高与进步。一方面，也是主要因素，是由于明末清初时期来华传教士科技翻译的目的受到"科学传教"策略的主导更多一些，因而这一时期的科技翻译带有更强的宗教传播目的，且并未翻译当时西方已经成熟或最为前沿的科技著作。本研究已提到，"科学传教"策略的提出者为意大利籍天主教耶稣会士利玛窦（Matteo Ricci，1552 —1610）。除了传教士的身份，利玛窦也是一位具有广博学识的学者。他于16世纪末来到中国，是第一位深入中国内陆传教的西方来华传教士。鉴于之前罗明坚（Michele Ruggieri, 1543—1607）等传教士不成功的传教经历及他本人早期在传教过程中所遭遇到的阻碍，利玛窦等人得出结论，基督教的福音书并不能引起中国人尤其是封建士大夫阶层的兴趣，而西方的科学技术却更能够为他们所接受。因此，"他们（西方来华传教士）逐步采用了科学传教的方针，通过翻译大量中国人感兴趣的科技著作，循序渐进地推动天主教的传播"[①]。但是，由于"科学传教"策略主导下的科技翻译的最终目的为传播宗教，因此，明末清初的传教士科技翻译虽对中国传统科学的发展有一定的促进作用，但同时也存在一定的局限性。

比如，在由多位传教士参与编撰的明代《崇祯历书》中，并没有提及"日心说"，依然强调"地心说"[②]，然而彼时"日心说"在西方天文学界早已被提出，

---

① 李建中，雷冠群. 明末清初科技翻译与清末民初西学翻译的对比研究［J］.长春理工大学学报，2011（7）：84—86.

② 孙雁冰.明代来华传教士科技翻译对中国科技发展的意义［J］.潍坊工程职业学院学报，2016，29（5）：54—57.

且已盛行多年，并主导西方天文学研究的潮流。又如，由利玛窦与徐光启所合译的《几何原本》只有前六卷，主要原因即在于利玛窦认为只翻译六卷内容已经能够在明末数学界引起轰动，足够帮助他与明政府的上层士大夫搞好关系，从而达成其宗教传播的根本目的，因而中断了《几何原本》这部数学巨制的翻译工作。其后数百年间，《几何原本》汉译一直未得以继续；直到1856年，在墨海书馆的安排下，李善兰与伟烈亚力合力继续完成《几何原本》剩余九卷的内容。自此，《几何原本》完整中文译本才得以在中国问世。上述论证并非否定明末清初时期来华传教士科技译著的科技传播价值，因为这些科技译著及其相关知识的传入确实为彼时中国传统科学研究带来了全新的视角，在很大程度上也推动了明末清初中国科技的发展，其科技贡献是不可否认的。然而，从传播形式上看，明末清初时期，西方科技的在华传播带有一定的被动性质，即中国科学界对于早期西方科技知识的吸收不具备选择性，待译内容选择、翻译过程等均由西方来华传教士所主导。

晚清西学东渐时期所发生的西方科技著作汉译工作，依然采取"合译"的翻译方式，但中国学者却能够在此过程中却发挥出更大的主导作用，尤其在针对待译文本和待译科学知识的选定方面。这些参与西书汉译的中国学者普遍抱有科学救国的爱国情怀，迫切希望能够通过学习西方科学的长处来提升晚清社会的整体实力与发展水平；换言之，晚清的西书汉译及科学传播在化被动接受为主动吸收方面取得了极大的进步。因此，晚清来华传教士科技翻译中所传播的内容较明末清初更具针对性，对科学的进步与发展所产生的推动作用更加明显。

另一方面，西方科学在16—19世纪处于不断发展中，更为先进、更具近代意义的科学成果不断出现，因此，晚清的中西方科技交流过程中所传播的知识必然较明末清初时期有了质的飞越。

需要指明的是，晚清西学东渐时期的西方科学在华传播仍然带有明显的文化侵略特征；但不可否认，这一时期传入的西方近代科学知识切实推动了晚清科学的向前发展。清代后期实行的闭关锁国政策虽闭塞了大多数国人的视听，但魏源、李善兰、王韬、林则徐、徐继畬、梁廷枏等思想进步之士却能够突破枷锁，较早地意识到学习西方科学的先进之处有益于晚清社会的整体进步与发展，并真正参与到"科学救国"的实际行动中，同时也在推动晚清西学在华传播方面发挥出了积极的主导作用。

《植物学》的汉译正是发生在晚清中西方科技交流的高潮时期，其汉译受到了文化包容思想及科学救国思潮的影响，是较为成熟的科技译著，其科学传播目的坚定且明确，产生的科学文化影响力较为深远，也象征了在晚清西书汉译过程中中国学者主观能动性的发挥。

第二节 19世纪中西植物学发展的差异

一、中国传统植物学发展情况

《植物学》汉译的发生象征了近代植物学在中国的萌发，因此，本研究将汉译《植物学》的完成时间（1858年）作为中国植物学发展的转折点，即以1858年作为时间分界线：1858年前为中国传统植物学研究阶段，1858—1918年则为近代植物学的过渡及形成阶段。通过系统梳理中国古典植物学的发展简况，有助于我们更好地了解《植物学》汉译发生的背景及其对于中国植物学发展的推动与促进作用。

中国植物资源较为丰富，传统植物学研究起步较早，早期的植物学研究要领先于西方，但并未整合成为独立的学科，研究成果以多种形式呈现，通常与农业、医药学研究结合在一起，主要强调对"有用的"植物的研究。在有文字记载的历史上，最早关于植物知识的记载见于《诗经》（成书于公元前770—公元前476年，春秋时期）。中国传统植物学界偏重于在植物的实用与应用价值方面开展研究工作。研究的内容主要关注植物的食用性、药用性等。

1858年前，中国传统植物学研究经历了繁荣与发展阶段，并取得了丰富的研究成果。中国传统植物学研究可供追查的历史较为久远，相关研究的重点一直放在针对植物的"实用性"方面，包含可食用性、药用性等，研究成果较为丰富，成果呈现形式也较为多样化。在这些成果中，尤属本草学研究更具系统性，产生的影响力更大。但不足之处在于，中国早期的植物学研究并未作为一门独立的学科存在，甚至"植物学"这一术语也是在《植物学》汉译之后才得以问世。

广义的植物学研究覆盖范围较广，从原始社会早期的植物采集，将植物应用于人类生产生活实践中，到使用文字对归纳总结的植物学知识进行记载，均涵盖在植物学研究的范畴之内。早期含有植物学相关内容记载的文献资料包括：《管子》《山海经》《夏小正》《禹贡》《周礼》《诗经》《春秋》《左传》《仪礼》《列子》《尔雅》《楚辞》《吕氏春秋》《青襄经》《急就篇》《别录》《淮南子》《史记》《七发》《诗笺》《说文解字》《四民月令》《汉书》《礼记》《三礼注》《汉官仪》《白虎通义》《潜夫论》《瓠子之歌》《广雅》《毛诗正义》等。在这些文献中，《诗经》是中国最早关于植物知识的文字记载资料，"内容包括周初到春秋中叶（公元前1000—前500年）的诗歌300余篇，记载的植物共有132种，其中很多是有关采集和利用植物与农业的记载"[①]。而"植物"二字最早见于《周礼·地

---

① 王宗训.中国植物学发展史略［J］.中国科技史杂志，1983（2）：22-31.

官·大司徒》；《尔雅》中也有中国最早关于植物分类学的相关知识——植物有草本植物与木本植物之分。这些文献将古典植物学研究的精要记录在案，对早期的植物学研究进行了传承和记载，为后来的植物学研究提供了依据和参考。

传统植物学研究成型于东汉末年，始于《神农本草经》的编撰，并就此开启植物本草学研究时代。中国的本草学研究持续时间较长，从东汉末期起，直至1858年。前后几百年的时间内，传统植物学研究呈现百家争鸣的态势，有影响力的作品不断涌现。本草类、农书类、植物谱录类、区域植物志、含植物学知识的游记、史书、地方志、含植物学研究信息的文学作品（著作类及诗词类）等，均为传统植物学成果的呈现形式，这些研究成果反映了中国传统植物学研究的成就与重点，能够客观反映中国传统植物学研究的实用性与依靠经验开展研究的特点。

在本草类文献方面，东汉末年至1858年间，成书数量约有30余部（表2-1），研究内容以中医药学及其相关内容为主，研究视角多从植物的医用性和药用性出发，研究领域覆盖中医草药使用、食疗用途等多个方面，研究关注点主要集中在植物学的药用性和可食用性方面。此类文献多以"本草"作为题名，如《本草纲目》《本草拾遗》《食性本草》《救荒本草》《本草衍义》等均在此列。在本草类文献方面，也有多部著作采用配图的方式进行描述，为考证提供了更为形象化的依据，也在后世相关研究中更加充分地发挥出了"参考书"的价值。在相关文献中，《唐本草》（成书于公元659年）为中国首部采用配图的本草类书籍；配图最为全面的著作则为成书于晚清的《植物名实图考》（吴其濬）。

表 2-1　东汉末年至 1858 年间成书的本草类文献

作品名称	作者	成书时间	备注
神农本草经		东汉末年	
吴普本草	吴普	魏·公元 3 世纪初	中药学著作
本草经集注	陶弘景	梁代（约公元480—498年前）	
唐本草		公元 659 年	首部有配图的本草类书籍
食疗本草	孟显	唐·约公元 713—741 年	
本草拾遗	陈藏器	唐·公元 739 年	
海药本草	李旬	五代·（公元 907—960 年）	
食性本草	陈仕良（又作士良）	五代南唐（约公元 937—957 年）	食疗专著
开宝本草	刘翰、马志等	宋·公元 973—974 年	药物类著作

续表

作品名称	作者	成书时间	备注
嘉祐本草	官修	北宋嘉祐年间 （公元 1056—1063 年）	
证类本草	唐慎微	公元 1086—1093 年	
本草衍义 （本草广义）	寇宗奭	北宋 （刊于公元 1116 年）	药论性本草
普济本事方 （本事方）	许叔微	宋代 （刊于公元 1132 年）	许氏所验药方、医案和理论心得
宋图经		宋代	
用药法象 （法象本草）	李杲	金朝	药学著作，一卷
汤液本草	王好古	元·公元 1238—1248 年	关于本草、汤液
日用本草	吴瑞	元·公元 1329 年	首创"诸水类""无味类"
造化指南 （土宿本草）	土宿真君	15 世纪前，首见于 1426—1434 年间	本草著作
救荒本草	朱橚	明·公元 1406 年	
滇南本草	兰茂	（明）约公元 1440 年	中医药学著作
土宿本草	不详	约在明，《本草纲目》 成书前	
本草纲目	李时珍	1590 年	
食物本草	姚可成汇辑	约 17 世纪末（明末）	同一书名的著作有多种，薛已、卢和、汪颖、钱允治均参与
野菜赞	顾景星	清初	
本事方释义	作者无考	1745 年	医学类图书，方剂著作，十卷
本草从新	吴仪洛	1757 年	临床实用本草
本草汇编	编者佚名	约清末	无目录、无序跋，为清残卷写本，除各别章叶偶有残破外，其结尾未完。现存部分以水、火、土、金石、兽、服器、人、介、虫九部顺序抄录了约380味中药，基本为节抄《本草纲目》，大多药物在天头间还附绘有小药图

续表

作品名称	作者	成书时间	备注
本草易读	汪讱庵	清代，具体不详	介绍中医草药方
简易草药	莫树蕃	1827 年	中医药学
植物名实图考	吴其濬	1848 年	

在中国传统植物学研究进入本草学时代后，除本草类书籍外，包含四大农书在内的农学著作也担当了传播植物学知识的重要载体，这些农学文献包括《齐民要术》（贾思勰）、《农书》（王祯）、《农书》（陈敷）、《农政全书》（徐光启）、《天工开物》（宋应星）等（表2-2）。这些农书类文献虽以介绍中国传统农业知识为主，但同时也在论述中涉猎了大量与中国传统农作物、林木、蔬菜生长、种植知识、植物功用等有关的植物学知识信息，进一步丰富了本草学的研究内容，并推动了本草学研究的深入开展与传承。

表 2-2　东汉末年至 1858 年间成书的农书类文献

作品名称	作者	成书时间	备注
齐民要术	贾思勰	北魏·公元 533—544 年	
农书	王祯	元·1313 年	
农政全书	徐光启	明·1628 年	
天工开物	宋应星	明·1634—1638 年	

植物谱录类著作也是中国植物本草学研究的成果呈现形式之一。自首部谱录类著作——《瓜赋》①起，《茶经》（陆羽）、《牡丹谱》（欧阳修等）、《荔枝谱》（蔡襄）、《芍药谱》（刘攽）、《菊谱》（刘蒙）、《豆芽赋》（陈巎）、《野菜谱录》（鲍山）等近30部（表2-3）较具影响力的谱录类著作相继问世。其中，宋元时为巅峰时期，相关研究涵盖蔬菜、水果、花、草、树、木等多个门类，这些文献对专属目标植物进行了较为细致地研究，进一步加强了人们对于所介绍植物的种类、品性、生长习惯等多方面的了解，从而在丰富中国植物学研究内涵的同时，也更好地服务于人类的生产生活。

表 2-3　东汉末年至 1858 年间成书的植物谱录类文献

作品名称	作者	成书时间	备注
瓜赋	傅玄	晋代	
竹谱	戴凯之	晋或南朝宋	

---

① 也有学者认为首部植物谱录类著作为陆羽的《茶经》。

续表

作品名称	作者	成书时间	备注
园葵赋	包照	南朝宋	
茶经	陆羽	唐代·公元780年	世界第一部茶学著作
何首乌传	李翱	唐代（公元772—841年）	
采药图	佚名	宋代	
牡丹谱	欧阳修、周师厚、张邦基、陆游	宋代	由欧阳修的《洛阳牡丹记》、周师厚的《洛阳牡丹记》、张邦基的《陈州牡丹记》与陆游的《天彭牡丹谱》四本书的合辑
枫窗小牍	袁褧、周煇	宋代	
荔枝谱	蔡襄	北宋·1059年	
芍药谱	刘攽	北宋·1073年	
菊谱	刘蒙	北宋·1104年	
橘录	韩彦直	南宋·1178年	
范村梅谱	范成大	南宋·1186年	最早的梅花专著
金漳兰谱	赵时庚	南宋·1233年	
菌谱	陈仁玉	南宋·1245年	
打枣谱	柳贯	元·1341年	
瓶花谱	张谦德	明·1595年	
豆芽赋	陈嶷	明代	
野菜谱录	鲍山	明代	
瓜蓏谱[①]	韩龙图	明代	
花史	吴彦匡	明·崇祯年间	
花镜	陈子昊	清初	
群芳谱	王象晋	清·1621年	
释草小记	程瑶田	清嘉庆八年刻本	
广群芳谱	汪灏	清·1708年	
九谷考	程瑶田	清代	
毛诗草木鸟兽虫鱼疏	陆玑	三国吴	古籍
竹实考			无考，见于《植物名实图考》
槃传			无考，见于《植物名实图考》

[①] 见于明冯梦龙的《古今笑》中的记载。《植物名实图考》中有对于《瓜蓏谱》中所记录内容的引用。

区域植物志类文献将植物按生长的地理位置为参照标准进行划分，研究重点为植物的地理属性特征，并描述了生长于不同地区的植物物理特征。在这类研究中，有研究从宏观层面出发，关注某一区域的所有植物或多数种类植物，目的在于介绍植物的地域生理特征，如《南方草木状》（嵇含）、《益部方物记》（宋祁，记录剑南地区草木等的书籍）、《洛阳花木记》（周师厚）等。也有文献从更为细致的研究视角出发，即专门研讨某一地区的特定植物，加强了人们对于某一类植物在特定区域生长特征的整体了解，如《蜀葵赋》（傅玄）、《洛阳牡丹记》（欧阳修）等（表2-4）。其中《南方草木状》是有文字记载的历史以来最早的区域植物志类文献，而《洛阳花木记》则为最早的区域观赏植物研究著作。

表2-4　东汉末年至1858年间成书的区域植物志文献

作品名称	作者	成书时间	备注
蜀葵赋	傅玄	晋代（1750年前）	
南方草木状	嵇含	晋·公元304年[①]	最早的区域植物志
洛阳牡丹记	欧阳修	宋·1031年	
益部方物记	宋祁	宋·公元1057年	记录剑南地区草木等的书籍
洛阳花木记	周师厚	1082年	最早的区域观赏植物研究著作

部分游记、史书类及地方志类作品中也在记录朝代更迭及地理风情的文字描述中涉猎了许多植物学知识。这些记录虽较为零散，但学术参考价值极为丰富，为后世开展区域植物特征研究及植物变迁演化研究等提供了重要依据。因此，游记、史书类及地方志类等涉猎到植物学知识的作品也应归入中国传统植物学研究的范畴。据本研究考证，成书于东汉末年至1858年间并包含植物学知识信息的代表性游记、史书及地方志等文献约有45部（表2-5），其中游记类包含《徐霞客游记》《维西见闻录》《考粤西偶记》《滇黔记游》等11部文献，史书类包含《宋史》《资治通鉴》《南齐书》《汉书注》等19部文献，地方志类包含《云南记》《宋史河渠志》《桂海虞衡志》《西藏记》等15部文献。

表2-5　东汉末年至1858年间成书的代表性游记、史书及地方志（含植物学信息）

	作品名称		作品名称		作品名称
游记类	徐霞客游记 西域闻见录 滇黔记游 避暑录话	史书类	宋史 南齐书 辽史 元故宫记	地方志	云南记 宋史河渠志 桂海虞衡志 滇海虞衡志

① 关于《南方草木状》的成书时间，也有学者认为成书时间应在唐代或宋代。

续表

	作品名称		作品名称		作品名称
游记类	考粤西偶记 游宦纪闻 北征录 辋川集 南越笔记 北户录 维西闻见录	史书类	元史 南史 宋氏杂部 晋书 汉官仪 渑水燕谈录 杜阳杂编 三国世略 路史 癸辛杂识 帝王世纪 乌台笔补 汉书注 广志 资治通鉴	地方志	西藏记 岭表录 武汉内传 黔中杂记 闽中记 闽小记 荆楚岁时记 滇略 西河旧事 峒溪纤志 洛阳宫殿薄

此外，传统文学作品中也出现了大批咏颂植物的文献，这些文献包括科学作品与文学作品两种。相关文献或在题目中直接以植物名称作名，或在内容中论及植物的习性，但两类文献均具有一定的植物学研究价值。两类文献或以著作的形式，或以诗词歌赋的形式描述了特定植物的性状，其传播的广泛性与流传的持久性，丰富了传统植物学研究的素材，为后续传统植物学研究及当代植物学史研究提供了进一步的参考依据。如《植物名实图考》在撰写过程中即从这些文学作品中汲取了大量有用的信息。因此，本研究同样也将这类文献资料归入中国传统植物学研究成果的范畴。

成书于东汉末年至1858年间的包含植物学研究信息的著作类文献多达60余种（表2-6），这些著作类文献中，有多部在所属科学领域产生了较为深远的影响力，如《梦溪笔谈》（沈括）、《抱朴子》（葛洪）、《千金方》（孙思邈）、《孙公谈圃》（孙升）、《古今图书集成》（陈梦雷）等。

表2-6 东汉末年至1858年间成书的包含植物学研究信息的文献——著作类

作品名称	作者	成书时间	备注
养生论	嵇康	三国时期	养生论著中较早的佳作
名医别录	陶弘景	南朝梁	中医书籍
古今注	崔豹	晋代	

续表

作品名称	作者	成书时间	备注
刘涓子鬼遗方	刘涓子	晋代	现存最早的外科专著
字林	吕忱	晋代	按汉字形体分部编排的字书
抱朴子	葛洪	晋代	道教典籍
神仙传	葛洪	晋代	志怪小说
炮炙论	雷敩	南朝宋	最早的制药专著
玉篇	顾野王	南朝梁（公元 543 年）	字书：第一部按部首分门别类的汉字字典
文选	萧统	南朝梁	古诗文总集
述异记	祖冲之	南朝宋	古代小说集
颜氏家训	颜之推	北朝齐	第一部体系宏大的家训
独异志	李亢	唐代	轶事兼志怪小说
千金方	孙思邈	唐·公元 652 年	又称《备急千金要方》，中医学经典著作
开成石经	艾居晦、陈玠	唐·公元 833—837 年	又称《唐石经》
求赤箭帖	柳公权	唐代	书法作品
龙城录	一说柳宗元	唐代	又名《河东先生龙城录》，唐代传奇小说
酉阳杂俎	段成式	唐代	
仙传拾遗	杜光庭	唐末五代时期	神话志怪小说
兼明书	邱光庭	五代	评述类
清凉传	（唐）慧祥（宋）延一（宋）张商英	唐、宋	包括《古清凉传》《广清凉传》与《续清凉传》合订。古代关于五台山佛教的史传
梦溪笔谈	沈括	北宋·11 世纪	综合性笔记体著作
孙公谈圃	孙升	宋代	
墨客挥犀	彭乘	宋代	文言轶事小说
缃素杂记	黄朝英	宋代	史料笔记
物类相感志	或苏轼或僧赞宁	宋代	载琥珀拾芥磁石引针之属，分天、地、人、鬼、鸟、兽、草、木、竹、虫、鱼、宝器十二门隶事
闻见后录	邵博	宋代	小说
事物纪原	高承	宋代	专记事物原始之属
奉亲养老书	陈直	宋代	养生著作
倦游亲录	张师正	宋代	内容涵盖社会生活的各个方面

续表

作品名称	作者	成书时间	备注
山家清供	林洪	宋代	融合饮食、养生、文学为一体
墨庄漫录	张邦基	北宋	杂家类
埤雅	陆佃	北宋	训诂书
东轩笔录	魏泰	北宋	文言轶事小说
清异录	陶谷	北宋	随笔集
苕溪渔隐	胡仔	南宋·1148 年	诗话集
扪虱新话	陈善	南宋	小说
老学庵笔记	陆游	南宋	
甕牖闲评	袁文	南宋	
二老堂诗话	周必大	南宋	古籍
集验方	洪遵	南宋·1170 年	医书
岭外代答	周去非	南宋·1178 年	地理名著
易简方	王硕	南宋·12 世纪末	医方著作
庚辛玉册	朱权	1378—1448 年	炼丹术著作，《本草纲目》中多次引用
山堂肆考	彭大翼	明·万历年间	大型类书
遵生八笺	高濂	明·1591 年	供闲适消遣、养生玩物的著作
格古要论	曹昭	明代	文物鉴定专著
珍珠船	陈继儒	明代	笔记小说
霏雪录	镏绩	明代	杂家类
蓬窗日录	陈全之	明代	包括世务、寰宇、诗谈、事纪四门
留青日札	田艺蘅	明代	内容较为丰富
天禄识余	高士奇	清初	杂文书籍
古今图书集成	陈梦雷	清·1701—1706 年	现存最大最完整的类书
几暇格物篇	康熙	清代	国学经典类书籍
西陂类稿	宋荦	清·康熙五十年	
四库全书	纪昀等	清·乾隆年间	古代最大的丛书
觚腾	钮琇	清代	
三指禅	周学霆	清代	脉学专著
续博物志		清代	
格物总论			详情无考

诗词歌赋是中国古代文人直抒胸臆的主要表达方式。历代均有诗词歌赋提及植物学的相关知识。这些作品为后人传达了彼时特定人群对于某些或某类植物的相关认知，从而为后世植物学的研究钻研工作提供参照与依据。东汉末年至1858年间，约有45首（表2-7）含有植物学研究信息的诗词类文献，这些诗词或以植物名称为题目，如《墙下葵诗》《苜蓿阑干诗》《山药方诗》《燕山叶录》，或在诗词内容中提及与植物学有关知识和信息，如《韩诗》《仙灵脾诗》等。

表2-7　东汉末年至1858年间成书且包含植物学研究信息的文学作品——诗词类

作品名称			
诸葛菜赋	苜蓿阑干诗	蔬疏	种莴苣诗序
墙下葵诗	《咏蜀葵诗》	羹苋诗	咏薯蓣
蓍草臺记	田园杂兴诗	谢银茄诗	次惠蕨诗
白獭髓	唐钱起紫参歌序	萱草赞序	蜀都赋
咏山海棠诗	采杜若诗	花药夫人宫词	菝葜诗
谢寄希夷陈先生服唐福山药方诗	服胡麻赋序	璚芝仙诗	糟薑诗
司马君实遗甘草杖诗	燕山叶录	子虚赋	曲洧旧闻
仙灵脾诗	韩诗	弹蔡京疏	祭房太尉诗
卖炭	求狼毒帖	清明上河图	广成颂
北山移文	山堂肆考	东坡杂记	欧冶遗事
杜处士传	娜嬛记	疏介夫传	广州竹枝词

中国传统植物学取得了丰富的研究成果。在17世纪西方近代植物学萌发之前，中国早期的植物学发展，特别是关于植物本草学方面的研究，远远领先于西方。相关研究成就也得到了西方植物学研究者的肯定，如达尔文在《物种起源》的编撰过程中即曾参考过李时珍《本草纲目》的内容。然而，进入17世纪后，西方植物学实现了突破性发展，逐步进入近代意义研究阶段。而到了18世纪，西方植物学，乃至整个生物学，开始全面发展，有影响力的成果不断出现。同一时期的中国植物学界，研究重心没有太大的变化。更为重要的是，植物学研究者在思想上还尚未产生突破传统植物学发展的意识。因此，中西方植物学发展之间的不均衡性日益明显。

023 | 第二章　《植物学》汉译的时代背景与社会条件

二、19 世纪西方植物学的发展情况

西方近代植物学研究起步于17世纪[①]，虽略晚于自然科学的其他学科，但发展速度较快，进入18世纪后，即已进入全面发展的阶段。经过百余年的沉淀与积累，到1858年，即《植物学》汉译发生之前，西方植物学已全面领先于晚清植物学。

在传统植物学研究方面，西方植物学的主要研究领域同样也是本草学，但是早期具有较大影响力的研究成果却不多。

"在西方自公元前370年左右出现的希阿弗来士塔士（Theophrastus）的《植物史》（Historia Plantarum）和《植物本原》（De Causis Plantarum）之后，至公元2世纪末以前，虽然出现一些农业、园艺、本草的著作，如卡托（Cato，公元前234—前149年）、瓦罗（Varro，公元前116—前27年）、韦吉尔（Vergil，公元前70—前19年）、迪奥斯科雷德（Dioscorides，约公元64年）和加伦（Galen，公元130—200年）等著作；但是其中只有迪奥斯科雷德的《本草》（Materia Medica）比较杰出，曾沿用许多世纪。此后直至16世纪以前，一直未出现与植物学有关的重大发展的著作"[②]。

到了16世纪后，西方本草学研究虽有发展，也有相关研究成果出现，但却未出现如《本草纲目》般产生深远影响的植物学巨制。然而，进入17世纪后，光学镜头和复式显微镜的出现却将植物学研究带入了新纪元，因此，西方植物学研究产生了质的飞越——从植物本草学研究向近代植物学研究的飞越。在17世纪至18世纪，西方植物学在生物学大学科领域全面发展的大背景之下，逐步进入近代意义上的研究范畴。在这段时期，经过文艺复兴等先进思潮洗礼过的西方科学界，各种先进的科学理论相继而出。借助生物学研究领域中的全新理论与最新科学成果，西方植物学研究也在"实验科学"思想的主导下从本草学研究上升至植物解剖学、植物生理学、植物分类学、植物胚胎学等更为强调科学仪器与科学技术的应用等更具研究高度的研究层面。这样的转变促使了更为先进的科学理论与科学成果的不断涌现，不断推动西方植物学研究向前发展。同一时期，西方植物学界也不断涌现出了在植物学史乃至整个生物学史上举足轻重的植物学大家，他们不断带来植物学上的新发现、先进的植物学理论及前沿的植物学研究方法。

英国科学家胡克是最早使用显微镜来观察植物组织的科学家。胡克于1655年首次

---

① 孙雁冰. 晚清（1840—1912）来华传教士植物学译著及其植物学术语研究［J］. 山东科技大学学报（社会科学版），2019，21（6）：33-38.
② 王宗训. 中国植物学发展史略[J]. 中国科技史杂志，1983（2）：22-31.

发现细胞结构图——软木栓细胞，并对之进行命名，就此开启"细胞学"时代，拉动植物学及生物学研究进入新的发展阶段。同时，植物解剖学也在此时拉开帷幕，相关创始人物包括胡克、格鲁和马尔皮基。在1655年胡克发现细胞结构之后，1670—1674年，英国人格鲁和意大利人马尔皮基已能分辨木质部、导管和纤维髓细胞和树脂道的内部。

植物生理学研究方面的先驱者是英国科学家黑尔斯，他于1742年用实验的方法验证了植物的蒸腾作用、失水等现象，并将约124个实验全部记录下来，为后世留下了宝贵的资料。

卡尔·林奈（Carl von Linne, 1707—1778）是第一个将生物物种分为植物和动物两类的人，为植物分类学研究的先驱。林奈为瑞典植物学家，首次确立了双名制并用来为植物命名。林奈双名制命名法指用两个拉丁字构成某一物种的名字表达，其中第一个字代表植物的"属"，即植物所属的类别；第二个字代表植物的"种"，即植物的种类。两者结合形成这一物种的专有表达方式，同时在其后附上命名人的姓名。在林奈植物分类方法上，有林奈24纲之说，即林奈将植物的"种"作为最小的分类单位，而植物的"属"则根据花的数量、形状和位置来进行划分。进一步也有"纲""目"之分，植物所属的"纲"由雄蕊的数目来决定，"目"由雌蕊的数目来决定，附之隐花植物为一纲。此外，英国生物学家雷也在植物分类学研究方面取得了瞩目的成就。17世纪末，他率先确立了现代植物分类的基本原理，并首次将有花植物分为单子叶植物和双子叶植物，在植物学理论性研究与实践性研究方面，均有一定的价值。

在植物胚胎学研究方面，奠基人当属卡梅拉里乌斯及步尔哈夫等人。这些学者先后在实验中发现了植物的性别之分，并发现了植物花粉的受精现象，这些均为开展植物胚胎学研究所必备的理论基础，是推动植物胚胎学研究工作向前发展的前提条件与保障。

17和18世纪的相关研究工作为西方植物学学科带来了充分的学术积累，因此，进入19世纪后，西方植物学已发展成为成熟的独立学科，研究成果越来越丰富，研究方法更加完善。这个时期也诞生了多位在世界植物学史上具有较大影响力的科学人物，从而为植物学界带来更多的新发现和更具理论高度与实践指导价值的植物学研究新成果。

1804年，法国科学家索绪尔发现植物光合作用。光合作用的基本原理指明，在光的照射下，绿色植物能够吸收水分和二氧化碳，并释放出氧气。这一原理清晰易懂，增进了学术界对于植物的认知，同时也为其他科学理论的发现与提出，提供了理论基础与依据，得到生物学界与学术界的肯定。

法国博物学家拉马克（Jean-Baptiste Pierre Antoine de Monet, Chevalier de Lamarck,

1744—1829）于1809年提出"拉马克学说"。"拉马克学说"的核心概念包含"用进废退"与"获得性遗传"两个主要方面，为后来达尔文学说发展的前提。

在细胞学发展方面，德国动、植物学家施莱登（M. J. Schleiden, 1804—1881）和施旺（Th. Sch-wann, 1810—1882）分别于1838年与1839年提出了细胞学理论。施莱登指出，所有植物结构的基本构成生命单位都是细胞；同时，细胞也是植物体得以生长发育的最基本单位。基于施莱登研究的基础，施旺进一步阐明，施莱登的发现不仅适用于植物学，也适用于动物，即细胞是构成所有生物体的基本单位。施旺同时强调，细胞是构成生物体的基本生命单位，而并非结构单位。这些早期的研究工作引领了后续细胞学说的成熟，并在生物学学科的发展过程中发挥出了不可替代的作用。

19世纪前半叶的西方植物学研究已然全面进入近代意义的植物学研究的阶段[①]，多种较为先进的植物学理论与研究成果已然成型并被用来指导相关科学研究工作的开展，为后来达尔文、孟德尔的遗传学说的提出奠定了基础。此时的西方植物学研究早已不再依靠经验与主观的感官描述，而是更为注重实验观察，其研究侧重点更倾向于放在研究植物的内在组织、细胞、植物生理等更具理论高度的内容方面。从客观上评价，同一时期的中国植物学发展明显落后于西方。在这样的背景下，《植物学》的汉译无疑会为晚清植物学研究带来全新的研究视角和研究理念，必将有助于推动中国传统植物学研究与西方近代植物学研究接轨。

第三节　墨海书馆与《植物学》汉译

《植物学》汉译实施开展的平台为其汉译发生地——墨海书馆。晚清西学东渐时期，上海、广东、浙江等地相继成立了多家知名翻译出版机构。位于上海的墨海书馆即为其中一家，这些机构履行了彼时西学传播的使命，是晚清中西方科技交流过程中必不可少的要素之一。墨海书馆为上海第一家引进近代印刷设备及印刷技术进行书籍印刷的出版机构，其创始人及核心人物均为英籍传教士麦都思（Walter Henry Medhurst，1796—1857）。作为晚清重要西学翻译机构，墨海书馆从1843年创立起至1860年出版业务逐渐萎缩，翻译并出版了大量书籍，所译书籍以宗教传播类读物为主，兼译西方自然科学类书籍。由墨海书馆主持翻译的自然科学类科技译著有多部，如《植物学》一般成为所属学科的转折之作，引领、推动所在学科进入全新发展阶段，为拓展国人科技视野及推动晚清科技进步做出了巨大贡献。因此，作为晚清西学传播最为重要的场所之一，墨海书馆在推动晚清中西方科技交流方面发挥出

---

① 孙雁冰，马浩原.论清代来华传教士生物学译著对晚清生物学发展的贡献［J］.韩山师范学院学报，2017，38（3）：59-64.

了积极的作用。

一、麦都思与墨海书馆

在鸦片战争结束约1年后（即1843年11月17日），上海开埠。其后，麦都思即来到上海，成为第一个登陆上海传教的西方传教士。同年12月（即1843年12月），麦都思等人创立了墨海书馆。

图 2-2　麦都思
（Walter Henry Medhurst）

除麦都思外，墨海书馆的创始人还包括雒魏林等人。墨海书馆创立后，伟烈亚力、艾约瑟、韦廉臣、慕维廉、傅兰雅、合信等多位兼通西学及汉学的传教士先后来到墨海书馆，承担了西方宗教、科技等书籍的汉译工作，以及书馆的部分管理工作。此外，李善兰、王韬、王昌桂、张福僖、管嗣复等中国学者也为墨海书馆的运转做出贡献，并均参与了墨海书馆的西书汉译事务。对于馆名"墨海"一词使用的缘起，熊月之先生认为："墨海，在中文典籍中，原意是大砚、墨盆，作为出版印刷机构以此命名，颇为符合。此外，麦都思以'墨海'命名，很可能与他的姓有关，Medhurst 与'墨海'读音相近"①。

麦都思在墨海书馆的前期管理工作中做出了大量的贡献，是墨海书馆的灵魂人物。麦都思出生于英国伦敦，自号墨海老人，晚清知名汉学家。麦都思自幼学会印刷术，并在1816年被派往马六甲后又先后学会了马来语、汉语，同时也掌握了多种中国方言。1819年，被任命为牧师。其后20多年间，他先后在南洋多地进行传教活动，并利用其所长——印刷技术，先后印刻了30种中文书籍，并用中文独立撰写并发表文献30余种。麦都思在南洋地区的这段经历是极为有价值的，既为其后来在中国的传教事业及墨海译事奠定了基础，也就此开启了其本人汉学研究之路；同时，也为其在汉学研究过程中传播西方近代地理学、历史学等学科知识等，提供了知识储备。

在晚清鸦片战争及其后一系列丧权辱国条约签订的社会大背景下，墨海书馆毋庸置疑成为西方列强对中国实施文化侵略的产物，其根本目的离不开宗教传播。但在墨海书馆存续期间，书馆所刊印的西方科学类译著确实将相当一部分西方近代科学的先进研究成果引介至晚清科学界，从而拓宽了彼时国人科学研究的视野②，启发了

---

① 熊月之，张敏.上海通史　第6卷：晚清文化［M］.上海：上海人民出版社，1999.
② 孙雁冰，马浩原.论清代来华传教士生物学译著对晚清生物学发展的贡献［J］.韩山师范学院学报，2017，38（3）：59-64.

国人的科学思想，为中国晚清至近代自然科学的发展奠定了必要的基础①，墨海书馆因此被称作1860年前西学传播在华传播的最重要的场所。麦都思发挥出了关键作用，其贡献体现在多方面，主要包括：参与管理书馆日常事务，主持印刷事务，包括改进印刷技术等，组织翻译圣经等宗教类书籍及多种科技著作，推动宗教在华传播，学术成就、传播西方科技知识及其个人在翻译方面所取得的成就等。

从墨海书馆成立起直至1856年，麦都思主持了墨海书馆的日常管理事务。从墨海书馆的选址（1843年成立时初址为上海县城东门外麦都思寓所）、迁址（1846年8月迁往位于英租界山东路的麦家圈），到书馆日常运作、组织书馆的出版及翻译事务等均由麦都思主导完成。因此，墨海书馆能够成为西学传播的重镇并成为晚清较具影响力的翻译出版机构，是麦都思辛苦努力的结果。

麦都思在书馆印刷相关工作方面发挥己长，亲自主持印刷事务，并将当时西方最为先进的印刷技术应用于墨海书馆的书籍印刷中，墨海书馆因此成为最早使用西方印刷术的出版机构。书馆的印刷设备最初由麦都思从他在南洋传教时所创立的印刷所转移而来，采用的是活字印刷法。随着书馆印书事务的剧增，无论由墨海书馆自己所刻印还是对外购买的活字均无法满足印刷需求，因而，在向伦敦会申请后，书馆引进一台新型滚筒印刷机，并在1847年运达上海后即投入使用。滚筒印刷机所采用的新式印刷方法不仅大大提升了书馆的印刷效率，也令见者大开眼界。王韬曾就此撰文描述其所见：

"（墨海书馆）以铁制印书车床，长一丈数尺，广三尺许，旁置有齿重轮二，一旁以二人司理印事，用牛旋转，推送出入。悬大空轴二，以皮条为之经，用以递纸。每转一过，则两面皆印，甚简而速。一日可印四万余纸。字用活版，以铅烧制。墨用明胶、煤油合搅煎成。印床两头有墨槽，以铁轴转之，运墨于平板，旁则联以数墨轴，相间排列，又揩平板之墨，运于字板，自无浓淡之异。墨匀则字迹清楚，乃非麻沙之本。印书车床，重约一牛之力。其所以用牛者，乃以代水火二气之用耳"②。

麦都思主持并完成了《圣经》的翻译工作。同其他西方传教士一样，麦都思来华的初衷也离不开"传教"二字。墨海书馆创立之初所刊印的少量出版物中即包括《圣经》等宗教宣传品。为便于基督教教义更为顺利地在中国传播，麦都思从1847年6月起，组织其他四位同在上海的传教士开始了圣经的汉译工作。这四位传教士分别为美魏茶、毕晓普·布普、斯特罗纳奇和裨治文。

① 孙雁冰. 李善兰科技译著述议[J]. 安庆师范学院学报（社会科学版），2016，35（4）：47-51。
② 王韬. 瀛壖杂志［M］. 上海：上海古籍出版社，1989.

除宗教作品外，从1850年开始，麦都思主持下的墨海书馆也翻译了大量西方自然科学方面的著作。19世纪的中西方科技发展极为不均衡，在文艺复兴等运动中解放思想的西方近代科学迅速发展，无论科学理念、科学方法或科学成果，均胜于晚清。墨海书馆所发行的西方科技译著的出现，无疑是晚清科学界的一剂强心针，为晚清科学界提供了与西方近代科技接触的机会，推动了晚清科学的整体发展。更为重要的是，出于协助传教士翻译（即合译）的需要，麦都思聘请了一批当时中国的有识之士来到书馆，这些人被称作为墨海书馆的"秉笔之士"，并就此发掘出了一批见识卓著、学贯中西的人才，如李善兰、王韬等。他们在墨海书馆接触到了西方近代科学与文化，并深受影响和熏陶，进而进一步拓展了自身的科学视野，在各自所属领域均有所建树。这些进步人士在科学思想层面、学术层面及西学传播等方面均带动了晚清社会的整体进步与发展。

麦都思曾在1841年鸦片战争时期担任英军的翻译，并是1848年"青浦教案①"中的主要人物，但从总体上评价，麦都思的在华表现其功远大于其过。除创建墨海书馆外，麦都思也在中国开设了医院，如创立于1844年的基督教医院，为上海第一所对华人开放的外国医院。此外，麦都思在华的主要贡献还体现在其学术成就及翻译成就方面。

麦都思一生学术成果颇丰，专心研习了中国历史及文化，学术成果包括59种中文作品，27种英文作品。在麦都思的学术成果中，《中国的现状与传教展望》为其代表著作。该书出版于1838年，约600页，研究内容主要为中国古代历史和文化文明，研究涵盖范围较为广泛，涉及中国人口、疆域、古代文明、法律、语言、宗教开展情况及科学研究等方方面面。书中详尽的描述展现了麦都思对中国历史文化的深入了解，是欧洲了解中国的"百科全书"。麦都思的代表作品还包括《汉英字典》（1847）、《英汉字典》（1848）、《爪哇与巴厘岛旅行记》（1829）、《福建方言字典》（1832）、《中国内地一瞥——在丝茶产区的一次旅行所见》（1845，墨海书馆出版）及《探讨上帝一词的正确翻译法》（1848）等。在翻译成就方面，麦都思主持并亲自参与翻译的《圣经》版本后来成为在中国流传最为广泛的版本，得到了中国民众尤其是中国知识分子阶层的认可。此外，《书经》（1846年，墨海书馆出版）、《王大海〈海岛逸志〉》（1849年，墨海书馆出版）、《农政全书》（1849年，墨海书馆出版）及《千字文》（1835于巴达维亚）等翻译作品，也均是麦都思较具影响力的译作。

1904年，伦敦会为纪念麦都思，在上海虹口兆丰路（高阳路）设立麦伦书院（麦

---

① 青浦教案：晚清第一件教案，指1848年，麦都思、慕维廉、雒魏林三位传教士违反地方规定擅入江苏省青浦县开展宗教传播活动，其间与滞留该地的水手发生打斗，并受伤，后得青浦县令护送回到上海。在清政府答应捉拿"肇事者"的前提下，英方依然采取诸多手段进行刁难，从而导致青浦县地方官被革职，青浦县下属十个乡受到刑责并赔偿麦都思等人白银300两。

伦中学）；上海公共租界西区有一条马路是以他命名（Medhurst Road-麦特赫斯脱路，今泰兴路）。以此来纪念麦都思。

二、墨海书馆的翻译活动与主要人物

参与墨海书馆翻译工作的人员既包括西方来华传教士也包括中国学者。翻译方式主要采取"合译"的形式，即由西方来华传教士进行口述，中国学者进行笔述[①]。以麦都思为首的来华传教士并非不懂中文，反之，这些来华传教士在汉语理解及口语表达方面均较为熟练；但如果仅将西方科学著作，按照字面含义转换成对应的汉语文言文表达方式，却不能完全得到中国读者，尤其晚清文人知识分子阶层的认同。因此，墨海书馆将译者人群扩展至中国传统知识分子阶层，聘请他们与传教士合作开展合作翻译，从而使译文行文及表述方式等更为符合中国目标语读者的阅读习惯。在开展合作翻译的过程中，传教士与中国学者彼此之间配合默契，双方的学术造诣均得到了对方的肯定。

墨海书馆的西方传教士除麦都思与雒魏林两位创办者外，也包括合信、韦廉臣、艾约瑟、伟烈亚力等曾知名译者，此外，慕维廉、文惠廉、美魏茶、叔未士、施敦力约翰、贾本德、杨格非等人也先后参与墨海书馆的译书事务，并发挥了他们的学术专长。这些传教士除具有传教士的身份外，也在特定学科领域具有一定的学术造诣，从而为西方科技著作翻译的顺利开展与完成提供了必要保障。在这些传教士中，代表人物当属伟烈亚力（Alexander Wylie，1815—1887）。伟烈亚力是早期来到墨海书馆的传教士之一（1847年8月），他工作的主要任务就是协助麦都思处理墨海书馆的日常事务，堪称麦都思的得力助手。1856年，麦都思回国探亲，1857年病逝于英国，在此之后，伟烈亚力接替麦都思，负责管理墨海书馆的各项事务。除管理墨海书馆事务外，伟烈亚力也与中国译者合作翻译了多部极有影响力的西方科技著作，比如，他曾与李善兰进行了多次合作，汉译了《几何原本》《谈天》等几部颇具影响力的著作。传教士个人的学习经历、知识积累及学术基础等使得传教士能够较为专业地传达待译的西方科技知识，并在与中国学者进行合作翻译时准确描述，再经过中国学者的笔录及润色，译文即可以精准贴切地，并以晚清读者所习惯的表达方式将西方近代科技知识传递至中国科学界。

除李善兰外，晚清知名学者管嗣复及王昌桂、王韬父子也参与了墨海书馆的翻译事务。这些中国学者首先具有包容的学术思想，乐于接受西方的先进科学事物及科学思想；其次，他们本身也具有深厚的学术造诣，如李善兰为晚清知名数学家；

---

① 孙雁冰，马浩原. 论清代来华传教士生物学译著对晚清生物学发展的贡献［J］. 韩山师范学院学报，2017，38（3）：59-64.

第一个来到墨海书馆（1849年）的中国学者王韬（1828—1897）为晚清著名思想家；王昌桂为王韬之父，在儒学研究方面颇有心得，并深深影响了王韬的学术生涯；管嗣复为晚清知名学者；张福僖在数学方面颇有建树。晚清社会西学的盛行与这些中国学者有着紧密的关系，虽然大部分中国学者并不懂英文，但他们却在西书汉译过程中发挥出了其汉语语言所长特别是文言文造诣，更利用他们自身的学术积累，将近代西方科学知识与理论以国人更为接受的方式表述清楚，进一步加速了西方科学在晚清科学界的传播。他们中的很多人更创译出了诸多引领科学发展方向的术语名词，如："植物学""化学"等，这些术语为晚清科学界所未闻，就此开启了晚清国人的认知，甚至大部分术语得以沿用至今，"植物学""化学"等词甚至已成为界定学科名称的专有名词。中国学者在墨海译事中的优势还在于，他们比来华传教士更为了解晚清的国情及科学研究者的整体阅读习惯和接受能力，因而可以从外文原版著作中选择出最能够满足中国读者需求的待译内容，并在汉译过程中以读者最能够接受的方式将西学科学研究中的精华之处传播开来。在墨海书馆开馆17年间所翻译出版的各类科技译著中，大部分均成为其所属学科的转折之作，并为相应学科在近代乃至现代的快速发展奠定了基础，中国学者发挥出了不可替代的贡献。

三、墨海书馆的西方科技译著及主要刊物

从成立伊始至1860年，墨海书馆所出版的各种书刊总数高达171种，其中涉及宗教内容的有138种，所占比重高达80.7%[①]。其余书籍则涵盖了数学、物理学、天文学、地理、历史、植物学、医学等多个自然科学领域。从时间上划分，1843年至1850年间，书馆主要刊译宗教类读物；在1851年后，其汉译倾向性有所改变，西方科技类著作开始成为书馆的翻译对象。

墨海书馆的各种科技类著作的出版时间相对较早，被认为是晚清较早的科技类译著，且这些译著均在所属学科领域中均产生一定影响。据熊月之考证，1843年至1860年间，墨海书馆出版了约32部科学书籍。具体见表2-8。

表2-8　墨海书馆出版的西方科学译著及杂志（1843—1860）[②]

年份	译著者	书刊名称	内容	页数	备注
1851	慕维廉	《格物穷理问答》	科学	10	
1852	艾约瑟	《咸丰二年十一月初一日日蚀单》	天文	1	

① 赵圣健.麦都思跨文化传播研究［D］.沈阳：辽宁大学，2012.

② 熊月之.西学东渐与晚清社会［M］.上海：上海人民出版社，1994.

续表

年份	译著者	书刊名称	内容	页数	备注
1852	艾约瑟	《华洋和合通书》	年鉴	27	
1853	慕维廉	《地理全志》	地理	365	
1853	伟烈亚力	《数学启蒙》	数学	127	
1853	艾约瑟	《中西通书》	年鉴	19	
1854	艾约瑟	《中西通书》	年鉴	37	
1855	合信	《博物新编》	科学	132	重印
1855	合信	《全体新论》	医学	99	重印
1855	艾约瑟	《中西通书》	年鉴	56	
1855	吉士	《上海土白入门》	语言	76	
1855	高第丕	《上海土音字写法》	语言	22	
1856	慕维廉	《大英国志》	历史	322	
1856	庞台物	《中外通书》	年鉴	43	
1856	高第丕	《科学手册（上海方言）》	科学	15	
1857	合信	《西医略论》	医学	194	
1857	伟烈亚力	《续〈几何原本〉》	数学	401	
1857	伟烈亚力	《六合丛谈》	杂志		
1857	艾约瑟	《中西通书》	年鉴	39	
1857	吉士夫人	《蒙童训（上海方言）》	教科书	87	由英译中
1858	合信	《妇婴新说》	医学	73	
1858	合信	《内科新说》	医学	112	
1858	伟烈亚力	《重学浅说》	物理	14	
1858	艾约瑟	《中西通书》	年鉴	34	
1859	伟烈亚力	《代数学》	数学	208	分14册
1859	伟烈亚力	《代微积拾级》	数学	298	分18册
1859	伟烈亚力	《谈天》	天文	361	分18册
1859	伟烈亚力	《中西通书》	年鉴	31	
1859	李善兰、艾约瑟	《重学》	物理	226	分17册
1859	李善兰、韦廉臣	《植物学》	植物	101	
1860	伟烈亚力	《中西通书》	年鉴	33	
1860	耿惠廉夫人	《蒙养启明（上海方言）》	教科书	83	

这些译著中，有多部作品在晚清中西方科技交流史及中国科技发展史上产生了深远的影响。由合信（Benjamin Hobsen）主持翻译的《博物新编》（共3集），内容涵盖自然科学多个方面，传播了西方多个领域的启蒙性科学知识。而合信的另一部著作《全体新论》则将西方较为全面的医学知识介绍至晚清医学界，"内容涉及骨骼、大脑、血液循环等解剖学方面的基础知识"，是合信及其合作者陈修堂"有目的的选译归纳多部解剖学和生理学英文原著并辅以其个人的观点和注释的上乘之作"[①]。书中所描述的西学知识较为系统，语言流畅，因此，《全体新论》既可称为解剖生理学方面的上乘之作，也可被认为是翻译学上的佳作。

再有如《中西通书》，其书为历书，同时书中也涉及了科学、宗教等知识，内容覆盖范围较为全面。该书从1852年开始出版，每年一册。《中西通书》中曾对中国的历法、节气、中西日历对比及西方的近代天文学知识等内容做了较为详细的介绍。

1851年出版的《格物穷理问答》由慕维廉主持辑译，全书仅10页，根据马丁的一本英文书节译而成，内容与自然科学有关，共23个问题[②]。该书以解答问题的形式，更为直观地解释了部分西方近代自然科学的相关知识。

《六合丛谈》也由墨海书馆发行，为上海第一家中文报刊，是一个综合性、新闻性的月刊。创刊人为伟烈亚力，艾约瑟、慕维廉等人均曾参与其中，其办刊宗旨如伟烈亚力在《六合丛谈小引》中所述："今予著《六合丛谈》一书，亦欲通中外之情，载远今之事，尽古今之变。见闻所逮，命笔志之，月各一编，罔拘成例，务使穹苍之大，若在指掌，瀛海之遥，如同衽席"[③]。《六合丛谈》所发布的内容领域涵盖宗教、自然科学、商业等多个方面，但本刊实际发行量并不大，并于一年后停刊。《六合丛谈》能够客观地反映出彼时晚清科学界所关注的热点问题，因此，尽管存续时间不长，但其在晚清科技史上的价值与意义却得到了学界的普遍认可。

四、墨海书馆与《植物学》的汉译

（一）《植物学》概述

《植物学》的汉译于1858年完成，既是中国第一部介绍西方近代植物学知识的译著，也是晚清第一部具有近代特征的植物学著作。全书八卷，共约为35 000字，插图88幅，图文并茂。卷一为"总论"，开篇首先指出植物学研究的要点，接着简要介绍了植物的功用、动植物的基本区别，并引介了许多非中国本土生长的植物及其生

① 孙雁冰.清代（1644—1911）来华传教士生物学译著书目考［J］.生物学通报，2016，51（12）：7.
② 熊月之.西学东渐与晚清社会［M］.上海：上海人民出版社，1994.
③ 伟烈亚力.六合丛谈小引［J］.六合丛谈，第1号.

长特性。卷二为"论内体"，介绍了聚胞体、木体、线体及乳路体等细胞体结构，涉及四种内体结构的基本形状及作用，相关知识内容的介绍从植物生理学研究的视角出发，并介绍了利用科学仪器进行实验观察的科学研究方法。卷三、卷四、卷五、卷六主题均为"论外体"，其中卷三中主要介绍了根、干、枝等相关知识，卷四中介绍了叶的相关知识，卷五的主要内容为花的相关知识，卷六则介绍了果实、种子、无花种子等知识。这四卷内容主要介绍了植物外体器官的基本功能、显微镜下的解剖结构，同时也介绍了在其中所涉及的植物学及生物学原理。卷七、卷八内容主要关注了植物分类学的相关知识[1]，其中卷七介绍了植物分类学研究中的察理之法。所为察理之法是指可将植物分为外长类、内长类、上长类、通长类及寄生类等五大类，其中也论及了标本的制作方法。卷八记述了植物分类学中的分科之法，并在此处提出了"科"这一植物学分类学中的基本概念。书中同时指出西方近代植物学对植物的分科种类，即"植物共分三百有三科，外长类二百三十一科，内长类四十四科，上长类三科，通长类十一科，寄生类十四科"[2]。

概括而言，《植物学》内容主要包括西方植物学基础性知识、植物生理学知识、植物分类学知识、其他生物学、植物学原理及对外来植物物种等，这些知识大多源自科学实验，与中国传统经验植物学知识有本质区别。在晚清西学东渐及"科学救国"的大背景下，《植物学》汉译本将西方近代植物学知识引介至晚清科学界，推动了晚清植物学与生物学的发展进步。

（二）《植物学》汉译经过

《植物学》现存版本即为墨海书馆于1858年所出版发行的版本，学术界对此普遍认可。《植物学》内封的题名由李善兰亲笔书写（见图2-1）。关于《植物学》汉译者，李善兰在书序中即有交代："植物学八卷，前七卷，余与韦君廉臣所译，未卒业，韦君因病返国，其第八卷，则与艾君约瑟续成之"[2]。

对于《植物学》汉译的起始时间，《植物学》原著中并没有明确记载，且在墨海书馆的相关文献中也找不到具体信息，但根据与译者的信息进行推断，可见端倪。韦廉臣于1855年9月来到中国，《植物学》汉译的时间应在此之后。此外，李提摩太在《亲历晚清45年》中对韦廉臣的来华活动也有所考证："（韦廉臣）在十二个月之内，就用中文写了一部植物学方面的书。但他不得不为自己的勤奋付出沉重代价：身体累垮了，之后奉命回国修养"[3]，韦廉臣回国养病的记载与李善兰在《植物

① 孙雁冰. 传统植物学向近代植物学的过渡：《植物名实图考》与《植物学》的对比［J］. 出版广角，2019（20）：94-96.
② 李善兰，韦廉臣，艾约瑟. 植物学［M］. 上海：墨海书馆（清），1858.
③ 李提摩太. 亲历晚清四十五年［M］. 天津：天津人民出版社，2005.

学·序》所言相吻合。据考证，韦廉臣并无其他植物学著作，因此，李提摩太所记载的"植物学方面的书"，应为李善兰题名的《植物学》。另外，《植物学》"扉页上印有'咸丰丁巳秋墨海书馆开雕'字样"[1]。咸丰丁巳为公元1857年，也就是说，这一年秋天，墨海书馆开始刻印出版《植物学》。也就是说，《植物学》最迟已于1857年秋完稿，若将完稿时间向前推"十二个月"，即为1856年秋，此应为植物学汉译开始的时间。而李善兰在《植物学·序》中的落款为："咸丰八年二月五日，刊即竣，书此，海宁李善兰[1]"，因此，咸丰八年二月五日，即1858年2月5日，应当为《植物学》在墨海书馆正式出版刊行的时间。

《植物学》出版刊行后并未立即在中国植物学界产生较大的反响。李提摩太记载所用的说法——"植物学方面的书"，即可看作是对此的佐证；否则对于李提摩太这种曾长期生活在晚清并对译者之一韦廉臣有所考证的学者，不会只做此笼统的表述。这大约是因为《植物学》中所介绍的植物学知识及研究理念完全有异于中国传统植物学研究，一时不能立即为中国植物学界所接受。直到《植物学》出版二十多年后，西方科学知识逐渐渗透并为国人所接受，《植物学》才得到了中国科学界及植物学界的充分肯定，其科技价值日益为后来研究者所认可，相关研究中充分借鉴了《植物学》中的西方植物学理念、科学研究方法甚至是术语表达。

虽然《植物学》在出版发行后并未立即在中国植物学界得到广泛传播并产生太大的影响，但此汉译本却很快传入日本植物学界，并受到日本植物学研究者的极大肯定，相关研究成果被应用于日本植物学研究中，其价值得到了日本植物学界的普遍认可。本书在后文对此有详述，此处不做赘述。

墨海书馆大约在1877年彻底停止其出版业务，但从1860年开始，其出版业务逐渐萎缩。出现这种情况首先是由于麦都思与伟烈亚力两位传教士的离开。作为墨海书馆核心人物的麦都思，于1856年回国探亲，次年在英国病逝，这对墨海书馆而言是一大损失；而其继任者伟烈亚力也在1860年离开了墨海书馆，后转投格致书院。这两位主要人物的离开使得墨海书馆失去核心凝聚力，翻译出版事务受到了很大的冲击和影响。当然，使墨海书馆出版业务逐渐缩减的最重要的因素应当是来自美华书馆的影响。美华书馆由美国长老教会主办，并在1860年从宁波迁来上海。其印刷设施更为齐备，印刷技术更为先进，相较于不具备开拓进取精神的墨海书馆，美华书馆的印书事务明显更具优势。加之麦都思、伟烈亚力两位关键人物的离去，墨海书馆在多重压力之下自然势颓日显，支撑一段时间后，便将其印刷设备等转让出去，出版业务全面停止。

墨海书馆的辉煌时期从1843年开始，至1860年结束，持续时间虽然不长，但却在

① 汪子春.中国传播近代植物学知识的第一部译著《植物学》[J].自然科学史研究，1984（1）：90-96.

推广晚清中西方科技成果方面发挥出了不可替代的作用。"墨海书馆是上海开埠后第一家西人开设的出版机构,也是近代出版业的开始。墨海书馆是一个文化侵略的产物,但不可否认的是,它所刊行的科学技术类书籍,在客观上开拓了当时国人的视野,启发了人们的思想,促成了近代中国封建社会对西方科学文化的渐纳"①。李善兰、王韬等中国学者与伟烈亚力、艾约瑟等西方来华传教士一道,以"合译"的方式,将大批西方近代科学的研究成果传播至晚清科学界,拓宽了国人的科学研究视角,同时也将西方科学界的先进科学思想及科学研究方法论传播开来,从而推动了中国自然科学由传统性研究向近代研究过渡,而墨海书馆则为实现这一过渡提供了平台。因此,墨海书馆在中国近代科学体系的形成过程中毫无争议地发挥出了积极的促进作用。

第四节 小 结

《植物学》是西学东渐时期第一部植物方面的译著,其汉译的发生既代表了西方近代植物学知识的传入,也象征了中国植物学发展进入了一个新的阶段。其汉译既受到晚清西方来华传教士科学传教根本目的的主导,也是晚清进步人士科学救国战略实施的必然产物。总体而言,晚清社会历史和文化背景是《植物学》汉译发生的时代背景条件,近代中西方植物学发展的不均衡性是《植物学》汉译发生的科技背景条件,墨海书馆为《植物学》的汉译提供了平台。通过对《植物学》汉译发生时的社会背景和科技文化条件,尤其针对墨海书馆及《植物学》汉译发生的经过进行系统梳理,有助于我们更好地了解《植物学》汉译的价值和产生的影响,从而为学术界进一步肯定《植物学》一书科学文化影响力提供更加充分的佐证和依据。

① 黄信初,肖蓉,肖丽.析墨海书馆的兴衰历史及其积极影响 [J].湖湘论坛,2010(6):109-112.

第三章 《植物学》译者及外文原本

在翻译方式上，《植物学》汉译采取了"合译"的方式，由来华传教士（韦廉臣或艾约瑟）进行"口译"，中国学者（李善兰）进行"笔译"。在依据的外文原本方面，《植物学》并非针对西方某一部植物学著作的全文直译，而是译者"有目的"的选译，因此，三位译者的个人学术背景、学术经历、学术思想以及个人主观能动性等，均或多或少对《植物学》的译文产生了一定的影响。也正是基于上述原因，考据《植物学》的外文原本必然具有一定的难度。系统梳理李善兰等三位译者的学术经历及科技翻译成就，并运用比较法将《植物学》与约翰·林德利的部分植物学著作进行对比，既有助于进一步挖掘《植物学》的科学文化内涵，也有助于进一步研判剖析《植物学》所依据的外文原本。

第一节 主译者李善兰与《植物学》

《植物学》前七章由李善兰与韦廉臣翻译，后因韦廉臣返回英国，艾约瑟接替其完成了第八章的翻译。在《植物学》汉译发生前，中国植物学研究对西方近代植物学知识涉猎较少，因此，李善兰等三位译者在汉译过程中面临极大的挑战，做了许多开创性的工作[1]，尤其针对《植物学》中所论及的植物学术语的翻译。在《植物学》汉译发生时，西方近代植物学术语在中文中不仅没有对应的表达方式，也没有可供参考的样本可供遵循，因此只能凭借李善兰等译者进行创造性的翻译来完成。在此过程中，李善兰的学术经历及学术造诣发挥出了至关重要的作用。

一、李善兰生平

李善兰致力于西方科学在华传播，可谓"晚清科技翻译第一人"，为晚清中西方科技交流做出了引人瞩目的贡献。他以"合译"的方式与伟烈亚力、韦廉臣等来华传教士译介了多部科学著作，内容涵盖植物学、天文学、数学、物理学等多个领域[1]，

---

① 孙雁冰.李善兰科技译著述议［J］.安庆师范学院学报（社会科学版），2016，35（4）：47–51.

大部分译著均产生了较为深远的影响，所创译的术语大都沿用至今，推动了植物学及生物学相关学科领域术语的规范性发展衍化。

图 3-1 李善兰

李善兰原名李心兰，字壬叔，号秋纫，籍贯为浙江海宁。被称作中国近代科学的先驱，推动了晚清西学的在华传播。梁启超曾在《中国近三百年学术史》中对其评价到："壬叔（李善兰）早慧而老寿，自其弱冠时，已穷天元、四元之秘，斐然述作；中年以后，尽瘁译事，世共推为第二徐文定（徐光启），遂以结有清一代算学之局"[1]，较为全面且客观。李善兰为晚清著名数学家，在数学方面的造诣颇高，曾提出著名的"李善兰恒等式"，并在尖锥术、垛积术、素数论等方面有所突破[2]；其数学造诣深得梁启超的肯定："（天文算学）尤专门者，李锐、董佑诚、焦循、罗士琳、张作楠、刘衡、徐有壬、邹伯奇、丁取忠、李善兰、华蘅芳。锐有《李氏遗书》，……善兰有《则古昔斋算学》。而曾国藩设江南制造局于上海，颇译录泰西科学书，其算学名著多出于善兰、衡芳手"[3]。李善兰一生数学成就卓越，三十几年的时间内发表数学著作几十部，内容涵盖代数学、几何学等领域，在晚清的数学界影响颇深。表3-1即为李氏作品年表。

表 3-1 李善兰代表作品年表

时间	作品名称	备注
1840	《天算或问》	李善兰最早的数学著作
1845	《方圆阐幽》《弧矢启秘》《对数探源》	
1846	《四元解》2 卷	由顾观光作序
1848	《麟德历解》3 卷	自序
1856 年后	《椭圆正术解》2 卷、《椭圆新术》1 卷、《椭圆拾遗》3 卷、《史器真诀》1 卷、《尖锥变法解》1 卷、《级数四术》1 卷、《垛积比类》4 卷	
1867	《则古昔斋算学》13 种 24 卷，共约 15 万字	汇集了其20多年来在数学、天文学和弹道学方面的著作
1872	《考数根法》	近代素数理论最早的论文
其他	《粟布演草》《测圆海镜图表》《测圆海镜解》《九容图表》审定教材《同文馆算学课艺》《同文馆珠算金踌针》《造整数勾股级数法》《开方古义》《群经算学考》《代数难题解》	《造整数勾股级数法》《开方古义》《群经算学考》《代数难题解》未刊行

① 梁启超.中国近三百年学术史［M］.北京：东方出版社，2012.

② 孙雁冰.李善兰科技译著述议［J］.安庆师范学院学报（社会科学版），2016，35（4）：47-51.

③ 梁启超.清代学术概论［M］.北京：中国言实出版社，2014.

除在数学领域取得了令人瞩目的成就外，李善兰在天文学、生物学、教育学等方面均有所长①。李氏所取得学术造诣及其对学术的探索精神，助推了其墨海译事的顺利完成。正如其合作者伟烈亚力所言："（李善兰）精于算学，于几何之术，心领神悟，能言其故"②，即指明李善兰的数学学科背景及造诣是保障其科技译著实现科学影响力的根本。除此以外，李氏科技翻译成就的获得也来自其传播科学的责任心及其对西方科技的浓厚兴趣，正如梁启超所言："李善兰、华蘅芳、赵仲涵等任笔受，其人皆有根柢，对于所译之书，责任心与兴趣皆极浓重，故其成绩略可比明治徐（徐光启）、李（李之藻）"③。

二、李善兰墨海译事始末

1852年，李善兰来到有"西学重镇"之名的墨海书馆，就此开启了他的科技翻译生涯。李善兰科技翻译涉猎学科领域较为广泛，覆盖数学、天文学、物理学、植物学等多个自然科学领域，而在翻译方式上，均采取"合译"的方式。李氏墨海译友既包括伟烈亚力、韦廉臣、艾约瑟等西方来华传教士，也包括王韬等知名中国学者。李善兰在墨海书馆的西书汉译事务前后共持续了约八年的时间。这八年时间是李氏学术生涯中极为重要的八年，不论是在汉译西方科技著作过程中所接触到的西方科技知识，还是他在日常工作生活中所接触到的中西译友，均对李善兰科学思想的形成及学术研究的进一步开展产生很大的影响。

来到墨海书馆前，李善兰已是晚清数学界小有成就的"算学家"。彼时，他已发明"尖锥术"，并已完成《方圆阐幽》《对数探源》等多部较具影响力的数学著作。在这种情况下，李善兰还能走出他的家乡浙江海宁，走进他尚不够熟识的西方科学翻译领域，其中一个原因即为出于对数学研究的持续探索热情。彼时李善兰在数学方面已有所建树，但在一段时间内，研究工作却止步不前。致力于数学研究的李善兰彼时已意识到，若想在数学研究方面有所突破，就必须接触到西方数学研究的前沿领域和成果。浙江小城海宁，即李善兰的家乡，无法为他提供这样的渠道，而彼时的墨海书馆早已成为中西方科技与文化的交融地，是西学东传的重要枢纽。另外，出于谋生的考虑也是李善兰来到墨海书馆的原因。墨海译事可为李善兰提供生活上的保障。因此，来到位于上海的墨海书馆，他既"能接触到最新的科学研究成果，能让他衣食无忧，全身心地投入到学术研究中去"④。当然，李善兰在思想认

① 孙雁冰.李善兰科技译著述议［J］.安庆师范学院学报（社会科学版），2016，35（4）：47-51.
② 李善兰，伟烈亚力.续几何原本·序［M］.上海：墨海书馆，1856.
③ 梁启超.清代学术概论［M］.北京：中国言实出版社，2014.
④ 杨自强.学贯中西——李善兰传［M］.杭州：浙江人民出版社，2006.

识上的进步也是其参与墨海译事的关键因素。他能够意识到19世纪中西方科技发展的差距以及汲取西方科技之长能够有助于晚清科技的整体进步，从而实现科技救国的最终目的。

关于李善兰最初如何进入墨海书馆的考察可见傅兰雅的相关记载："一日，（李善兰）到上海墨海书馆礼拜堂，将其书于麦先生（麦都思）展阅，问泰西有此学否。其时有住于墨海书馆之西士伟烈亚力，见之甚悦，因请之译西国深奥算学并天文等书"[①]。也就是说，李善兰能够成为墨海书馆的译员有些毛遂自荐的意味，但出于晚清士大夫的尊严，他并未直接表明自己想谋求差事的意愿，而是通过展示自己的著作来吸引墨海书馆负责传教士麦都思的注意，从而达成自己的心愿。李氏的"毛遂自荐"也为其带来了意外收获——得到了传教士伟烈亚力的关注与认可，并就此开始了二人长达数年的"合译"西方科学著作的工作。

李善兰参与墨海译事前后共持续八年的时间，合作过的西方译者包括伟烈亚力、艾约瑟、韦廉臣等传教士，翻译西方科技著作近10部，这些译著后来均成为所属学科领域发展史上的转折之作，并产生了较为深远的影响。后因墨海书馆的结束及太平天国战乱的发生，李善兰于1859年前后离开了墨海书馆，自此结束其墨海书馆的科技翻译生涯。彼时晚清的洋务运动正在逐渐开展起来，西方的科技成果、科学研究方法及思想等日益受到中国各界的重视，而像李善兰这样学贯中西的人才也随之受到国家的重用，他被聘为京师同文馆教习，也曾获得类似户部正郎等虚职。太平天国战乱平定后，"曾文正（曾国藩）设制造局于上海，中附属译书之科，以官力提倡之。时壬叔已老，在总理衙门为章京，不能亲译事，则华若汀（华蘅芳）继之"[②]。这些均可进一步印证李善兰在晚清中西方科技交流中的贡献。

令人感叹的是，李善兰虽然不懂英语，但他却以卓绝的学术造诣，较好地完成了墨海译事过程中的"笔译工作"，因而有学贯中西的美誉。李善兰思想开明，认为科技发展水平的进步才能从真正意义上实现民族的强大，同时也秉持学习掌握西方科学的先进之处必然有助于实现"科学救国"的目的，因此全心致力于西学传播。1852—1858年间，除了《植物学》外，李善兰还有多部其他学科的科学译著相继问世，译著覆盖了自然科学的多个领域，被称作晚清科技翻译第一人。"而其植物学译著《植物学》则为中国第一部引介西方近代植物学研究知识的译、著作"[③]，进一步客观佐证了李善兰在晚清科技交流史及晚清科技翻译史上的地位。

① 黎难秋.中国科学翻译史料［M］.合肥：中国科学技术大学出版社，1996.

② 梁启超.中国近三百年学术史［M］.北京：东方出版社，2012.

③ 孙雁冰.李善兰科技译著述议［J］.安庆师范学院学报（社会科学版），2016，35（4）：47-51.

三、李善兰其他科技译著

在西学东渐过程中，科技文献翻译是推动西方科学知识向中国科学界传播的主要手段，这项工作始于明末利玛窦、徐光启等人，至清末李善兰时达到顶峰。通过科技翻译，部分西方近代自然科学的研究成果被引介至中国科学界，并在推动中国传统科学向前发展方面或多或少发挥出一定作用。尤其晚清的科技翻译，在实现传统科学向近代科学的过渡、为中国近代科学体系的完善等方面，均做出了其应有的贡献[①]。

李善兰对于中国近代科技的发展做出了积极的贡献，他不仅取得了引人瞩目的学术成就，也有丰富的科技翻译成果，被称作晚清"科技翻译第一人"。李氏科技译著涉及自然科学的多个领域，并创译了大量能够引领学科发展的术语，研究内容学科专业针对性较强，较为系统地将西方代数学、解析几何、微积分、天文学、力学、植物学等近代科学引介至中国科学界，在所属学科领域中均产生了一定的影响力[①]。

需要指出的是，《植物学》并非李善兰的首部科技译著，在汉译《植物学》发生之前，李善兰已与西方来华传教士"合译"了多部科学译著，毋庸置疑，这些科技翻译经历为李善兰在《植物学》翻译中的术语创译与译文行文方面均奠定了必备的基础。因此，系统梳理李善兰的科技翻译经历，有助于学界更好地理解《植物学》汉译发生发展的经过与产生影响，并为考证《植物学》的相关内容提供更加客观的参考依据。

表 3-2　李善兰科技译著时间年表（译完时间）

时间	作品名称	备注
1856	《几何原本》后 9 卷	李善兰，伟烈亚力
1856	《重学》20 卷附《圆锥曲线说》3 卷	李善兰，艾约瑟
1856	《代微积拾级》13 卷	李善兰，伟烈亚力
1858	《植物学》8 卷	李善兰，韦廉臣，艾约瑟
1859	《代数学》13 卷	李善兰，伟烈亚力
1859	《谈天》18 卷	李善兰，伟烈亚力
1859	《奈端数理》4 册（即《自然哲学的数学原理》）（未刊行）	李善兰，伟烈亚力，傅兰雅

① 孙雁冰.李善兰科技译著述议［J］.安庆师范学院学报（社会科学版），2016，35（4）：47-51.

（一）数学译著

《几何原本》后9卷为李善兰在墨海书馆所翻译的第一部科学译著。本书由李善兰与伟烈亚力所合译。在《几何原本》后9卷翻译过程中，"李善兰经过与原著反复的核对，删繁就简，终于完成了《几何原本》的后9卷"[1]。李善兰在《几何原本》后9卷汉译的全过程中所做出的贡献是巨大的，甚至发

图3-2　《几何原本》（后九卷）内图

挥出了主导作用，合译者传教士伟烈亚力在译著的序言中也对李善兰的表现给予了充分肯定。然而，1858年，译著《几何原本》后9卷的初次发行却并不顺利[2]。这主要是由于清政府与太平天国的战乱，该译稿不能大量刊印。后几经辗转，直到1865年，曾国藩将《几何原本》前6卷与后9卷整合在一起，并重新核对刊印，《几何原本》汉译版全书才得以大量发行。《几何原本》中文版的问世对于中国科学界的整体发展起到了不可或缺的推动作用。

此外，李善兰于1859年译介完成的《代数学》13卷、1856年译介完成的《代微积拾级》13卷以及《圆锥曲线说》3卷，均为数学领域的经典佳作；李善兰等所译介的《代数学》曾影响中国40余年，且该译本还被再次转译成日语，并在日本传播开来[2]。《代数学》引介了代数方程、方程组、对数、指数、函数等多项内容。不少西方数学通用符号均自此译本传入中国，"例如：=、×、÷、（）、$\sqrt{}$、>、<……在书中被直接引用，但+、−号被译作⊥、⊤，阿拉伯数字则用一、二、三、四……，26个字母则用中国传统的十天干（甲、乙、丙、丁……），十二地支（子、丑、寅、卯……），外加四元（天、地、人、物）来表示"[3]。

《代微积拾级》内容覆盖面较为广泛，"是李善兰最为重要的一部数学译作，也是中国历史上第一部有关于近代西方微积分等数学知识的著作，内容涵盖初等数学至高等数学内容的各个方面，对微分、积分、解析几何等均做了介绍。虽说李善兰译本具有一定的时代局限性，但该译著首次将高等数学引入中国，并就此开启了中国近代数学发展的新纪元，其历史意义不可否认"[2]。

李善兰曾在《代数学》中创译了"代数""系数""函数""常数""单项

① 于应机.中国近代科学的奠基人——科学翻译家李善兰［J］.宁波工程学院学报，2007，19（1）：56-60.
② 孙雁冰.李善兰科技译著述议［J］.安庆师范学院学报（社会科学版），2016，35（4）：47-51.
③ 王渝生.李善兰：中国近代科学的先驱者［J］.自然法通讯，1983（2）：22-31.

式""多项式""方程式"等一直沿用至今的数学名词；在《代微积拾级》中创译了"微分""积分"等微积分学名词；在《圆锥曲线说》中则有"轴""原点"等至今仍在使用的数学名词。李氏所创译的数学名词约有70%沿用至今，这些术语使得近代数学发展更加规范化，从而带动了近代数学的发展①。

（二）李善兰天文学译著

图 3-3 《谈天》卷首页

《谈天》一书也由李善兰与伟烈亚力所合作翻译而成。对应的外文原本为英国天文学家侯失勒（J. Herschel, 1792—1871）于1851年出版的《天文学纲要》一书，涵盖西方天文学领域的诸多内容，包括哥白尼学说、刻卜勒定律、万有引力定律等。译著《谈天》中提及恒星光行差、彗星轨道、双星相绕、地球、五星绕日等科学事实，将近代西方先进的天文学知识引入中国，促进了中国近代天文学事业的发展。正如刘金沂所说："《谈天》一书是中国天文学的转折之作，其地位可与哥白尼的《天体运行论》相提并论"。

为准确传达所依据外文原本中的知识信息，李善兰与伟烈亚力在《谈天》中创译出许多天文学专有名词术语，书名"谈天"二字更是直白易懂，使其在中国的传播更加顺利。其他如"历元""月行差""光行差""本轮""均轮"等天文学专有名词一直沿用至今。同时也将三角函数等数学知识应用于天文学的研究工作中，充分展现了其科学先见性与科学前瞻性①。

《谈天》一书是中国科技史上第一部内容较为丰富、较为系统地将西方天文学知识介绍到中国来的天文学译著①。正如杜石然等所指出："由于李善兰等人的努力，从哥白尼开始至牛顿完成的建立在牛顿古典力学体系上的西方近代天文知识便比较系统地传入中国"②。

（三）物理学及其他译著

李善兰另有物理学译著《重学》，为晚清力学译著中最为重要的作品之一。《重学》选译自英国物理学家胡威立（1794—1866）的《初等力学》（An Elementary Treatise on Mechanics），共20卷，附《圆锥曲线说》3卷，该译著首次将牛顿力学三大定律引进中国；同时，"分力""合力"等专有名词也是经由李善兰等译介传入中国物理学界。

---

① 孙雁冰.李善兰科技译著述议［J］.安庆师范学院学报（社会科学版），2016，35（4）：47-51.
② 杜石然.中国科学技术史稿（下）［M］.北京：科学出版社，1982.

值得一提的是,《重学》的汉译与《几何原本》后9卷的汉译是同时进行的,正如李善兰在《重学》序言中所言:"朝译几何,暮译重学",翻译过程之艰辛,由此可见一斑①。

此外,李善兰也与伟烈亚力、傅兰雅两人合译了《奈端数理》4册(即《自然哲学的数学原理》)。其原本甚至下落不明,丢失近百年,但幸运的是,几经辗转,英国版《奈端数理》于1995年在英国重见天日。但是学界相传李善兰另有两本译著:《照影法》及《动物学》,原本已佚,期待两本译著如《奈端数理》一般有一天会重现学界,以慰李善兰拳拳学者之心。

图3-4 《重学》内容

李善兰的科技译著为当时的中国人了解、学习西方先进科学知识提供了途径,很多知识内容成为中国近代科学发展的基础,在中国数学及其他学科的近代化过程中发挥出了不可替代的作用②。由于19世纪的西方自然科学发展领先于中国,因而经由传教士东来带入的西方科技著作中包含了许多为当时的晚清科学界所未曾涉猎的内容,因此,李善兰在科技译著翻译过程中做了大量开创性的工作①。

在《植物学》的汉译中,另外两位译者韦廉臣与艾约瑟的学术见识及学术视野既保障了选译内容的合理性及知识性,也保障了译介过程中对源语文本中植物学知识的准确解读。两人的身份虽为传教士,但带着传播西方科技的心愿,以其个人的博学与学术的造诣参与到晚清的西书汉译中,为西学在晚清科学界的传播贡献出了一份必不可少的力量。

第二节　译者韦廉臣

《植物学》另外两位合译者韦廉臣、艾约瑟为西方来华传教士,两人的学术水平较高,且取得了一定学术成绩。二人在宣传宗教教义之余,也致力于西学的传播,是墨海书馆西书汉译工作中的主力人物。

《植物学》前七卷由李善兰与韦廉臣共同翻译。韦廉臣个人学术经历,尤其他关于植物学及生物学方面的研究,对《植物学》汉译的实施完成及后续科学影响力的

① 孙雁冰.李善兰科技译著述议[J].安庆师范学院学报(社会科学版),2016,35(4):47-51.
② 张升.晚清中算家李善兰的学术交流与翻译工作[J].山东科技大学学报(社会科学版),2011,13(2):30-35.

发挥等，均起到了积极的助推作用。

一、韦廉臣及其在华学术轨迹

图 3-5　韦廉臣
（DR. Rev. Alexander Williamson）

韦廉臣为英籍来华传教士，曾获格拉斯哥大学法学博士学位，1855年成为牧师后，被基督教长老会派遣至中国开展宗教传播事业，因他大部分时间都在烟台传教，因此常被人称作"烟台韦廉臣"。

1855年来华后，韦廉臣即与其妻子一道开展传教事业。同其他传教士一样，韦廉臣采取的传教策略也是"科学传教"。关于其首次到达烟台的时间，史料记载有两种说法：第一种见于《烟台概览》[①]："其首先到烟台传基督教者，韦廉臣夫妇，时在一八五五年九月二十四日……"；第二种说法见于《烟台民族宗教志》："（韦廉臣）1864年来到烟台，即负责圣公会事宜之时"，两种记载均为官方正式记载。关于韦廉臣到达烟台的具体时间，笔者认为，《烟台民族宗教志》中的记载更为准确。依据如下：首先，烟台的开埠时间为1861年8月22日，1855年时尚未开埠，韦廉臣从英国远道而来，直接进入尚未开埠的烟台不太可能；其次，从参与《植物学》汉译的时间上看，韦廉臣在1855—1857两年间的活动地点更倾向于上海墨海书馆，《植物学》翻译出版的完成时间为1858年，但在1857年底之前，韦廉臣与李善兰一直在上海墨海书馆合译前七卷。鉴于上海与烟台的地理位置及当时的交通状况，韦廉臣不会在刚刚到达烟台不久即再次动身前往上海，并在此期间完成了《格物探原》等文章的撰写。1857年底，韦廉臣因病中断了《植物学》的翻译并返回英国养病，这一点学界也是普遍认可的，如沈国威曾言："他（韦廉臣）在1857年底回英国养病之前，完成了《格物探原》，并未付诸出版"[②]。因此，韦廉臣首次到达烟台的时间应在他英国养病返回之后（1863年），即1864年。韦廉臣也在此时开始担任苏格兰圣公会代理人一职，同时，韦廉臣夫妇也是最早到达烟台传教的传教士[③]。1857年，韦廉臣在与李善兰合译完成《植物学》前七卷内容后，身染重疾，不得不返回英国。1863年，他身体康复后，再次返回中国。6年后，韦廉臣再次返回英国休假。1871年，被格拉斯哥大学授予博士学位后，再次于年底返回中国，其后一直留在中

① 《烟台概览》，1937年出版，由当时的烟台特区专员公署编纂，复兴印刷书局印刷，胶东报社、复兴印刷书局总发行。书名由当时主政山东的韩复榘题写。
② 沈国威. 译名"化学"的诞生 [J]. 自然科学史研究，2000，19（1）：55-57.
③ 见于《烟台民族宗教志》中所记载。

国，直至1890年年底病逝，葬于烟台毓璜顶。无论是宗教传播或是西学传播，韦廉臣均付出了极大的热情。

二、韦廉臣植物学及其他学术成就

韦廉臣学术研究经历较为丰富，曾在墨海书馆、益智书会、广学会以及《万国公报》等多家西学传播组织机构参与科技和文化传播工作，并取得了一定的成绩，在晚清西方来华传教士中知名度较高。他对于晚清科学文化事业的发展及中西方科技文化交流所做出的贡献得到了中国学术界的普遍认可。韦廉臣的学术经历也表现在他于墨海书馆、益智书会、广学会等学会组织的学术活动以及他在《六合丛谈》《万国公报》等杂志、报刊上发表的科学文献等方面。

（一）植物学研究成就

在《植物学》汉译发生之前，韦廉臣的学术研究成果中已涉猎植物学研究的相关内容。韦廉臣曾在其研究中提及了动植物的区别：

> 动植诸物，皆以胞体积成，不特此也。其生之例，有若符节之合者，为植物之一种，由种子生茎，茎生诸叶，各由一定位置，叶吸炭气渐长，顶作一花，旁作一花，至结子而萎[①]。

《植物学》卷一中开篇即探讨了动植物的六大区别[②]，并进一步引证举例进行说明，译文表述虽非韦廉臣上述引文原文，但内容实质与主体科学思想却与上述引文一致。

韦廉臣也从自然神学的角度谈及了西方近代植物学的相关研究要义。

《植物学》的本质为传播植物学知识的科技类译著，但译文中却蕴含着丰富的自然神学思想[③]，而韦廉臣的植物学研究中也提及了自然神学：动植物之源本——上帝[①]。

这些植物学研究经历均对《植物学》的汉译产生了影响。韦廉臣植物学方面的研究成果虽较为零散，且并未以专门植物学学科研究成果的形式存在，但不可否认这些研究经历对《植物学》汉译的实施与完成，尤其在待译植物学知识的选定方面产生了一定的影响。

---

① 沈国威.六合丛谈［M］.上海：上海辞书出版社，2006.

② 见本书第五章第四节。

③ 见本书第八章第二节。

（二）其他学术成就

墨海书馆是韦廉臣到华的第一站。韦廉臣在墨海书馆期间，除了参与汉译《植物学》等学术活动外，他也积极撰写其他西学及宗教传播方面的文章，并发表在《六合丛谈》（墨海书馆发行，发行时间为1857—1858年，共15期）等杂志上。韦廉臣所发表的文章更倾向于科学传播，更为强调科学研究及科学成果的重要意义，对近代科学的重要性给予了足够的重视。文章方面，韦廉臣的代表性作品包括《真道实证》与《格物穷理论》等。其中《真道实证》是长篇连载文章，以传播科学为名（介绍西方科学知识），行传播宗教之实（内容中包含宗教性说教的内容）。在《格物穷理论》中，韦廉臣则强调了近代科学的先进性，在介绍西方近代科学知识的同时也指出了科学技术与国家民族的富强息息相关。

成立于1887年11月1日的广学会由韦廉臣所发起。广学会前身为同文书会，是晚清出版西方书籍（包括科学著作及宗教著作）的机构，其办刊规模及翻译西书的数量均远远超过同期其他西书出版机构，在韦廉臣之后，李提摩太（Timothy Richard, 1845—1919）接替他主持了广学会的日常事务。广学会成立时，距离韦廉臣去世仅有三年，他的身体状况已大不如前，但韦廉臣事事亲力亲为，从学会成立前的募捐活动，到学会正式成立，均亲自参与。广学会的其他创立者还包括与赫德（Robert Hart）、林乐知（Young John Allen）、慕维廉（William Muirhead）等传教士。此外，韦廉臣也是广学会日常运作中的真正决策者。

广学会的工作内容可简单概括为翻译、编写、出版、售、赠书刊以及举办征文活动。在广学会办刊期间，共编、译书籍600余种。编译刊物覆盖多个领域，既有传播西学的学术类刊物，如《万国公报》《中西教会报》《大同报》等，也包括《孩提画报》《训蒙画报》《成童画报》等儿童画报。广学会的赠书活动也是规模宏大，据不完全统计，自1888年至1900年，广学会赠送各类书籍、刊物累计302,141册，其中最多的是1897年，为121,950册[①]。广学会在晚清西学东渐史上，占有相当重要的地位。第一，它开始了结合中国实际、围绕变法宣传西学的历史；第二，注重对中国文化价值的讨论；第三，创造了西学传播的新局面[②]。不可否认，广学会成立初期的核心人物韦廉臣在这其中起到了不可替代的作用。

益智书会也是韦廉臣学术活动的主要场所之一，并曾在其中担任委员，参与决策并编译了多部具有启蒙特征的教科书[②]，对后来中国科技类教科书的编撰有一定的

---

① 据1888年至1900年《广学会年报》所载数字统计而来，其中，1890、1891、1895、1896、1898年年刊未载赠书数字，所以广学会实际赠书远远超出此数。转引自熊月之：《西学东渐与晚清社会》，上海：上海人民出版社，1994年，第441页。

② 熊月之.西学东渐与晚清社会 [M].上海：上海人民出版社，1994.

理论指导意义及借鉴价值。此外,韦廉臣在益智书会就职期间提出了统一科技术语的建议,即在数学、天文学、力学等领域教科书的编撰中均统一使用伟烈亚力的术语。这是一个极具科学性的提议,但同时也是一项艰难且具挑战性的工作。虽然益智书会的初期探索工作并未全面解决这一问题,但是益智书会在科学界统一科学术语工作中首先迈出的这一小步为后来中国科学术语的统一化标准化的全面实现奠定了基础,作为发起人及决策人的韦廉臣的贡献不可否认。

《万国公报》在其前身《教会新报》的基础上发展而来。刊物创办于1868年9月,《万国公报》这一题名正式出现于1874年9月。韦廉臣的一生与《万国公报》渊源颇深,韦廉臣与《万国公报》的缘分首先在《万国公报》1889年2月复刊时。《万国公报》的复刊离不开由韦廉臣所领导的广学会的帮助,"现与同文书会诸君商议复兴,仍请林君(林乐知)主事,书会诸君分任之"[①];其次,韦廉臣与《万国公报》的缘分也体现在韦廉臣多篇学术作品的发表方面。从《万国公报》1883年7月停刊前至1889年2月复刊后,韦廉臣在其上发表了多篇学术成果,成果涵盖宗教、自然科学、社会科学的诸多方面,其中产生影响最大的成果当属《格物探原》。

由于秉承科学传教的方针,韦廉臣将传播西学与传播宗教放在同等重要的地位上,最为直观地体现即为《格物探原》一书的撰写。该书最能够代表韦廉臣的科学传教宗旨,是韦廉臣最为重要的著作之一,更为韦廉臣完成《植物学》的汉译奠定了必备的基础。

《格物探原》一经出版即引起较大反响,业界对其评价较高[②]。该书收录了韦廉臣陆续发表于《教会新报》(第220期至280期)与《万国公报》(第301卷至383卷)上的文章,总字数约为12万,是在其文章《真道实证》(发表于《六合丛谈》,第2至11期)基础之上拓展而来。该书科学内容与宗教内容并重,其中的科学部分将西方较为先进的天文、地理、地质、动物学、植物学、人体结构等知识传达至晚清科学界,这些知识有助于开启晚清科学界对于西方近代科学知识的认知。尤其是与西方近代化学研究有关的介绍,进一步促进了当时化学研究的进步与发展。韦廉臣在书中介绍自然界由六十二种"元质(元素)"组成,此种说法相较于以往关于自然界构成的论证更加进步,且他在书中也明确指出了,动植物的构成元素主要有碳元素、氢元素、氧元素和氮元素,为当代化学理论性研究的肇始。书中其他关于地学、天文学、动植物学、生理学等知识的介绍均较早期来华传教士的著作、译作等更为系统和全面,向当时发展落后于西方的晚清科学界普及了当时西方较为先进的科学知识,并为晚清科学界带来了全新的研究理念和理论依据。

---

① 韦廉臣.万国公报列于书会缘记 [J].万国公报,第14号,1890.
② 熊月之.西学东渐与晚清社会 [M].上海:上海人民出版社,1994.

韦廉臣学术造诣深厚，一生致力于科学传教事业，在积极推广宗教教义的同时，也将西方当时较为先进的科学成果带入中国；同时，也将西方的科学思想、科学研究方法等传播至中国科学界，既推动了晚清的西学传播，也为晚清科学的发展做出了贡献。

第三节　译者艾约瑟

在完成《植物学》前七卷的汉译后，韦廉臣因个人身体原因返回英国。其后，李善兰继续与艾约瑟共同完成了最后一卷的翻译工作。虽然在《植物学》汉译中，艾约瑟参与内容相对较少，但他对《植物学》汉译的完成及科学影响力的发挥也产生了不可忽视的影响。此外，参与《植物学》汉译的经历同样影响了艾约瑟后续的学术经历。艾约瑟于1886年辑译完成了《植物学启蒙》，其参与《植物学》汉译的经历无疑对《植物学启蒙》的编译产生了积极的影响。

一、艾约瑟及其科技著译成就

图3-6　艾约瑟
（Joseph Edkins）

艾约瑟为英国传教士、著名汉学家、翻译家，一生学术经历丰富，被后世称为"致力于中西方科技交流的传教士和汉学家"；也被誉为"伦敦宣道会三杰之一"、基督教文化宣教先驱，也是墨海书馆西学传播的重要参与人之一，他一生致力于传教事业及西书汉译事业，在华传教长达57年之久。

艾约瑟出生于英国奈斯沃斯，他的家庭为典型的英国基督教家庭。由于其父亲是牧师，艾约瑟自幼深受宗教思想影响，从小便立志传教。从伦敦大学毕业后，艾约瑟选择继续接受神学教育。因有意愿到中国开展传教活动，艾约瑟在1847年成为牧师后，就加入了当时英国最具影响力的伦敦宣道会（伦敦会），并于1848年9月来到上海，就此开启其在华传教经历。艾约瑟热衷于传教，一生致力于基督教在华推广与传播。

到达上海后，艾约瑟就加入墨海书馆，成为管理者之一，主要工作为书籍管理及宗教宣传品的编写出版，并协助麦都思、慕维廉等传教士处理墨海书馆的日常事务及西方翻译等编辑出版工作。在墨海书馆期间，艾约瑟与其他传教士一起发现一大批颇具影响力的中国学者，如王韬、李善兰等人，并充分利用他们的专长，进一步

049 | 第三章 《植物学》译者及外文原本

推动了中西方科技文化交流，更为晚清中国社会的科技进步尤其是自然科学的进步做出了应有的贡献。

除了墨海译事的合作关系，艾约瑟与李善兰私交甚笃，可见于梁启超的记载："道光末叶英人艾约瑟、伟烈亚力先后东来，艾约瑟与张南平、张啸山（张文虎）、顾尚之最善，约为算友。……其后壬叔又因南坪等识艾约瑟，与之共译英人胡威立之《重学》，又与韦廉臣共译某氏之《植物学》"①。1857年11月，艾约瑟接替韦廉臣未完成的《植物学》最后一卷内容。

艾约瑟在语言掌握方面具有极高的天赋，他熟练掌握17种语言，涵盖多个国家和民族的方言。艾约瑟精通的语言包括英语、汉语、德语、法语、拉丁语、希腊语、日语、朝鲜语、叙利亚语、希伯来语、波斯语、梵语、泰米尔语、满语、藏语、蒙古语、苗语等多国家、多民族语言。语言沟通的优势为他所施行的文化传教士事业提供了便利条件，为其更好地传播西学知识提供了保障条件。

艾约瑟学术成就斐然，著、译作所涉学科领域涵盖宗教、西方政治、科技、文化、历史等多个领域；同时，艾约瑟研究兴趣广泛，在多个领域均有所长，尤其擅长汉学研究，有多部著作与汉语有关，且其观点独特，研究角度细致。艾约瑟对中国佛教和道教文献有深入研究②。此外，艾约瑟也对中国的科技史有过考察，例如，考察了中国的"板印"、指南针、造纸术的起源、天文学、建筑史、数学等多个方面③，并有相关研究著作问世。其翻译的科技作品除了与李善兰等人所合译的《重学》（1856）、《圆锥曲线说》（1859）、《植物学》（1858）等外，还于1853年同浙江湖州学者张福僖（？—1862）共同翻译了《光论》一书。该书是晚清第一部介绍西方光学知识的译著，内容涉及海市蜃楼原理，光的折射、反射及光谱基本知识。艾约瑟还与中国著名学者王韬合译了多部科学著作，包括《格致新学提纲》（1868）、《光学图说》（约1853—1856）、《西国天学源流》、《中西通书》等。他也独立翻译了如《辩学启蒙》（1886）、《数学启蒙》（未出版）等多部译著。在艾约瑟的科技译著中，最具代表性的是出版于1886年的《西学启蒙十六种》。该书是一套科普类丛书，普及的是相关学科基础知识的著、译作，包括《西学略述》《植物学启蒙》《动物启蒙》《身理启蒙》等十六种。不论是由艾约瑟与李善兰等中国学者所合作完成或是由其个人所独立完成的科技译著，均在推广西学在华传播方面发挥了一定作用。

艾约瑟学术成果丰富，其个人著作等其他学术经历年表如表3-3所示。

① 梁启超.中国近三百年学术史［M］.北京：东方出版社，2012.
② 汪晓勤.艾约瑟：致力于中西方科技交流的传教士合学者［J］.自然辩证法通讯，2001，23（5）：74-96.
③ 吴霞.英国伦敦会传教士艾约瑟研究［D］.福州：福建师范大学，2005.

表3-3　艾约瑟个人著作等学术经历年表

时间	学术经历	时间	学术经历
1852	编撰《华洋和合通书》	1871	当选"在华实用知识传播会"会长
1853	完成并出版《上海方言语法》	1872	创立《中西闻见录》
1854年起	为《北华捷报》撰写文章	1876	出版《汉子研究引论》，编译经济学著作《富国养民策》
1857	完成并出版《官方语言语法》	1876	为《益智新录》撰稿
1857	为《六合丛谈》撰写文章	1878	出版《中国的宗教》
1857	当选亚洲文会秘书，并参与创建工作	1880	担任中国海关总税务司中文翻译
1859	完成并出版《中国的宗教状况》	1880	出版《中国的佛教》
1860	发表《访问苏州的太平军》	1885	担任北京东方学会理事
1863	发表《访问南京记事》	1890	担任亚洲文会副会长
1864	完成并出版《汉语官话口语语法》	1890年起	出版《中国建筑学》《汉语学习入门》等大量著作
1866	翻译并出版《官方语言新约》	1903	完成并出版《中华帝国的税收》
1868年起	为《教会新报》（万国公报）撰稿	1905	完成并出版《中国的银行和货币》
1871	完成并出版《中国语言的地位》及《中国在文献学中的地位》		

艾约瑟的学术水平及卓越的语言能力使其能够较为顺利地开展科技翻译工作，从而实现西方科学技术在华传播的目的，并推动晚清西学东渐过程学术交流的发生于开展。

二、艾约瑟在华传教经历

艾约瑟热衷于传教士事业，其在中国期间从未停止传教活动。尽管其来华首站是上海，但其并未将传教事业集中于上海地区，浙江省、江苏省、山东省、天津、北京等地都曾留下其传教的足迹。

1860—1861年间，艾约瑟先后几次去了苏州、南京两地布道传教。彼时的苏州、南京为太平天国军队的统治辖区。因此，艾约瑟也曾与太平军接触过，甚至也曾向太平军的将领宣传其宗教教义，并通过那些将领来进一步吸收更多的普通群众入教。

艾约瑟在山东的传教活动主要集中在曲阜——孔子的故乡，此外也有烟台等地。

艾约瑟曾两次到过曲阜，分别发生在1860—1861年间与1873年。除开展其传教事业外，他在第二次曲阜之旅，即1873年5月，曾造访了孔子陵墓。众所周知，祭祖与祭孔是中国传统文化中很重要的两个部分，但却与宗教礼仪不相符合，因此，为在中国顺利开展宗教传播事业，早在明朝末年，以利玛窦为代表的早期来华传教士就制定了一系列的传教政策——"合儒""补儒"及"超儒"，即允许中国教徒保留对儒家文化的信仰，可以祭孔、祭祖，这样保证了西方传教士在华宗教传播工作的顺利开展。然而，"以龙华民为代表的另一派传教士却持反对意见，认为中国的礼仪乃属异端之列，是偶像崇拜，这种礼仪习俗与天主教教义相悖，应坚决取缔"①。两派传教士对此争论不休，并造成了清政府与罗马教廷之间的矛盾，此矛盾最终于清朝康熙年间爆发，导致雍正、乾隆、嘉庆三朝皇帝的全面执行禁教政策，直至1840年后西方来华传教士的在华传教活动才再次活跃。在这样的历史前提下，艾约瑟参观孔子陵墓的举动足见其对中国传统文化的理解与尊重，以及精深的汉文化造诣。1860—1862年，艾约瑟曾在烟台居住。在此期间，他传教的足迹遍布烟台，其在烟台的活动对于基督教的在华传播影响甚深。

1862—1863年，艾约瑟的传教活动主要集中在天津、北京地区。他在上述两地建立多处教堂，"有支会九十处，医院九处，学校二十余，信徒二千余人"②。

其后的三年时间里，艾约瑟的传教活动也兼顾了蒙古，他既在蒙古开展其传教事业，也在那里建立了传教站以更好地推广宗教教义，吸引更多地教徒入教。其后艾约瑟持续进行他的宗教传播事业，1880年他辞去教内职务，其在华传教活动就此画上句号。

艾约瑟在传教过程中也奉行"科学传教"的方针，由其所译、著的科学著作对中国科技的进步与发展影响甚深，因此，艾约瑟当之无愧为文化宣教的代表人物之一。

第四节 林德利与其植物学著作

根据学术界已有的研究结论及笔者前期开展的研究发现，《植物学》汉译所依据的外文原本与英国植物学家约翰·林德利（John Lindley）的相关植物学著作有着十分紧密的关系。对约翰·林德利的植物学著作进行系统梳理，有助于进一步挖掘开展相关研究工作史料依据。

① 郑师渠.中国文化通史·清前期卷［M］.北京：北京师范大学出版社，2009.
② 吴霞.英国伦敦会传教士艾约瑟研究［D］.福州：福建师范大学硕士论文，2005.

一、约翰·林德利

图 3-7 约翰·林德利
（John Lindley）

约翰·林德利为英国植物学家，他虽未接受过大学教育，但自学成才，在植物学方面造诣深厚，学术成果丰富。在16岁时第一次见到植物学家威廉·杰克逊·胡克（William Jackson Hooker），得到胡克的赏识，并受到胡克的指点与器重。此外，他也被允许使用胡克个人所有的植物学图书馆；同时，胡克也将林德利引介给约瑟夫·班克斯爵（Sir Joseph Banks），约瑟夫·班克斯爵聘请林德利到其标本馆担任助理[1]。这些经历为其成年后的系统性植物学研究奠定了基础。

自1819年首部作品问世后，林德利先后有30余部作品出版刊行。其代表作品年表如表3-4所示。

表 3-4　约翰·林德利部分代表作品

作品名称	中文译名[2]	成书时间
Translation of Analyse du fruit by L. C. M. Richard	水果论	1819
Monographia Rosarum	月季专论	1820
Monographia Digitalium	洋地黄苷专论	1821
Observations on the natural Group of Plants called Pomaceæ	苹果族群观察记	1821
Monographie du genre rosier, traduit de l'anglais de J. Lindley...par M. de Pronville With Auguste de Pronville	玫瑰专论	1824
A Botanical History of Roses	玫瑰花史	
Collectanea botanica or Figures and botanic Illustrations of rare and curious exotic Plants With Richard and Arthur Taylor	珍稀类植物研究选集（与 Richard Arthur Taylor 合作）	1821—1826
A Synopsis of British Flora, arranged according to the Natural Order	英国植物志概要	1829
The Genera and Species of Orchidaceous Plants	兰花科植物种属	1830—1840
Introduction to the Natural System of Botany	植物学导论	1832
An Outline of the First Principles of Horticulture	园艺学概论	1832
An Outline of the Structure and Physiology of Plants	植物结构与生理学概论	1832
Nixusplantarum		1833

---

[1] Stearn, William T. (December 1965). "The Self-Taught Botanists Who Saved the Kew Botanic Garden". Taxon. 14 (9): 19.

[2] 此处中文译名由本书作者译。

续表

作品名称	中文译名	成书时间
Einleitung in das natürliche System der Botanik	植物分类学导论	1833
The Genera and Species of Orchidaceous Plants	兰花科植物种属	1835
A Systematic View of the Organisation, Natural Affinities, and Geographical Distribution of the Whole Vegetable Kingdom	蔬菜类植物类属、自然属源及地理分布等概论	1836
Natural System of Botany	植物分类学	1830—1836
The Fossil Flora of Great Britain with William Hutton	英国化学植物志	1831—1837
Ladies'Botany or, A familiar introduction to the study of the natural system of botany	植物分类学杂谈	1834—1837
"Exogens". The Penny Cyclopaedia of the Society for the Diffusion of Useful Knowledge. vol. X Ernesti—Frustum. London: Charles Knight. pp.120–123		1838
Flora Medica	药用植物志	1838
Sertumorchidaceum:a wreath of the most beautiful orchidaceous flowers	兰科植物采集论丛	1838
School Botany	植物学教程	1839
Appendix to the first twenty-three volumes of Edwards's botanical register	论文（发表于 Edwards'botanical register）	1839
"Primary Distribution of the Vegetable Garden". Botanical Register. xxv: 76–81	论文：蔬菜园的主要分布情况	1839
Theory of Horticulture	园艺学理论	1840
Sketch of the Vegetation of the Swan River Colony	天鹅河殖民地蔬菜植物概要	1840
The Outline of the First Principles of Botany	植物学基本纲要	1830—1849
The genera and species of orchidaceous plants	兰科植物科属研究	1830—1840
Vegetable Kingdom	植物界	1846—1853
Edwards' botanical register With James Ridgway. Vol. 15–33	论文（发表于 Edwards'botanical register）	1829—1847
Medical and oeconomical botany	药用植物学	1849
Folia Orchidacea	兰花植物志	1852
Paxton's flower garden by Professor Lindley and Sir Joseph Paxton et al. Three volumes	林德利教授与约瑟夫爵的帕克斯顿花园	1853
Theory and Practice of Horiticulture	园艺学理论与实践	1855
Descriptive Botany	描述植物学	1858

林德利一生致力于植物学研究，就植物学开展了较为深入的研究，且取得了丰富的学术成果。其研究覆盖了植物学学科中的多个领域，既包括对不同属类植物的深入研究，也包括对基础性植物学知识的引介，更涵盖了植物分类学的相关知识。尤其难得的是，林德利的许多学术成果均可作为教材，用于植物学的教学中，尤其适用于植物学启蒙性教学过程中。

二、《植物学基础》（*Elements of Botany*）与《植物学基本纲要》（*The Outline of the First Principles of Botany*）

对于《植物学基础》（*Elements of Botany*）一书的基本信息，相关研究较少，现存关于其记载最早见于汪子春《中国早期传播植物学知识的著作〈植物学〉》一文中，但并未详细介绍其书的出版时间及版本等相关信息。相关记载还见于汪振儒《关于植物学一词的来源问题》一文，文中再次提及《植物学》译自《植物学基础》（*Elements of Botany*）一书，同时指明本书的成书时间为1847年："至于'植物学'一词实际起源于中国。李善兰与英人韦廉臣及艾约瑟将Lindley的'*Elements of Botany*'（1847）一书节译为中文"。①此外，关于此书出版时间的记载还有多个版本。支持汪子春关于《植物学》外文原本结论（即译自《植物学基础》）的学者，对于《植物学基础》的成书时间持有不同看法，如沈国威认为《植物学基础》成书于1849年②。相关记载的缺失与不统一为考据《植物学基础》的相关信息带来了较多的困难，也令学术界对《植物学》节译自《植物学基础》一书的说法产生怀疑。如潘吉星教授认为《植物学》并非译自《植物学基础》（*Elements of Botany*），甚至认为事实上并不存在《植物学基础》（*Elements of Botany*）一书："而所谓'*Elements of Botany*'，乃属以讹传讹，误传了126年（至潘氏一文发表时间，即1984年）之久"③。

立足于前人研究的基础，并重新考察林德利的学术研究经历与学术成果，本研究发现，林德利的学术成果没有独立以《植物学基础》（*Elements of Botany*）作为题名的著作。但本研究也同时认为，《植物学基础》（*Elements of Botany*）此书并非完全误传，其名很可能是学术界对于《植物学基本纲要》（*The Outline of the First Principles of Botany*）（第四版）名称的错误理解。

《植物学基本纲要》（*The Outline of the First Principles of Botany*）（第四版）成书于1841年，为林德利较为成熟的植物学研究著作。该书在出版时，书名已不再继续沿用*The Outline of the First Principles of Botany*一名，而是改成*Elements of*

---

① 汪振儒. 关于植物学一词的来源问题［J］. 中国科技史料，1988（1）：88.
② 沈国威. 植学启原と植物学の语汇：近代日中植物学用语の形成と交流［M］. 吹田：关西大学出版部，2000.
③ 潘吉星. 谈"植物学"一词在中国和日本的由来［J］. 大自然探索，1984（3）：167-172.

Botany: Structural, Physiological, Systematical, and Medical，中文译名当为《植物学基础：结构、生理、分类及药用》[①]。关于这一点，《植物学基本纲要》（The Outline of the First Principles of Botany）（第四版）1841年再版时已在新作扉页及序言中明确提出："The work now laid before the public is a fourth edition of the Author's 'The Outline of the First Principles of Botany'（本书为作者《植物学基本纲要》一书的第四版）"[②]，因此，Elements of Botany: Structural, Physiological, Systematical, and Medical

图 3-8 The Outline of the First Principles of Botany 第四版封页（引自约翰·林德利：The Outline of the First Principles of Botany 第四版）

即为The Outline of the First Principles of Botany（第四版）的再版题名。本研究大胆猜测，由于书名较长，且改革开放初期国人英语能力、信息流通等诸多外界环境的限制，书名有所误传在所难免，Elements of Botany或可成为Elements of Botany: Structural, Physiological, Systematical, and Medical一书的简化说法。

三、《植物学基础：结构、生理、分类及药用》（Elements of Botany : Structural, Physiological, Systematical, and Medical）

从1830年至1849年，《植物学基本纲要》（The Outline of the First Principles of Botany）先后6次再版、发行。林德利每次推出新的版本，都会对先前版本的题名及内容进行修订，以期使所述内容更为完备。1830—1849年间，六版《植物学基本纲要》题名如表3-5所示。

表 3-5 六版《植物学基本纲要》（The Outline of the First Principles of Botany）题名

版次	出版时间	题名（英文）	题名（中文）[①]
第一版	1830	An Outline of th First Principls of Botany[②]	植物学基本纲要
第二版	1831	An Outline of th First Principls of Botany	植物学基本纲要
第三版	1835	A Key to Structural, Physiological, and Systematic Botany	植物结构学、植物生理学及植物分类学的关键要素
第四版	1841	Elements of Botany: Structural, Physiological, Systematical, and Medical	植物学基础：结构、生理、分类及药用

① 本书作者译。

② Lindley J. Elements of Botany: Structural, Physiological, Systematical, and Medical[M]. London: Hardpress Publishing, 1841.

续表

版次	出版时间	题名（英文）	题名（中文）
第五版	1847	The Elements of Botany: Structural and Physiological; Being a Fifth Edition of the Outline of the First Principles of Botany, with A Sketch of the Artificial Methods of Classification, and A Glossary of Technical Terms[①]	植物学基础：结构及生理；植物学基本纲要（人工分类法及术语表概论）（第五版）
第六版	1849	The Elements of Botany: Structural, Physiological, Systematical, and Medical; Being a Sixth Edition of the Outline of the First Principles of Botany, with A Sketch of the Artificial Methods of Classification, and A Glossary of Technical Terms[②]	植物学基础：结构、生理、分类及药用；植物学基本纲要（人工分类法及术语表概论）（第六版）

《植物学基础：结构、生理、分类及药用》（*Elements of Botany: Structural, Physiological, Systematical, and Medical*）一书为《植物学基本纲要》（*The Outline of the First Principles of Botany*）第四版的题名，正如在此书序言中所述，《植物学基础：结构、生理、分类及药用》为《植物学基本纲要》的第四版内容，在原作的基础之上拓展良多，并期望在介绍植物学知识方面有所进步与提高[③]。

该书主要用作教材，可作基础教学用，主要出版目的是将一些较为重要的知识点与内容在教师讲授专业课程之前向学生更为直观地呈现出来。在《植物学基本纲要》第一版中，书中对于植物学"纲要"的介绍只包含有机植物学及生理植物学中的部分基础性的命题与定义。经过两次再版，作者对此做出一定的修订，因此，至第四版出版时，原作作者林德利为使植物学纲要更具整体统一性，特以相同的写作体例融入了植物分类学的知识，因此，本版（即第四版）为较为完善的版本。

如《植物学基础：结构、生理、分类及药用》（*Elements of Botany: Structural, Physiological, Systematical, and Medical*）主要介绍了植物器官结构、植物生理学、植物分类学及药用植物学等几方面的知识，写作体例主要为分条目阐释植物结构学、植物生理学、植物分类学及药用植物学中的核心概念与命题的方式。全书分为三部

---

① Lindley J. The Elements of Botany: Structural and Physiological; Being a Fifth Edition of the Outline of the First Principles of Botany, with A Sketch of the Artificial Methods of Classification, and A Glossary of Technical Terms[M]. London: Bradbury & Evans, 1847.

② Lindley J. The Elements of Botany: Structural, Physiological, Systematical, and Medical; Being a Sixth Edition of the Outline of the First Principles of Botany, with A Sketch of the Artificial Methods of Classification, and A Glossary of Technical Terms[M]. London: Bradbury & Evans, 1849.

③ Lindley J. Elements of Botany: Structural, Physiological, Systematical, and Medical[M]. London: Hardpress Publishing, 1841.

分：第一部分为植物结构学及植物生理学，第二部分为植物分类学，第三部分为药用植物学。其中，第一部分包含基础器官、复合器官、根、干、叶芽、叶、食物与分泌物、花苞、花簇、花被、雄性器官、蜜腺、雌性器官、胚珠、受精、果实、种子、顶生植物或无花植物等18小节内容；第二部分包括林奈生殖分类分析法、自然分类法、德康多尔自然分类法、同源植物、蔬菜属最新分类概要等6小节内容；第三部分主要就药用植物学研究中的1319条命题进行了阐释。全书内容论述系统且详细，几乎涵盖了基础植物学研究的，且论证要点主要放在对基础概念的阐述方面，且书中辅以大量插图及作者的注释，从而更为直观详细地将植物学学习的基础性要点呈现出来，尤其适合植物学入门学习者。

第五节 《植物学》外文原本考析

受到时代背景及社会历史语境的影响，《植物学》并非对照某一部英文植物学著作的全文直译，而是根据晚清植物学研究的实际情况与需要而进行的选译。由于《植物学》译著中并没有提供其所据外文原本的线索，且其汉译完成时间较为久远，因此，考查《植物学》的外文原本具有一定的难度。自1984年汪子春在《中国传播近代植物学知识的第一部译著〈植物学〉》[①]中首次涉猎《植物学》外文原本问题的探讨至今（截至2020年），已有36年。在此期间，有多位学者曾对《植物学》所依据的外文原文做过考证，但相关研究结论依然存在不全面与不明确之处；且由于年代久远，部分史料文献收集起来具有一定的困难，因此，关于《植物学》的外文原本问题一直未有定论。

学术界已有的研究结论为本研究深入开展关于《植物学》所依据的外文原本问题奠定了必要的基础，有助于进一步研究结论的获得。本研究在系统梳理约翰·林德利植物学研究成果和学术界已有关于《植物学》外文原本问题的基础上，进一步就《植物学》的内容结构、文本内容、思想观点、语言风格等进行分析，并将之与约翰·林德利的相关植物学著作进行对比分析，在全面考证的基础上，进一步形成新的研究结论。

一、学术界对《植物学》外文原本的认识

关于《植物学》所依据的外文原本，目前学术界存在着多种说法，尚存一定争议。一说为译自约翰·林德利的《植物学基础》一书中的部分章节。最早提出此

---

① 汪子春.中国传播近代植物学知识的第一部译著《植物学》[J].自然科学史研究，1984（1）：90-96.

种说法的为汪子春：“译著《植物学》是根据英国植物学家林德利（John Lindley 1799—1865）所著的《植物学基础》（*Elements of Botany*）一书翻译的”①，同时也指出：“《植物学》并非《植物学基础》的全译，而是有重点的选译”①。支持此种说法的还包括熊月之、沈国威等多位学者，也包括美国学者莱特（David Wright）与艾尔曼（Benjamin A. Elman）等学者。但通过进一步的研究，汪氏结论受到质疑，即认为其结论未指明所依据的《植物学基础》（*Elements of Botany*）一书具体的版本和出版时间，因此，有学者认为《植物学》选译自《植物学基础》（*Elements of Botany*）这一说法并不准确，不断有学者就此问题开展研究并形成新的结论。如潘吉星在论文《谈“植物学”一词在中国和日本的由来》中即对此结论提出质疑：

> （《植物学》）究竟（译自）林德利的哪一部著作呢？一些中外作者都认为是Elements of Botanty，但谁也说不出其出版年份、版次及出版地。为了弄清这些问题，我们查阅了有关林德利的许多传记资料，又在各大图书馆访求，一直没有得到任何可靠线索。于是对是否有此书，产生了疑惑②。

由于不认同《植物学》所依据的外文原本《植物学基础》（*Elements of Botany*）这一结论，潘吉星等学者不断就此问题开展深入考查与分析，并曾“致函白馥兰（Francesca Bray）博士请代为调查”②，最终，白馥兰博士于1984年2月2日回信潘吉星教授：“林德利所著《植物学初步原理纲要》（*The Outline of the First Principles of Botany*）第四版，即为《植物学》所据之外文原本”②。此种说法得到了陈德懋等学者的支持。

在这些学术观点中，大家均认同《植物学》选译自约翰·林德利的相关植物学著作，同时也认同在李善兰等译者《植物学》的辑译过程中对译文内容进行了加工，其中不免融入译者个人的学术色彩。

除上述两种说法外，学术界不断有学者针对《植物学》英文原本来源问题的分析与研究中。2015年12月，芦迪博士对此开展了较为深入的研究，并得出结论：

> 《植物学》第1卷与林德利的著作无关，部分内容及插图却能在韦廉臣的文章中找到；《植物学》第2卷节译自林德利出版于1847或1849年的《植物学基础》（The Elements of Botany）；《植物学》第6卷节译自林德利的《植物学基础》（1847或1849）和巴尔弗的《植物神学》（1851）；《植物学》第3、4、5

① 汪子春.中国早期传播植物学知识的著作《植物学》[J].自然科学史研究，1981（2）：28-29.
② 潘吉星.谈“植物学”一词在中国和日本的由来[J].大自然探索，1984（3）：167-172.

卷主要节译自林德利的《植物学基础》（1847或1849）和巴尔弗的《植物神学》（1851）①。

综合上述研究结论，与《植物学》所依据的外文原本有关的"林德利（John Lindley）的植物学著作"，主要指《植物学基础》（*Elements of Botany*）（1847或1849）与《植物学基本纲要》（*The Outline of the First Principles of Botany*，第四版）两部作品。由于译者并非全文翻译，而是有目的的选译，且译者在编译过程中也融入了自己的学术见解，因此为考据《植物学》的外文原本带来了很大的难度。

学术界尤其是科技史学前辈学者经过多年的研究探索，将《植物学》汉译所依据的外文原本与约翰·林德利的植物学著作关联在一起，从而为后来人考据相关问题提供了重要的参考依据。在开展实施研究的过程中，学术界前辈普遍从史料考据的视角出发，然而，《植物学》的辑译发生在1857年左右，距今已有150余年，年代久远，相关资料的佚失与不足为考据带来了很大的难度，因此，仅仅依靠科技史学的研究方法来考证《植物学》的外文原本问题是远远不够的。本书作者认为，李善兰等译者自身的学术背景及《植物学》翻译的根本目的对《植物学》的辑译均产生一定影响，兼从翻译学的视角对之进行考证必将有助于开展《植物学》外文原本问题的研究及研究结论的得出。

立足于已有的研究基础，本研究利用跨学科的研究方法，即兼从科技史学与翻译学研究的视角，分章节、分类别对《植物学》的外文所依据的外文原本再次进行考据与论证。

二、关于《植物学》外文原本的再考证

考查《植物学》外文原本的难度，主要来自以下几方面因素的干扰。首先，《植物学》并非针对西方某一部植物学著作的全译，而是李善兰等译者带有明确翻译目的的选译；其次，《植物学》全书由李善兰、韦廉臣及艾约瑟"辑译而成"，因此译者的主观能动性会对其汉译产生影响；另外，《植物学》为晚清第一部近代意义上的植物学文献，其译介带有一定的创作性质，尤其是其中的大量植物学术语几乎均由李善兰所创译。为进一步考证《植物学》的外文原本，本研究认为，相关研究工作应立足于学术界已有的研究基础，就《植物学》的内容结构、文中配图、思想观点及语言风格等信息进行分析与考证，并将分析与考证结果与约翰·林德利的植物学研究成果进行比较研究。其中，关于约翰·林德利的植物学研究成果，重点考

① 芦迪.晚清《植物学》一书的外文原本问题［J］.自然辩证法通讯，2015，37（6）：1-8.

查对象为《植物学基础：结构、生理、分类及药用》（*Elements of Botany: Structural, Physiological, Systematical, and Medical*）等著作，最终得出研究结论。

（一）内容结构的比较

关于《植物学》内容结构所依据外文原本的考证，本研究认为，应以《植物学》文本为基础，分章节、分类别对其进行反向考证，即通过对《植物学》译著文本内容结构等进行深入研判分析，并将其与《植物学基础：结构、生理、分类及药用》（*Elements of Botany: Structural, Physiological, Systematical, and Medical*）进行比较研究，进一步得出较具说服力的研究结论。

（1）关于《植物学》卷一的比较

《植物学》卷一为总论，以大量篇幅探讨了动植物间的区别，而在《植物学基础：结构、生理、分类及药用》（*Elements of Botany: Structural, Physiological, Systematical, and Medical*）第一部分的引言中，林德利即简单列举了六条动植物间的区别：

> （1）植物并不具备与动物完全不同的特征；人类无法用感官感知两科属中最简单的生物个体；（2）大多数动物均不能通过机械或躯干自然分离的方式进行个体复制；且动物需要通过机体内部系统或胃来实现营养物质的供应；（3）大多数植物个体可以聚集，也可以通过躯干或茎轴自然或人为分离的方式进行个体复制；而植物获取营养物质则是通过低端、根或表面吸收营养物质并进一步运行至整个植物体系的方式进行；（4）一般而言，植物依靠某些特定的物质进行生长，不具备移动的能力，也能够通过光对植物体表面的作用来消化食物；（5）植物包含一种可吸湿的膜状的透明组织；化学上由氧、氢和碳构成，通常也包含氮。植物中包含多种矿物质，这些矿物质很可能是在食物消化过程中从食物中分解出来，并存储在植物组织中；（6）植物体的组成结构是有一种有机的黏液粘合在一起，这种黏液是由植物组织所产生的[①]。

《植物学》中对于动植物间的区别也分为六点来进行论证[②]，主要观点与上述引文相近，但具体表述方式却非完全对等，且《植物学》译著中也辅以科学配图并举例加以佐证。这些拓展的内容及图片极有可能来自韦廉臣。韦廉臣于1857年5月23

[①] Lindley J. Elements of Botany: Structural, Physiological, Systematical, and Medical[M]. London: Hardpress Publishing, 1841.

[②] 详见本书第四章第二节。

日在《六合丛谈》上发表了"《真道实证》之《上帝惟一不能有二》"一文，文中关于动植物区别的论述在《植物学》卷一中的部分文字表述较为相近，插图完全相同，文字略有差异[①]。本研究认为，作为《植物学》前七卷内容的主要翻译者，《植物学》辑译过程中融入了韦廉臣的观点是不足为奇的。

因此，《植物学》卷一所依据的外文原本为《植物学基础：结构、生理、分类及药用》（*Elements of Botany: Structural, Physiological, Systematical, and Medical*）第一部分，但在选译过程中也融入了大量韦廉臣个人植物学研究观点与研究结论。

（2）关于《植物学》卷二、三、四、五、六的比较

本处研究结论的获得可通过对比《植物学》与《植物学基础：结构、生理、分类及药用》（*Elements of Botany: Structural, Physiological, Systematical, and Medical*）中的配图。除此以外，在《植物学基础：结构、生理、分类及药用》（*Elements of Botany: Structural, Physiological, Systematical, and Medical*）中，第一部分研究内容较为丰富，涵盖植物结构学、植物生理学中多方面的基础性知识，包括基础器官、复合器官、根、干、叶芽、叶、食物与分泌物、花苞、花簇、花被、雄性器官、蜜腺、雌性器官、胚珠、受精、果实、种子、顶生植物或无花植物等内容的介绍；《植物学》卷二至卷六五卷中主要涉及的内容有论内体（聚胞体、木体、腺体、乳路体）、论外体（根、干、枝、花、果、种子、无花种子）等内容[②]，与《植物学基础：结构、生理、分类及药用》（*Elements of Botany: Structural, Physiological, Systematical, and Medical*）的框架体系相一致，但并非对其原文的全部直译，而是李善兰等译者针对晚清植物学研究的实际情况与需要进行的有目的的选译。

因此，《植物学》卷二、三、四、五、六的主体内容主要选译自《植物学基础：结构、生理、分类及药用》（*Elements of Botany: Structural, Physiological, Systematical, and Medical*）第一部分中与植物体器官结构及植物生理学知识有关的论述内容。

（3）关于《植物学》卷七、卷八的比较

《植物学》汉译发生时，晚清植物学界对植物分类学研究知之甚少，为实现晚清植物学界植物分类学知识从无到有的突破，《植物学》中关于植物分类学知识的介绍较为基础（关于《植物学》中所引介植物分类学相关知识的分析，详见本研究第五章第一节）。在《植物学基础：结构、生理、分类及药用》（*Elements of Botany:*

---

① 芦迪. 晚清《植物学》一书的外文原本问题［J］. 自然辩证法通讯，2015，37（6）：1-8.

② 孙雁冰. 传统植物学向近代植物学的过渡：《植物名实图考》与《植物学》的对比［J］. 出版广角，2019（20）：94-96.

Structural, Physiological, Systematical, and Medical）中，第二部分即为与植物分类学有关知识的介绍，介绍的知识包括林奈生殖分类分析法、自然分类法、德康多尔自然分类法、同源植物、蔬菜属最新分类概要等6小节内容，著作中关于植物分类学知识的介绍较具系统性，研究内容较为成熟。而在《植物学》中，其卷七介绍的植物分类学知识为察理五部之法，卷八中介绍的则为植物分科方面的知识，均为植物分类学研究中的基础性内容，且与《植物学基础：结构、生理、分类及药用》（*Elements of Botany: Structural, Physiological, Systematical, and Medical*）第二部分内容有一定的关联。

通过进一步的分析可知，《植物学》中关于植物分类学知识介绍的思路与《植物学基础：结构、生理、分类及药用》（*Elements of Botany: Structural, Physiological, Systematical, and Medical*）一致。首先，两者均采取知识介绍概念描述辅以实际案例的思路展开行文论述；其次，两者根据均强调植物分类研究需基于植物生理与生态特征及显微镜在植物分类学中的应用。

基于上述分析，本研究认为，《植物学》卷七、卷八的内容框架与研究思路来自《植物学基础：结构、生理、分类及药用》（*Elements of Botany: Structural, Physiological, Systematical, and Medical*）第二部分；但出于《植物学》汉译发生的背景及翻译目的等的影响，这两卷与其他六卷内容的辑译过程一样，所引介知识内容的呈现形式却受到李善兰等人译者主体性的影响。

《植物学》每卷卷首处均有"辑译"二字，且其译介特点主要在于选译，并非针对某一部植物学著作的全文翻译。基于前文的分析，本研究认为，《植物学》所引介知识内容所涵盖的知识点均从属于《植物学基础：结构、生理、分类及药用》（*Elements of Botany: Structural, Physiological, Systematical, and Medical*）一书的研究覆盖范围，且经过对比分析可知，《植物学》中的内容主要取自该书前两部分的内容[①]。但是，《植物学》中的研究内容却并未受《植物学基础：结构、生理、分类及药用》（*Elements of Botany: Structural, Physiological, Systematical, and Medical*）一书所限，研究内容有所拓展，如《植物学》包含对构色原理、植物种植的区域性特征介绍等《植物学基础：结构、生理、分类及药用》（*Elements of Botany: Structural, Physiological, Systematical, and Medical*）中没有的内容。这也正是《植物学》汉译过程中，李善兰等人译者主体性发挥的结果，从而为当代学术界考证《植物学》的外文原本带来更大的难度。

（二）书中配图的比较

《植物学》与《植物学基础：结构、生理、分类及药用》（*Elements of Botany:*

---

① 关于《植物学基础：结构、生理、分类及药用》（*Elements of Botany: Structural, Physiological, Systematical, and Medical*），见本章第一节第三部分。

Structural, Physiological, Systematical, and Medical ）中均利用大量科学配图进一步对书中所陈述的知识信息进行佐证，从而使论述的相关内容更加直观、具体。通过对两者的配图进行比对可以看出，两书中配图风格较为相似，甚至可以认为，《植物学》中部分配图即出自《植物学基础：结构、生理、分类及药用》（*Elements of Botany: Structural, Physiological, Systematical, and Medical* ）。

以两部著作中所绘制的植物根与叶的配图为例进行比对，发现《植物学》中所采用的配图均可以在《植物学基础：结构、生理、分类及药用》（*Elements of Botany: Structural, Physiological, Systematical, and Medical* ）一书中找到。也就是说，《植物学》中的配图即节选自《植物学基础：结构、生理、分类及药用》（*Elements of Botany:*

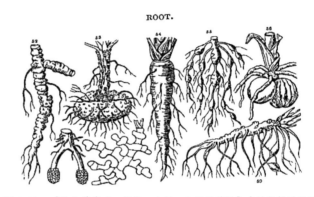

图 3-9 《植物学》中植物根的配图（引自李善兰等：《植物学》）

图 3-10 《植物学基础：结构、生理、分类及药用》中植物根的配图（引自约翰·林德利：*The Outline of the First Principles of Botany* 第四版）

图 3-11 《植物学》中叶的配图（引自李善兰等：《植物学》）

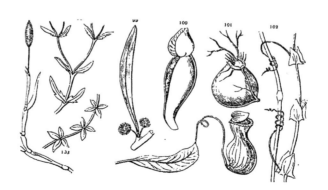

图 3-12 《植物学基础：结构、生理、分类及药用》中植物叶的配图（引自约翰·林德利：*The Outline of the First Principles of Botany* 第四版）

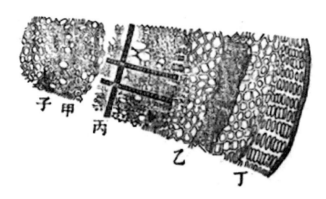

图 3-13　《植物学》中植物叶剖面的配图（引自李善兰等：《植物学》）

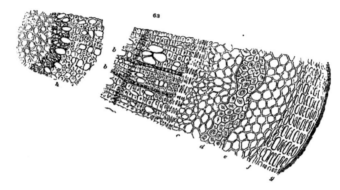

图 3-14　《植物学基础：结构、生理、分类及药用》中植物叶剖面的配图
（引自约翰·林德利：*The Outline of the First Principles of Botany* 第四版）

Structural, Physiological, Systematical, and Medical）。这一发现进一步为《植物学》选译自
《植物学基础：结构、生理、分类及药用》（*Elements of Botany: Structural, Physiological,
Systematical, and Medical*）的结论提供了佐证。

（三）关于思想观点和内容性质的比较

关于《植物学》与《植物学基础：结构、生理、分类及药用》（*Elements of
Botany: Structural, Physiological, Systematical, and Medical*）思想观点方面的比较，本研
究认为，两部文献均为植物学方面的启蒙之作，均介绍了西方近代植物学研究中的
基础性知识，均强调实验观察法的科学说服力；此外，两者均对显微镜等科学仪器
的价值给予了肯定。因此，在思想观点方面，两部文献均体现了科学实验方法论在
开展近代科学研究中的重要价值。

关于《植物学》与《植物学基础：结构、生理、分类及药用》（*Elements of
Botany: Structural, Physiological, Systematical, and Medical*）的内容性质方面的比较，本
研究认为，两部文献研究目的相近，主要在于向初学者普及一些植物学研究中的重
要概念命题与要义，均可做植物学方面的启蒙教材，具有一定的科普性质。

因此，无论从传播的思想内涵还是具体内容性质等方面分析，《植物学》均与《植物学基础：结构、生理、分类及药用》（*Elements of Botany: Structural, Physiological, Systematical, and Medical*）保持一致。

（四）其他方面的思考

（1）《植物学》中的自然神学思想主要来自韦廉臣与艾约瑟。韦廉臣与艾约瑟二人"皆泰西耶稣教士，事上帝甚勤"[①]。因此，在《植物学》行文中出现赞颂上帝的内容无可厚非。此外。然神学思想为《植物学》的文化附加信息，而非《植物学》的主体基调要义。从本质上而言，《植物学》中的自然神学思想主要出于传播推广宗教教义的考虑，即宣扬上帝的无所不能，毕竟晚清西书汉译的主要目的即为"科学传教"。因此，《植物学》中关于自然神学内容的表述极有可能来自韦廉臣与艾约瑟译者主体性发挥的影响。

（2）《植物学》中出现的除植物学知识以外的科学信息主要来自李善兰的译者主体性的主导。李善兰为晚清科技翻译第一人，既获得了丰富的科技翻译成果，他本人也拥有极高的学术造诣，同时也为晚清知名的思想进步的学者。《植物学》行文中所穿插的丰富的科学信息首先受到李善兰科学救国思想的影响。丰富的科学信息有助于晚清国人开启民智，提升科学研究能力，拉近与西方科学发展的距离，最终摆脱晚清落后挨打的局面，实现科学强国。其次，来源李善兰的学术及科技翻译经历。李善兰本为晚清知名算学家，在数学方面有极高的造诣；此外，李善兰在墨海书馆以"合译"的方式译介了大量科学著作，内容涵盖数学、物理、天文学等领域[②]，这些经历客观上会对《植物学》的译文内容产生一定的影响。

（3）《植物学》汉译持续的时间不长。《植物学》从1857年秋开始翻译，完成时间为1858年，前后持续一年左右的时间，且在此期间，译者尚有其他学术及宗教事务在身。如李善兰在《植物学》序中所言："（韦廉臣与艾约瑟）而顾以余暇译此书者"[①]，译者时间及精力有限，李善兰本人又不懂外语，且受限于彼时社会及科技发展程度的限制，资料的获取与交流未必十分顺畅，因此，不太可能大量查阅西方的植物学资料文献。此外，《植物学》中植物学知识的阐述中有表述不当之处[③]，而这一点却恰恰佐证了《植物学》的翻译中融入了译者个人的主观见解。

（4）在成书过程中，译者融入了自身的主观决断。无论是在待译内容的选择还是在译文语言的整体表达特征方面，均受到来自译者主体性的主导，从而影响了《植物学》的译文内容，对考据其外文原本产生一定的干扰作用。

---

① 李善兰，韦廉臣，艾约瑟.植物学［M］.上海：墨海书馆（清），1858.

② 孙雁冰.李善兰科技译著述议［J］.安庆师范学院学报（社会科学版），2016，35（4）：47-51.

③ 见本书第四章、第五章：对其所介绍的知识的先进与不足之处，本书中已有评介。

《植物学》的汉译发生在晚清西学东渐的大背景之下，其汉译的发生与同一时期的其他西方科技译著一样，也受到晚清"科学救国"思潮的影响及"科学传教"的动机驱动。作为实现《植物学》汉译行为发生并完成的主要执行者，李善兰等译者必然在此过程中发挥出了一定的主观能动性。

首先，晚清的西书汉译，尤其是西方科技译著的翻译均带有开启民智的目的，作为思想进步的有识之士，李善兰等译者力求最大限度地拓展晚清国人的科学视野与科学认知，因此在引介西方近代植物学知识的同时，也介绍了其他具备普适性特征的科学信息。这些信息具有一定的启蒙性质，均为西方近代科学界的常识性内容，出处不唯一，且在《植物学》文本中随机出现，因而干扰了当代学术界对于《植物学》外文原本的考证。

其次，译者的学术经历对《植物学》选择待译内容也产生了一定影响。墨海书馆中的科技翻译工作带有极大的自由性，翻译的特点最终落到"辑译"二字上，也就是说，在翻译过程中，译文中会融入译者自己的学术观点或研究兴趣，因此，译者的学术倾向性会客观地折射于译文的研究内容之中。

李善兰为晚清科技翻译第一人，虽然李氏本人不懂外语，但以"合译"的方式完成了多部科学译著，这些译著均在其所属学科领域产生了极大的影响，学术价值得到学术界的肯定。同时，李善兰也是晚清知名数学家，在数学领域也有一定的造诣[1]，因此，《植物学》的汉译必然受到李善兰学术倾向性的主导，如《植物学》中也引介了数学知识（《植物学》在卷四中提及了斐波那契数列的相关知识）。

其他参与翻译的两位译者，韦廉臣与艾约瑟则既拥有传教士的身份，也著书立说，在学术领域有所建树。因此，《植物学》中也有自然神学思想主导的痕迹。另外，《植物学》译文中也有译者个人前期学术研究的痕迹，如"《植物学》第一卷的部分内容和插图，却能在韦廉臣的文章中找到"[2]。这些附加内容的出现主要来自受到译者主观性的影响，却并不能代表《植物学》也引介了其他的文献中的内容。

基于上述论证，本研究认为，《植物学》以《植物学基础：结构、生理、分类及药用》（*Elements of Botany: Structural, Physiological, Systematical, and Medical*）一书作为主要源语文本，以其中的知识体系作为构建译著的主要知识框架，其中融合了李善兰、韦廉臣及艾约瑟个人的学术观点、学术倾向性及宗教观点。

① 孙雁冰.李善兰科技译著述议［J］.安庆师范学院学报（社会科学版），2016，35（4）：47–51.
② 芦迪.晚清《植物学》一书的外文原本问题［J］.自然辩证法通讯，2015，37（6）：1–8.

第六节 小 结

纵观中国翻译史，晚清的科技翻译带有一定特殊性，此种特殊性体现在两方面：首先，为翻译目的的特殊性。晚清科技翻译主要以科技兴国为主要目的，选译的内容通常为推动所在学科领域由传统科学研究阶段向近代科学阶段过渡。其次，参与"合译"工作的大多数中国译者并不懂外语。作为晚清中西方科技翻译的代表之作，《植物学》同样具备上述两方面的特点。此外，具备时代特征的翻译行为同样赋予了《植物学》独特的科学特征与文化魅力。

分析《植物学》的研究内容及翻译目的，可以发现《植物学》的汉译不仅受到依据外文原本的影响，也受到译者主观能动性的影响。译者的主观能动性不仅主导了待译文本的选定，也影响到了实施翻译过程中的译文表达；而译者对译文表达的影响不仅体现在行文表述方面，更体现在由于译者个人的学术背景而使译文中穿插译者所感兴趣或已完成的研究内容，从而使得外文原本的考据工作更具挑战性。由于《植物学》并非针对某一部西方植物学原著的直译，而是根据晚清植物学发展状况而进行的有目的的选译；同时，译者对译文待译内容的选定受到多方面因素的制约和影响。另外，由于《植物学》汉译发生时所处的特殊历史背景，李善兰等译者的学术能力及学术倾向性必然对其汉译产生不可忽视的影响力，译文行文内容不可避免地融入了译者的主观选择与表达。最为重要的是，由于彼时晚清植物学界的整体认知能力，《植物学》中所引介的知识尚存在不足之处。这些均对考据《植物学》的外文原本造成了阻碍。

第四章 《植物学》形态学与解剖学知识

《植物学》中引介了大量西方近代植物学研究中的基础性知识，对于推动晚清植物学研究摆脱传统植物学研究的范畴并逐渐进入近代意义的发展阶段起到了不可替代的作用[①]。本章从当代植物学研究对学科方向进行分类的视角出发，将《植物学》中所引介的与植物学知识直接相关的内容分为五大类，即植物形态学、植物解剖学、植物系统学、植物生理学及植物生态学。在本书中，植物形态知识意指《植物学》中所引介的关于细胞的知识及与植物根、干、花、枝、叶等外体器官有关的知识；植物解剖知识意指《植物学》中关于显微镜等科学仪器及植物解剖结构等的介绍；植物系统知识意指《植物学》中所引介的植物分类知识；植物生理知识意指《植物学》中所引介的与植物生殖有关的内容，也包括腐烂原理及光合作用、呼吸作用、渗透作用等科学原理；植物生态学知识意指译著中所引介的植物种植、生长知识、相关科学概念的阐述及对西方植物物种的介绍等。本书第四章、第五章将依据上述五方面的分类，对《植物学》中所引介的各类植物学知识进行系统梳理、考订[②]；同时，本书也一一勘证并指出《植物学》中所引介知识的错漏或不足之处，并分析其产生的原因，从而为客观认识《植物学》在中国植物学发展史上承上启下转折作用的发挥等提供进一步的依据与凭证。

第一节　细胞知识

在《植物学》中，最具代表性及突破性知识的介绍，当属译著中关于细胞知识的介绍。《植物学》首次将"细胞"这一术语及其相关知识内容引介至晚清植物学界。"细胞"这一概念的提出及细胞学说的发展，象征了西方近代生物学发展的高度和水平。自1665年英国科学家罗伯特·胡克（Robert Hooke, 1635—1703）用其自制的显微镜观察到细胞以来，多位科学家均陆续对细胞学的相关研究进行了完善。到

① 孙雁冰. 传统植物学向近代植物学的过渡：《植物名实图考》与《植物学》的对比［J］. 出版广角，2019（20）：94-96.
② 孙雁冰. 晚清（1840—1912）来华传教士植物学译著及其植物学术语研究［J］. 山东科技大学学报（社会科学版），2019，21（6）：33-38.

了1838—1839年，施莱登、施旺提出细胞学说，细胞学说自此实现体系化研究。到了1858年，细胞学说已渐趋成熟。

细胞学说提出并强调细胞的统一性，是探讨关于生物体有机机构的学说。细胞学说指出，细胞是构成生物的组织结构单位（病毒除外），同时也是构成生物体结构和功能的基础单位；所有细胞在结构与组成上均具有相似性，细胞可以通过分裂而形成新的细胞。细胞学说的核心理念所强调的要点包括：细胞是一个相对独立的单位，既具有自己的生命，也能够与其他细胞共同发挥出生物体机能的特性。截至《植物学》汉译发生时，晚清植物学界尚未涉猎这些知识内容。毋庸置疑，《植物学》虽未引进彼时西方生物学研究中较为成熟的细胞学理论，但却清晰地传达了关于细胞的基础性知识[1]，使晚清植物学界对于"细胞"这一概念产生较为直观的印象及初步的认知，是后续相关研究工作深入开展的基础。

在《植物学》中，关于细胞及其相关知识的介绍主要存在于卷一"总论"及卷二"论内体"两卷内容中，相关知识的引介清晰简洁，具备一定的科学性。卷一中首先提出了"细胞是构成生物体的基本单位"这一基本概念："动植诸物之全体，皆合诸细胞体而成"[2]，与中国传统植物学研究相比，这种观点无疑较为新颖。传统植物学关于植物体组织构成单位的研究止步于根、干、花、枝等较大的植物外体器官单位，而《植物学》明确提出：细胞是构成动、植物等生物体的最小单位，既指出了动植物作为生命体的共性，也使第一次接触"细胞"这一科学概念的晚清读者产生较为清晰的初步印象。

与卷一中的相关介绍相比，卷二"论内体"中关于细胞及其相关知识的引介更为翔实具体。不仅进一步介绍了关于细胞的简单知识，也更为详细地阐释了"细胞是构成生物体基本单位"这一科学观点。在卷一"动植诸物之全体，皆合诸细胞体而成"说法的基础上，卷二开篇即就"植物体之细胞"这一概念展开详细介绍：

> "植物全体中有无数细胞体，胞中有流质，此细胞一胞为一体，相比附而成植物全体。凡种子、根、本干、枝、叶、花、果，皆以此诸细胞体造成之。细胞体名曰内体；根、本干、枝、叶、花、果之类曰外体"[2]。

这段引文所介绍的知识较为新颖，是彼时晚清植物学研究者所尚未了解的内容。译者首先指明植物体中细胞的数量"不可数"，且体积较小，肉眼不易观察到，为后文关于显微镜及其相关应用知识的引介埋下伏笔。"胞中有流质"则介绍的是细胞的内部组成，此处的"流质"即指当代术语"细胞质"。除此以外，李善兰等译

---

① 汪子春.李善兰和他的《植物学》[J].植物杂志，1981（2）：28-29.
② 李善兰，韦廉臣，艾约瑟.植物学[M].上海：墨海书馆（清），1858.

者也更为具体地阐释了细胞是如何构成"动植物诸体"的："凡种子、根、本干、枝、叶、花、果，皆以此诸细胞体造成之"，也就是说，细胞被称为内体，并由无数细胞构成了种子、根、干、花、枝、叶、果实等外体器官，这些外体器官再进一步形成了整个植物体。

不足之处在于，译著中关于细胞组成部分的介绍到此为止，译著中没有深入开展相关知识的研讨，也缺少关于"细胞核"概念及其相关知识的介绍。考虑到晚清植物学界的整体发展水平及彼时植物学研究者对细胞及细胞学说认知能力的实际情况，《植物学》中关于细胞知识的介绍依然发挥出了其应有的科学作用，不仅创译了"细胞"这一专业术语，也引领晚清植物学乃至生物学界进入新的研究领域，使读者较为清晰地了解到了细胞的基础性知识。

此外，译著卷二中在介绍植物体的四大内体结构的特质及作用的过程中，也进一步强调了细胞是构成四大内体结构的基本单位这一理念："（四大内体结构）一曰聚胞体，如动物之肉；二曰木体，略如动物之骨；三曰腺体，略如动物之筋；四曰乳路体，略如动物之血管"[①]。在有关于聚胞体的表述中，译者也指出："聚胞体乃聚无数细胞为一体"，虽然其后的"诸细胞相粘合"的描述科学性略弱，但也较为形象地表达了细胞是构成生物体最小单位这一科学事实。

《植物学》中关于细胞知识的介绍，虽未涉猎彼时西方细胞学说等核心内容，但在细胞基础性知识的介绍方面，却较为清晰。与中国传统植物学研究相比，《植物学》中关于细胞的阐述及引介，更加关注植物微观层面的研究，研究内容具有一定的理论高度，但译文表述方面却实现了"本土化"，行文语言清晰易懂，且符合晚清植物学研究者的认知能力与阅读习惯，适用于初次接触西方近代植物学知识的晚清植物学研究者，充分发挥出了其启蒙作用；同时也具备一定的象征意义，即象征了能够代表18、19世纪西方生物学发展水平的细胞知识的正式在华传播，也象征了中国植物学研究自此进入新阶段。

第二节　根、茎（干）、叶知识

《植物学》全书关于植物外体器官功能知识的介绍有四卷，分别为卷三"论外体：根、干、枝"，卷四"论外体：叶"，卷五"论外体：花"及卷六"论外体：果、种子、无花之种子"，约占《植物学》全书一半以上的篇幅。

四卷内容详细介绍了七大植物外体器官的特质及功用，并在介绍过程中，拓展性

---

① 李善兰，韦廉臣，艾约瑟. 植物学［M］. 上海：墨海书馆（清），1858.

地介绍了部分延伸性知识，内容丰富全面，表述详略得当。与中国传统植物学研究相近的内容，如植物及植物体器官表面性状与实用功能等内容，译者一带而过。研究的侧重点主要放在关于植物外体器官的显微解剖结构、生理性特征的介绍等方面[①]。研究切入点较为新颖，研究重点较为突出，研究内容较为系统，具备一定的理论高度。《植物学》中图文并茂，且全部配图均由李善兰手绘而成[②]，既增进了其科学说服力，也赋予了《植物学》文化内涵。本部分研究根据植物形态学的要点对《植物学》中的相关研究进行分类梳理，并研判分析《植物学》中关于相关内容的介绍，以客观呈现《植物学》中所引介知识相较于中国传统植物学研究的近代特征。

一、根的知识

《植物学》卷三全面系统地介绍了关于植物根的相关知识。介绍的内容主要包括根的功能、根尖的显微解剖结构、根的种类、根系及与植物种植中与根有关的知识等五方面。

（一）根的功能

《植物学》中指出："根之功用有二：一以固树之干，二根管之末有小口，吸食土中诸汁以养身"[③]，这句引文主要陈述了根的作用，一是使树木固定不动，二是吸收土壤中的"诸汁"，而"诸汁"即指土壤中所包含的水分和无机盐。根据当代生物学研究结果可知，根系中能够起到吸收作用的部位为位于根尖处的根毛，因此，引文中的"根管之末"即指根尖。由于主根及侧根上均有根尖，因而，此处引文中的"根管"兼指主根及侧根。对于部分知识概念，上述引文中虽未明确阐释，但却能够使读者对植物根的功能产生清晰地认知。

（二）根管之末（根尖）的结构

《植物学》中并未介绍根的初生结构、次生结构，而是着重介绍了根尖在显微镜观察下的解剖结构及功能。译著以科学图片辅以文字介绍，对根尖结构的介绍较为直观，但遗憾的是，译著中此处的介绍存在一定的失误之处。

图4-1为《植物学》中由李善兰所绘的"显微镜映大根管末之图"[③]，根据前文关于根的功能的论述中已知，根管之末即为根尖，依据当代植物学的研究可知，图

① 孙雁冰. 传统植物学向近代植物学的过渡：《植物名实图考》与《植物学》的对比［J］. 出版广角，2019（20）：94-96.
② 汪子春. 中国传播近代植物学知识的第一部译著《植物学》［J］. 自然科学史研究，1984（1）：90-96.
③ 李善兰，韦廉臣，艾约瑟. 植物学［M］. 上海：墨海书馆（清），1858.

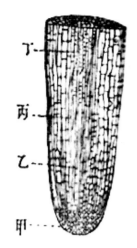

图4-1 《植物学》中根管之末显微结构图（引自李善兰等：《植物学》）

中甲为根冠，主要起到保护根部的作用；乙为根的分生区，其细胞体积较小，细胞核较大，分裂增生能力旺盛；丙为根的伸长区，其细胞也能够迅速生长；丁为根的成熟区，其细胞已停止伸长，开始分化。根尖在图中丁的位置，即成熟区，有根毛，根毛为根系中吸收土壤中水分和无机盐的具体部；而根毛则由表皮的一部分细胞向外突出而形成，此图缺少关于根毛部位的标注，为第一处失误之处。《植物学》卷三译文中，配图后附有文字解释，进一步指明四个部位各自的功能或特征："甲为吸土汁之口，乙丙俱为聚胞体之新而软者，丁为聚胞体之旧而硬者"[1]，其中甲的功能表述有误（应为保护作用），为第二处失误之处。

尽管如此，译著中关于根的知识的介绍依然有助于晚清植物学界进一步拓展研究视野，增长了其关于植物根的认识与了解。更为重要的是，译著中在此处引介了根尖的显微解剖结构，突破了传统植物学研究中人们对于植物根认知的局限性。此外，译著中此处关于分生区、伸长区及成熟区特征的描述较为准确，能够使得晚清读者对于根尖的知识产生基本正确的认知。

（三）根的六大种类

《植物学》中分类并举例介绍了根的不同种类，虽未分别对提及的各类型的根进行命名，但所引介的知识内容较为详尽准确，清晰地传达了不同种类根的生长及生态特征，与传统植物学研究相比，有了很大的进步。此外，译著在举例介绍不同种类根的知识时，也引介了部分生长于域外的植物物种，立足于彼时交通运输尚不发达的时代背景，书中的引介有助于拓展晚清植物学研究者的见识与视野。

在这部分内容中，李善兰等译者介绍的第一种类型的根即为气生根。书中对其特征的描述为："往往枝间另生条，下垂入土，即生根。根管于土中四面远行，条渐粗大，亦变为干"，气生根类植物通常由枝上产生不定根，悬垂于空气中。此处李善兰等译者选取榕树作为代表性案例进行辅助说明，并介绍了印度"最古榕树"的相关内容，称其"大干300，小干3000，全军远征，过此可驻其下"[1]，李善兰也在此处绘制了"最古榕树"[2]的科学图（见图4-2），更为形象地展示出气生根的特点。

第二种为"自本干生条入土为根"[1]的支持根，代表性植物为枫树。支持根类植

---

① 李善兰，韦廉臣，艾约瑟. 植物学［M］.上海：墨海书馆（清），1858.
② 印度最古榕树：位于印度豪拉植物园，独木成林，树冠直径411米，有3600个气根，能够容纳千人歇荫。

物由植物茎的基部节上生成不定根，深入土中，能够增加支持茎干的力量。

第三种为攀缘根，其木"倒置之，枝即变根，根即变枝"[①]，代表性植物为常春藤、凌雷等。

第四种为水生根，其特点为"不著土而浸水中"[①]，即在水中生长，水中浮萍为代表类植物。

第五种为储藏根，"本干之下必有一团体，体中有浆或糖汁之类，以养身"[①]，百合之类即为代表类植物。

图4-2 《植物学》中榕树图（引自李善兰等:《植物学》）

最后一种为寄生根，其根"不吸土汁而吸他植物根中之汁，或干中枝中之汁"[①]，水晶兰、菟丝子为代表类植物。

（四）根系

卷三中还介绍了根系的种类。"根分为三，一总根，居中；二根管；三干领，以护干足，此唯草木有之"[①]。此处的"总根"对应当代术语名词主根，"根管"应指侧根，而干领则为不定根。译著中也指出，总根的形态各异，"有圆锥者，有分节而屈曲者，有分枝分节而节节圆绽者"[①]。对于干领，即不定根的介绍，译著中指出"根管去尽而领不伤，能复生"[①]，即使侧根都削除，但不定根完好，则植物能复生，充分说明了干领（不定根）的重要性。

（五）植物移栽的合理时间及种树宜疏不宜密

关于本部分内容的论述，详见本书第五章第三节：植物种植的知识及植物生长的区域性特征。

二、茎（干）的知识

关于植物另一外体器官——茎（干）的知识，译者也在卷三中做了较为详细的介绍。全卷用了近三分之二的篇幅介绍了植物茎（干）的生长原理、生理功能、组织结构等知识。此外，《植物学》也介绍了不同种类植物的茎（干）生长特征[②]，进一

---

① 李善兰，韦廉臣，艾约瑟. 植物学［M］. 上海：墨海书馆（清），1858.
② 孙雁冰. 传统植物学向近代植物学的过渡：《植物名实图考》与《植物学》的对比［J］. 出版广角，2019（20）：94–96.

步拓展了读者对植物的茎（干）知识的认知与了解。

（一）茎（干）的生长原理

《植物学》中对于茎（干）的生长过程与生长起源的描述如下："种子入土，初生一芽，其芽成叶；复生一芽，如此递生而成干"[①]。引文不长，却清晰地阐释了两个结论：一是茎（干）起源于"芽"（即胚芽），二是茎（干）为连接叶和根的结构，初步介绍了茎（干）的生长机制与功能。

《植物学》中还描述了茎（干）的另一生长原理——顶端生长。顶端生长现象的出现主要是由于茎（干）与根主轴和侧枝顶端分生组织或细胞发生分裂活动的结果。文中对顶端生长的原理进行的描述如下："凡木质必从叶下行，试于干之半以刀周割之，或以绳缚之，则上半仍渐大，而下半不复大，此其验也"[①]，即用刀背割断干的一部分或用绳索将干缠住，阻断上下干的营养液的流通，则上半部分依然在生长，而下半部分却停止生长。李善兰等译者采取以实例辅助语言描述的方式，将抽象的科学概念进行形象化地描述，从而令尚未涉足西方近代植物学知识的读者能够对顶端生长原理产生更加直观的印象。但此处的引介存在两处遗憾：一是译者未总结提炼出"顶端生长"这一术语或关联术语；二是对"顶端生长"原理的介绍"浅尝辄止"，未进一步介绍与"顶端生长"有关的知识或理论，如双子叶有花植物的另一生长方式：加粗生长的相关原理。

值得一提的是，为阐释植物根所吸收的水分和无机盐等营养物质如何向上移动这一科学现象，译者在文中同时介绍了渗透作用的基本原理，既使译者对于植物外体器官干如何发挥疏导作用有了更好的了解，也进一步增长了晚清读者的学术见识，加强了对西方近代植物学的认知（关于渗透作用原理及其相关内容的介绍，详见本书第五章第二节）。

（二）不同种类植物的茎（干）生长特征

依据植物茎（干）的特征，《植物学》将植物分为四类："一外长类，新木质生于外；二内长类，新木质生于内；三上长类，新质逐节递生；四通长类，全体之质日长"[①]。此处提到了几个表示植物分类的术语："外长类"植物、"内长类"植物、"上长类"植物及"通长类"植物，根据译著中生理机能的描述及辅举的例子分析，对应当代植物学的表达方式，应分别为：双子叶和裸子植物、单子叶植物、蕨类及低等植物，而此处引文中几次提到的"新木质"，则泛指次生木质部及次生韧皮部。其后，译著接着介绍了四类植物的生长特征，其中多涉及关于植物体，尤其干的显微解剖结构的描述。

---

① 李善兰，韦廉臣，艾约瑟.植物学 [M].上海：墨海书馆（清），1858.

对于外长类植物，李善兰等译者指出："外长类每岁多一层"①，这主要是由于外长类（双子叶）植物干（茎）中的维管束排列方式为环状，也包含形成层，能够生成次生木质部和次生韧皮部，因而其干能不断增粗，且其生长规律多以年为单位。为强化对干生长特征的描述，译者也在此处介绍了年轮的知识（关于《植物学》中年轮知识的介绍，详见本书第五章第三节）。

在这部分内容中，译者也引介了显微镜观察下干的横剖图与直剖图，如图4-3所示。并做出相应介绍："如图，甲为心皮，乙为旧聚胞体所成之管，丙为上一年之木体，丁为下一年之木体，戊为通皮与木之层，已为内皮，子为真皮，丑为第二层皮，上为横割所见，下为直割所见"①。引文中的"心皮"即为当代植物学中的心皮，"聚胞体"为薄壁组织，"旧聚胞体所成之管"为维管柱，"上一年木体"为原生木质部，"下一年木体"为后生木质部，"通皮木"为中柱鞘，"内皮"为内皮层，"真皮"为皮层，"第二层皮"为表皮。这段引文既向读者引介了干的解剖结构，也传达了多个术语名词。此处创译的术语虽并未全部得以沿用至今，但在引领晚清植物学研究与西方近代植物学研究接轨方面也发挥出了其应有的作用。

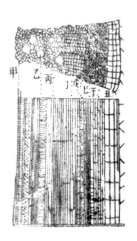

图4-3 《植物学》中茎（干）的横剖及直剖图（引自李善兰等：《植物学》）

对于内长类（单子叶）植物，《植物学》中的描述为："其（内长类）干初生时，中虚；明年中生新质，挤外之旧质，令增大增长；明年新质之内，又生新质，挤外之旧质，令更大更长，每年如此，新质生于中，恒推挤外之旧质，故旧质愈久愈坚实"①，代表类植物为竹、椰树等。内长类植物与外长类植物的形成层不同，即次生木质部与次生韧皮部皆在形成层的内侧形成，引文中的内容可解读为，内长类植物干（茎）的生长方式主要是增粗生长，即植物茎、根的主要生长方式为向粗增长，具体的"向粗增长"方式为初生增粗生长。

对于上长类（蕨类）植物茎（干）的生长方式，《植物学》中的表述略为含糊："上长类每年叶落后，其干增一节"①，引文虽指出了上长类植物每年叶落后，干增长一节，但却并未表明其干是通过聚胞体（即薄壁组织）的生长而实现自身生长。

对于通长类（低等）植物茎（干）的介绍，《植物学》中主要从通长类植物的干的形态入手进行介绍："（通长类植物）有因聚胞体渐大而增大者；有如花若干出；聚胞体居中若心；四面生诸长条；若花瓣者"①。译著中同时也指出，通长类植物干的形状各异，并且其中有许多种植物与常见植物不同。

① 李善兰，韦廉臣，艾约瑟. 植物学［M］. 上海：墨海书馆（清），1858.

（三）茎（干）的功能

《植物学》中关于茎（干）的功用的论述主要包括："干之功用所以持枝叶"与"根吸土汁上升，由干而枝而叶"①，即植物茎（干）的主要功能包含两个方面：支撑植物体直立及为植物的生长，运输转送根中所吸收到的养分。为了更加直观地向读者描述茎（干）的运输作用，译者在此处进一步引用导管实验的原理来进行辅助说明（关于导管实验原理的介绍与分析，详见本书第五章第二节），从而加强了译著的科学说服力。

（四）枝的知识

《植物学》卷三还以少量篇幅简要介绍了植物枝的部分知识，所引介的内容表达简要精练却不失系统性。在这部分译文中，译者首先介绍了植物枝的发端，以及其枝生长于双子叶植物这一基本特征："由干傍（旁）发芽成枝，惟（唯）外长之类为然"①；继而指明其生长位置及生长特性："枝生于干之四面，其位置依螺线自下盘旋而上，次序不乱"①，即植物枝的生长附着于茎（干），但同时也具备其独特的规律性。同时，书中也指出了枝的生长可能不依照规律，也可能不生长，变为刺或刚一生长就枯萎等现象："当生之处或受伤不生，或变为刺，或初生即萎，而木中成节，枝之不能秩然者"①。

在卷三关于植物枝的介绍中，译者还简要阐释了"刺即枝"的科学阐释及植物枝与"花之藤"的区别。李善兰等译者指出，之所以称刺为枝，是因为"刺亦从木心中出，与枝之生法同，且亦有生叶者"，由此可认为刺本为枝。然而，对于植物为何会生刺而不全生枝，译者没有给出科学性的阐述，却转而借助于"上帝的力量"说明其合理性，即诉诸自然神学思想的解释，不可谓憾事一件。

对于枝与"花之藤"区别，《植物学》做了如下解释："花之藤与枝不同，或即叶之总管变长而成，或若干而细。其功用令花开于高处"①，相关内容简要明了，清晰易懂。

三、叶的知识

关于叶的知识，主要体现在《植物学》卷四中，相关内容虽简要提及叶的解剖结构，但并未就此深入研讨，介绍重点主要偏重于叶的外观形态。

译文中首先提出"叶肖其树"的观点："枝之于干，小枝之与枝，皆有一定角

---

① 李善兰，韦廉臣，艾约瑟. 植物学 [M]. 上海：墨海书馆（清），1858.

度；枝管之与总管，细管之于枝管，亦有一定角度；枝之长短有一定，枝管之长短亦有一定，故叶各肖其本树"①。在这段引文中，译者阐明了树叶的形状与其所赖以生长的母体本树的形状具有相似之处，随后进一步以实验观察法，对此观点进行佐证："当秋冬时，树叶尽脱，仅剩空枝，试取叶之空地燃尽，仅剩诸管者，与之比较，乃知其形状甚相似也"①。

除对叶的知识与生理性进行介绍外，《植物学》在卷四中也描述了三种特殊形状的叶：瓢形叶、瓶形叶及壶形叶，并指明了这三种叶形植物的生长地理方位：瓢形叶及瓶形叶植物生长地为北亚美理加泽中，壶形叶植物生长地为南印度。译者在此处关于三种特殊形状叶及其代表植物介绍的目的，为引介特殊物种，从而拓展读者的学术见识与视野，但彼时中国本土境内其实已有具有上述三种叶型植物的生长，其中瓢形叶状的代表植物为梧桐子（非法国梧桐），瓶形叶状的代表植物为黄瓶子草，壶形叶状的代表植物为蔷薇科月季花种的红双喜。

关于具有特殊性质叶的介绍方面，《植物学》中选取的植物为怕羞草（也称作含羞草）类植物。"又有叶能自动者，如怕羞草之类，轻触之则叶敛，重触之则茎垂。良久徐徐自起而舒，至夜亦叶敛而茎垂，晨则自起而舒也"①，将怕羞草（含羞草）的基本特征清晰描绘出来，具备一定的科普性特征。

除怕羞草（含羞草）外，《植物学》还介绍了"维纳斯捕蝇牢"这一植物，对其作为食肉植物的生态特征进行了描述。"亚美利加泽中有草，其叶上有若蛤壳者，两半之内各有三毛；蝇入触其毛，即合而杀之，名曰维纳斯之蝇牢"。"维纳斯捕蝇牢"为《植物学》中所使用的名称，当代植物学界称之为维纳斯捕蝇草，是一种典型的食虫植物，外表异常美丽，主要生长于美国北卡罗来纳州与南卡罗来纳州海岸部分区域。引文中记录了亚美利加（即美洲）有一种食蝇草，译文"维纳斯之蝇牢"说法较为形象。生长于该植物体上的每片叶子均包含两片自中间叶脉相连的圆形裂片，每个裂片外部长满毛须，表面都有三根丝，这三根丝极为敏感，每遇昆虫触碰，裂片即会闭合，外部毛须纠结互锁，昆虫无处可逃，而叶子中的腺体则分泌出消化汁液，历经两周左右，昆虫即被完全消化，其后叶片得以再次打开。因其美丽的外形，被冠之以美神维纳斯之名。在《植物学》汉译发生之前，晚清植物学界对食肉植物认知较为有限，而《植物学》中关于"维纳斯捕蝇牢"这一植物及其相关特性介绍同样发挥出了科学启蒙与知识普及作用。

卷四中也简要介绍了叶的解剖结构，并清晰地描述了上表皮、下表皮、海绵组织、保卫细胞、气孔等组织结构的大致位置。此外，在卷四关于植物叶的引申知识的介绍中，译者也引介了叶在枝上的排列规律等相关内容，既阐释了植物学学科内

① 李善兰，韦廉臣，艾约瑟.植物学［M］.上海：墨海书馆（清），1858.

容的科学现象，也具备一定的延伸拓展功能，充分发挥出了《植物学》作为科学启蒙性译、著作的功能。

第三节 花、果实、种子知识

一、花的知识

《植物学》中对花的介绍较为全面系统。译著中相关内容的论述主要从对植物花的四个主要组成部分：萼、瓣、须、心的介绍展开。除介绍萼、瓣、须、心的主要功用及性征外，译著中还创译了子房、胚、胚珠等植物花的器官名称①，同时也介绍了花蕊、授粉等植物生理学方面的知识。

关于花的知识，主要体现在《植物学》第五卷中，介绍的内容主要包括花的基本结构及其具有生殖功能的本质属性："花有四轮，分萼、瓣、须、心，乃生育之体也"②。本处引文中出现的四个术语：萼、瓣、须、心的表述方式，李善兰等译者继续使用中国传统植物学中的已经用过的表达方式。其中，"萼"与"瓣"的说法至今仍在使用，"须"与"心"则分别被优化表述为雄蕊与雌蕊。此外，译者对萼、瓣、须、心这四个植物花主要组成部分也做了拓展性的介绍，首先在生长规律方面："凡萼与须相对，瓣与心相对，四者之数恒相应"②，也就是说，花萼的数目与雄蕊呈相同规律生长，花瓣的数目与雌蕊呈相同规律生长；其次也强调了须（雄蕊）与心（雌蕊）的重要性及其生殖属性，并明确了须与心为生成果实的根本："须与心为最要之物，果实由之而生，萼与瓣所以拥护心须者"②。

《植物学》中对植物花结构的总结较为准确，具有一定的科学说服力。文中指出："大凡花皆具瓣萼心须四轮，而间或外二轮不全，仅有一者，其一轮必为萼而非瓣也"②，即大多数花均具有萼、瓣、须、心四种结构；少数花缺少心与须两种结构；如只有一种结构，则必然为萼，而一定不会为瓣。

（一）萼

卷五中从萼的形态、颜色及功用等三方面对萼的相关知识进行了介绍。内容体系分明，脉络清晰。

关于萼的形态，《植物学》做了如下阐述：

① 罗桂环. 我国早期的两本植物学译著——《植物学》和《植物图说》及其术语［J］. 自然科学史研究, 1987（4）：383–387.
② 李善兰, 韦廉臣, 艾约瑟. 植物学［M］. 上海：墨海书馆（清），1858.

（萼）有全分者，有相连不分，而惟末微分者，其状不一。有甚长全包诸瓣者，有在瓣足甚微者，有若盔者，有双层者，有若锥者，有若轮者，有末生刺者，有若佛手柑者，又有若酒杯状者，不能悉数①。

在这段引文中，"全分者"为离生萼，即萼片在多数情况下是各自分离的；"相连不分，而惟末微分者"则为合生萼，即萼片全部或部分联合在一起。引文中列举了若干形态的萼，译著也在此处辅以多个配图，更为直观地将萼的不同形态呈现出来。关于萼的颜色的介绍，译著中指出，萼多为绿色，间或有红色或是其他颜色。关于萼的功用，《植物学》中列举了两点："当花未开时，为药之外苞，不令受寒而萎；当花落后，或为果之皮或即为果蒂"①，即当花未开时，萼的功用主要是为包含花药，而当花谢后，则萼变为果皮或果蒂。

（二）瓣

在引介了萼的知识后，《植物学》接着介绍关于瓣的内容。译著中指明瓣也有合生与离生之分，且瓣的形态多种多样，不同植物花具有不同形态的瓣：

瓣之出数亦有全分者，有全体不分，惟末微分者，有大小不齐者，形状亦不一，有五瓣，在上一瓣最大，下四瓣皆两两对合，豆花之类是也；有若兽之张口者，有若玻璃杯者，有若轮者，不能枚举也①。

这段引文指出，瓣与萼一样，也有全分、全体不分或末端微分等不同类型，并以举例的形式描绘了花瓣的不同形态，从而使其表述的内容更具说服力。

关于瓣的颜色，《植物学》指出，瓣的颜色与萼相比，更加缤纷多彩。值得一提的是，译者在介绍瓣颜色知识的同时，也论及了色彩学的相关知识（关于《植物学》中所引介的色彩学知识，详见本书第八章第一节），如构色原理等。进一步拓展了晚清读者的知识视野。

（三）须（雄蕊）

卷五对于须（雄蕊）的介绍主要包括须（雄蕊）的排列方式及结构、种类及授粉等基本知识。须（雄蕊）具有生殖特性，是花的雄性生殖器官，其主要功能是产生花粉。《植物学》中对其排列方式的描述为："须之生法与叶同，亦依螺线也"①，即须（雄蕊）的排列方式与叶一样，呈螺旋状。但需要补充的是，须（雄蕊）的排

---

① 李善兰，韦廉臣，艾约瑟.植物学［M］.上海：墨海书馆（清），1858.

列方式除了《植物学》中所提及的螺旋状外，也有很多植物呈轮状排列。《植物学》中对须（雄蕊）结构的介绍为："须之末有囊，囊之下为茎"①，此处的"囊"应指花药，"囊下之茎"为花丝。《植物学》中也指出，"须之茎无甚大用，故有无茎之须。须之囊（花药）则为至要之物"①，也就是说，须之茎（花丝）的作用不大，甚至有的植物花须无茎，即须之茎（花丝）完全消失，这类植物比较常见，栀子花即为此类植物代表；而囊（花药）则至关重要，这主要是由于"囊内有粉"①，粉即花粉，是植物授粉过程的关键要素，因此囊（花药）是植物体重要的生殖器官。此外，《植物学》卷五中也对植物花的授粉过程进行了描述："粉飞至花心之口，则胞内有细管从孔中出，透入心管中，粉之形状不同，粉之功用，所以令心生果"①，此处译者仅用四十余字即较为清晰地描述了植物授粉的全过程，并说明植物授粉的最终结果即为产生果实。在介绍授粉知识的过程中，译著同时也介绍了"自花传粉"及"异花传粉"两种生理现象。自花传粉指的是成熟花粉由花粉囊散出后落在同一朵花的柱头上的传粉方式；而异花传粉指一朵花的花粉传播至同一植株体不同花朵上或不同植株体花朵上的传粉方式，主要通过风力、水力、蜜蜂等昆虫及人工方式来完成。《植物学》中详细介绍了蜜蜂传粉的全过程，兼具说理性与科学指导意义，有助于植物物种的改良，从而更好地服务人类生产生活。

与中国传统植物学研究相比，《植物学》中关于须（雄蕊）的研究更加关注其生物进化的过程与结果。除介绍了关于须（雄蕊）的基本性知识外，《植物学》进一步指出须可变为瓣："花之须恒多于瓣，本与瓣同类，精灌溉术者，能令须变为瓣，故野外玫瑰多单瓣，园中玫瑰多双瓣，其初本非二种，因灌溉而变也"①，即如果"灌溉得当"，则可使须（雄蕊）变为瓣；同时，为更好地佐证引文中所阐述的内容，译者在此处列举了人工种植的玫瑰瓣数多于野外玫瑰这一实例，进一步说明须（雄蕊）可变为瓣这一生物学现象。

在介绍了上述内容的基础上，《植物学》也对须（雄蕊）的类型进行分类描述。不同类型的须（雄蕊）的划分，主要参考标准为依据是否离合而生、花丝的长短等因素。《植物学》卷五中对此进行了详细的描述：

> "须有与萼相离者；有与萼相粘附者；有与萼相粘附又与心之本相粘附者；有四须二长二短者；有六须四长二短者；须之茎有全分者，有至末始分者，有其下连为一体，状若筒，筒之口分为诸须者；有其下连为二体，而上分为诸须者，豆花之类是也；又有其下连为数体，而每体上分为诸须者"①。

---

① 李善兰，韦廉臣，艾约瑟. 植物学［M］. 上海：墨海书馆（清），1858.

《植物学》这段引文中对植物须（雄蕊）所做的介绍是当代植物学研究的基础。引文中介绍了几种类型的须，如"四须二长二短者"对应的是二强雄蕊，代表植物为泡桐；"有六须四长二短者"对应的是四强雄蕊，为十字花科植物所特有；"其（须之茎）下连为一体，状若筒，筒之口分为诸须者"对应的是单体雄蕊，代表植物为棉花；"其（须之茎）下连为二体，而上分为诸须者"对应的是两体雄蕊，代表植物为蚕豆、豌豆等豆花类植物；而"其下连为数体，而每体上分为诸须者"，则对应的是多体雄蕊，代表植物为金丝桃。

《植物学》中也指出了树木分雌雄，如杨柳之类，"雄树之花，有须无心；雌树之花，有心无须；二树之生必相近，花开时，风吹雄花之粉，着于雌花之心也"[1]。随后，译著接着介绍了一种特殊的植物："欧罗巴洲之南，有草生于湖底，亦分雌雄。雄浮于水面，雌在水底"[1]，《植物学》中并未明确该植物的具体名称，但根据其描述，此种植物当属水鳖科[2]的一种，进一步将生长于欧罗巴（欧洲）南部的植物物种引介至晚清植物学研究者的视域范围。

（四）心（雌蕊）

《植物学》中对于心（雌蕊）的介绍较为详细，其中也涉及植物胚胎学的相关内容（关于《植物学》中所引介的植物胚胎学知识的介绍，详见本书第五章第二节）。译著首先对心（雌蕊）的位置及性质等内容做了介绍：

> "心居花之中，乃雌物也。或一皮卷而成，或数皮卷而合成。有可分者，有不可分者。每皮分为三体，下曰子房，中曰管，末曰口。数皮合成者。每皮有一子房、一管、一口，子房内或有隔膜，分为数房，或不分，只一房，每房内有一小卵"[1]。

这段引文不仅对心（雌蕊）的基础性知识做了介绍，同时也创译了心皮、子房、卵等术语，其中"心皮"与"子房"两个术语沿用至今；"卵"则对应当代植物学术语中的"胚珠"。尽管《植物学》所创译的"卵"这一术语未得到沿用，但在开启晚清植物学界对植物胚胎学认知的过程中，发挥了应有的科学作用，并为后来相关术语的规范性发展衍化奠定了基础。

（五）草木作花的不同形状

卷五中也提及了草木作花方法的不同之处：

---

① 李善兰，韦廉臣，艾约瑟.植物学［M］.上海：墨海书馆（清），1858.
② 水鳖科：约17属，80种。浮水或沉水草木，生淡水或沉水中。

"草木作花之法，各各不同。药有不傍叶发而发于干末者，名干末类，芍药是也；有傍叶而发，其跗甚长，只作一花者，名附叶孤花类；有发一总跗，分为无数小跗，而生繁花者，名圃花类；有无数细花叶附一茎，而花俱无小跗者，名穗类；有诸花所附处，其茎软而略大，中有流质，而叶花之外，又有总衣护之者，名弱穗类；有一药包无数细花，诸花之跗相挤甚紧，人往往误认为一花者，名合药密类，菊是也；有一药包无数细花，而诸花之跗，分而不合者，名合药疏类"①。

引文介绍了花冠的形状，并指出花冠的分类主要依据花瓣的形状、大小及花瓣分离的程度等，并辅以实例进行形象化描述，使晚清植物学研究者耳目一新，进一步增加了晚清植物学研究者对于植物花的认知，译著中的相关介绍与当代植物学研究十分接近，从而佐证了《植物学》的科学性与立足于时代背景之下的先进之处。

卷五中也提出"植物作花时间各有定数"，从而引出了关于"花表"的描述：

"山居无秤，观花可以知春秋。各种植物作花，各有定候也。无钟表，观花可以知早晚。各种花之拆苞，昼夜有一定时刻也。若不信，试至园中，视某树某草有将拆之苞，静候其拆，记其时，明日复于此时验之，当无不信矣。昔西士礼乃亚，细测各花拆苞之时刻而详记之，居室外百花杂莳，隔帘见某花拆苞，即知某时刻，名曰花表"①。

引文中选取西士礼乃亚的实验作为案例，指出了正是由于植物作花具有一定时间规律，人们才能以此作为时间参照，从而判定一天中的时间运行，充分将实践与理论相结合，进一步增加了译著的说服力。

二、果实的知识

中国传统植物学对果实的研究，主要从果实的食用性、药用性等实用主义的视角出发，而《植物学》中关于果实知识的引介则以其形成因由、结构等方面为切入点实施开展，主要关注植物果实生成的生理过程及原因，从近代植物学研究的角度对果实进行了系统性介绍。

对于果实的生成，《植物学》中做了如下介绍："果恒为心所成，亦有合心与萼

---

① 李善兰，韦廉臣，艾约瑟. 植物学［M］. 上海：墨海书馆（清），1858.

而成者"[1]，即果实大多由心（雌蕊）发育而成，也有果实由心（雌蕊）与萼共同发育而成。在《植物学》前文关于花的引介中，译者已言明植物授粉，令心（雌蕊）产果，此处的表述再次申明上述结论，并进一步补充说明，果实也可由心（雌蕊）与萼所合成，即从植物生理学的角度阐明果实的成因。

《植物学》也从不同角度对果实进行分类描述，对于部分类型果实的描述，译者辅以实例，从而使文字描述的内容更加形象具体。如从果实成熟时外皮的开裂情况方面对果实进行分类："其裂有定处，非面痕，即背痕也。间有横裂者，亦有仅开小孔者，如罂粟花是也"[1]，背痕即当代植物学中的背缝线，面痕即当代植物中的腹缝线。从果实生长的状态进行分类："果有独生者，有聚生者。独生者，一花所孕，如桃李之类。聚生者，众花合孕，如松波萝无花果之类"[1]。

《植物学》同时指出，独生果类与聚生果类为果实种类划分中的两大基础门类，其余关于果实的分类均是在这两大基础门类之下的次级门类，这种对植物果实进行的分门别部的研究，有助于推动植物果实研究进一步向纵深开展。

在术语方面，译者在介绍这部分内容时也创译了胚、胚乳、胚珠、胚胞、卵之口等术语，分别对应当代植物学中的胚、胚乳、卵、珠被、珠孔等术语，进一步加强译著的科学影响力。

三、种子的知识

《植物学》中对于种子的介绍主要包括种子的构成、发育过程、落地方式等内容，相关论述的展开主要围绕植物生理学的相关视角。

（一）种子的构成

《植物学》介绍道："种子即子房内卵之所成。分为三物，一胚珠外胞内诸物所成，名胚胞；二胚乳；三胚"[1]。这段引文指明种子由子房内的卵（胚珠）发育而成，结构包括三部分：胚胞、胚乳及胚。本处所创译的三个术语：胚胞、胚乳与胚，其中"胚乳""胚"与当代植物学术语表述方式相同，"胚胞"则对应当代植物学术语的"珠被"一词。中国传统植物学对于种子的研究侧重点主要放在种子的培养与改良等方面，即关注于种子实用性的一面，而《植物学》中的研究更为关注种子的生理结构与形成机理，也将胚胞（珠被）、胚乳、胚等术语引介至晚清生物学界，同时也引介了相关生理性知识，是近代植物生理学研究开展的基础。

《植物学》中对胚胞（珠被）与胚乳的介绍主要侧重于其性状：

---

① 李善兰，韦廉臣，艾约瑟. 植物学［M］. 上海：墨海书馆（清），1858.

"胚胞或有分左右若二翅者，令种子脱蒂时，能浮行气中，如子；或有轻若桦皮者，令种子入水不沈（沉）。胚乳与鸟卵内之白同，人皆可食。胚乳即浆，有三类：或湿而软，或干而散，或干而坚凝"[1]。

与当代植物生理学研究水平相比，引文中的介绍虽略为浅显，但却具备启蒙性质，能够增进晚清植物学界对于胚胞（珠被）与胚乳知识的认知，为后来相关知识的进一步传入奠定了基础。

与胚胞（珠被）与胚乳相比，《植物学》中对于胚的介绍则更为系统。译著首先指出"胚与胚乳或并为一，如豆之类；或分为二，如椰子与麦之类"[1]，接着对胚的生理结构进行论述："全胚有四物，一为未出之仁，二为未生之根，三为未生之干，四为干之领"[1]，为后文进一步论证种子的生长过程埋下了伏笔。

（二）种子的发育过程

基于前文的论述，《植物学》卷六向读者阐释了种子发芽需要满足的条件："种子将萌时，所急需者三物，曰风气，曰湿，曰热"[1]。"风气""湿"及"热"是保障种子能够正常发芽的基本环境条件，其中"风气将养气（氧气）淡气（氮气）透入种子中，令生机发动。湿所以柔种子，令养气（氧气）得沁入。热所以煦之令速化"[1]。引文中所介绍的内容，涵盖了种子能够萌发所需要满足的三个必要条件：充足的水分和氧气以及适宜的温度。引文中知识引介虽与当代植物学研究有所出入，但传递出的基本理念却是一致的。为使所论述的内容更加清晰易懂，译者也进一步加以注释，使得译文更为有理有据，并真正对农业生产实践过程产生指导作用。

译文中同时也阐述了种植种子时需要掩于土中的因由：种子萌发时畏光。"又种子将萌时，最恶光。见光即不能生，故初下种，土必密掩之，令不能通光"[1]。中国传统植物学研究及农业实践中，虽早已有种子种植掩埋于土中的记载及实际操作，但具有一定的经验主义色彩，而《植物学》则较为科学化地对将这一现象进行阐释，具有一定的理论性内涵。

《植物学》也描述了种子生长的具体过程："种子初萌，根先苗，次生干领之本，次生干"[1]，也就是说，在种子萌发成植物体的过程中，根是最先发育的器官，同时根也是保障植物后续发育生长得以进行的根本。

不同的植物种子具有不同的落地方式。《植物学》中对此进行了介绍，并辅以实例以加强论证的说服力：

---

[1] 李善兰，韦廉臣，艾约瑟. 植物学 [M]. 上海：墨海书馆（清），1858.

　　"种子落地法不一。有实自落，其果成粪以长养种子者；有实壳忽怒开，令种子尽散于地者，金雀花之类是也；有实遇物触即开，而散子于地者，凤仙之类是也；有种子有丝紧拉之，令蒂茎向上屈，虫断其丝，茎怒伸，种子弹落者；有种子连一细管，管末有毛球，风吹种子脱，随毛球飞去者，蒲公英之类是也"①。

　　译著中介绍了五种种子落地的方式，同时也顺带介绍了金雀花、凤仙花、蒲公英等几种植物，使得晚清植物学界对这几种植物有了更为具体地了解，进一步丰富了晚清植物物种研究的内涵。

　　在介绍了种子的落地方式后，译著继续描述了植物种子传播的一种方式——水传播：

　　"凡种子入水恒浮，漂至异地，著岸即发生，虽几历寒暑不坏，仍能发生也。且有不入水其壳不开者，亚里哥有蔷薇，其实圆如丸，风吹落，旋转于地，入水乃开，散开种子。椰子壳外有丝缠之，落于海中恒漂流万里，著岸乃发生，若壳外不缠以丝，必沉矣"①。

　　水传播的方式是植物种子传播的常见方式。这种传播方式主要适用于生长在水里或水边的植物。水力是种子传播能够借助的主要外力，代表性植物除引文中所提到的蔷薇、椰子外，也有睡莲等水生植物。在《植物学》中，译者仅引介了水传播一种传播方式，对于种子传播的其他方式，包括动物传播、风传播、弹射传播、机械传播及人为传播等，《植物学》中均未提及。

　　值得一提的是，《植物学》也介绍了具备"种子极多者"特性的植物："实内种子，有极多至不可胜数者。有一种芭蕉，一实内有八千种子；大蓟一实内有一万四千种子；烟草一实内有四万种子"①，"芭蕉""大蓟""烟草"等均是"种子极多者"植物，不仅以实例加强了《植物学》的科学说服力，也在此丰富了读者关于特殊植物物种的认知。

四、无花植物的知识

　　《植物学》卷六的最后一部分内容为无花植物相关知识的介绍，篇幅不长，但相关内容较为丰富，且具备一定的植物生理学研究特性与价值。《植物学》中所提

① 李善兰，韦廉臣，艾约瑟. 植物学［M］. 上海：墨海书馆（清），1858.

及的无花植物指的是种子生成方式与其他有花植物不同的植物，译著中的表述为：
"植物无花，则无心与须；而种子或生于皮，或生与叶，故生种子之法大异，其种子以聚胞体为之"①。译著中对无花植物种子的生成特点进行了介绍，即无花植物种子生法不同于有花植物；无花植物的种子并非在花中孕育，而是生于其他地方，或皮，或叶。

在介绍了无花植物的基本信息后，《植物学》接着对无花植物的生长特征进行介绍："凡无花之草木皆软干，其干与叶皆合聚胞体而成，异于常叶干；而增长之法，则亦由吸碳气而泄养（氧）气，与有花草木同"①。引文中指出，无花植物干的形态与寻常植物的干相比有很大不同之处，无花植物干较为柔软。但在生长方式方面，无花植物则其他植物大致相同，同样可以进行呼吸作用。这些关于无花植物总体特征的引介，为下文进一步论述无花植物的种类打下了基础。关于无花植物的分类，《植物学》中的介绍如下引文所述：

> "无花植物分二类，一上长类，一通长类。上长者又分为三部，一以聚胞体为之；二以腺体为之；三亦有腺体为之。通长者又分为三部，一地衣石蕊类，以聚胞体为之，通体能吸食以养身，生于地；二亦通体能吸食，生于地；三亦通体能吸食，生于水中或湿地"①。

前文中提到，上长类植物对应当代植物学中的表达方式为单子叶植物，通长类植物则对应当代植物学中的蕨类及低等植物。依据引文中的描述，并加以研判分析可知，《植物学》在此处引文中的观点与当代植物学研究的部分观点相契合。当代植物学研究认为，无花植物共分为五大类：藻类、真菌类、藓类、蕨类和裸子类，且大都生长在水边，没有真正的根。分析上述引文后可知，其中关于无花植物总体分类及特征与当代植物学研究相一致，据此可见《植物学》的先进性和科学性。

第四节　植物解剖学知识

《植物学》介绍了大量关于植物根、干、花、枝、叶、种子、果实等与植物体器官有关的基础性知识。立足于这些内容，《植物学》中也进一步阐述了西方近代植物解剖学的部分知识内容，主要包括科学仪器的使用和相关科学理念的介绍等，从而向晚清植物学界，甚至晚清科学界，传递了近代科学研究中依靠实验观察、追求

① 李善兰，韦廉臣，艾约瑟. 植物学 [M]. 上海：墨海书馆（清），1858.

科学本质的研究方法论。

在《植物学》汉译发生之前，中国传统植物学尚未接触植物解剖学的相关研究内涵，对显微镜等科学仪器了解也较为有限。但是对植物解剖学相关知识的掌握与运用是开展近代植物学研究的关键要素，李善兰等译者也深刻认识这一点，因此，关于显微镜的介绍及植物体显微镜观察下的显微结构等被选定作为《植物学》的待译内容。《植物学》中关于显微镜的介绍篇幅较长，内容较为全面，包括显微镜的基本使用方法与功能描述、植物体的解剖结构以及显微镜在近代科学研究中的应用价值[①]等，在文字介绍中的科学图片也进一步强化了读者的认知与了解。

《植物学》指出，显微镜的主要功能即为可以帮助人们观察到肉眼看不到的事物，译著中对此进行了较为系统的论述。卷二中关于聚胞体（薄壁组织），有如下介绍："唯液道之口，必甚小，非显微镜不能察焉"[②]。关于线体（筛管）有如下介绍："取此诸种（莲、天门冬、百合花及芭蕉等）入水中煮之，察以显微镜即见"[②]。卷三中关于口（气孔）有如下介绍："干上最多者（口），以西尺言之，每方寸中有一万五千口者；而叶底为尤多，且极小，非显微镜不能见也"[②]。关于乳路体（乳汁管）内液体运行的生理活动有如下介绍："（乳路之行）以显微镜察之见其动而不知其因何而动"[②]等。上述几处引文均描述了显微镜的基本功能，即能够观察到微小器官结构，初步向晚清读者呈现了显微镜的基本功用。

《植物学》全书有8处提及显微镜在科学观察中的使用或植物体显微镜观察下的解剖结构，多处介绍有科学图片进行辅助，加强了论述内容的说服力。如卷三中在介绍植物外体器官——根的结构时，译文中即辅以根管末（根尖）的显微结构图（见图4-1），从而使读者对根管末（根尖）的显微结构产生进一步的认知。卷三中关于外皮结构的论述中也借助了显微结构图以使译文中的表述更具说服力："（外皮）以聚胞体（薄壁组织）成之，相挤甚紧，以显微镜察之如此（见图4-4）"[②]。卷四中为说明叶的口（气孔）形状的不同会影响到叶的形状，也选取了百合或玉米叶的剖面显微结构图（见图4-5）来做论证依据。甚至在卷七中关于植物分类学知识的介绍中，译者也借助了显微镜这一科学仪器以使对植物的分类更具说服力与科学性。此外，译者也指明与单镜显微镜相比，双镜显微镜的效果更好一些："（分类研究中）置最利薄刃一，显微镜一，双镜最佳，寒士不能得。用单镜亦可。遇植物未知其类者，取枝叶花果，割以薄刃，察以显微镜，考其为何类，再考其焉第几部，乃记于某册某卷中"[②]，即显微镜可以科学研究相关工作的开展提供更具说服力的凭据。《植物学》译文中关于显微镜的内容介绍令晚清科学界对于显微镜这一科学仪器的功用产生较为深入的认知，激发了研究者的使用兴趣。但译者在论述中

① 汪子春. 中国传播近代植物学知识的第一部译著《植物学》[J]. 自然科学史研究, 1984（1）：90-96.
② 李善兰, 韦廉臣, 艾约瑟. 植物学 [M]. 上海：墨海书馆（清），1858.

也说明了显微镜对于彼时的晚清社会而言是较为昂贵的科学仪器，特别是双镜显微镜，因为"双镜最佳，寒士不能得"。

 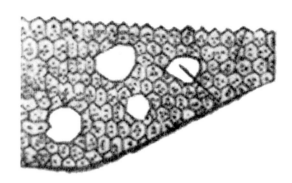

图 4-4　《植物学》外皮显微结构　图 4-5　（百合或玉米）叶剖面显微结构图（引自李善兰等：《植物学》）
图（引自李善兰等：《植物学》）

此外，在上述引文中，译者也指明了显微镜可以观察到植物体的"深层结构"，并在论述植物学知识的同时指出了运用显微镜进行观察可以为科学研究工作的开展提供依据。《植物学》中所介绍的近代西方植物学知识与中国传统植物学相比，实现了跨越，且这种跨越一种"由表及里"的跨越。而为了实现这种研究内涵上的跨越则主要依靠《植物学》中对于植物内外体器官及其功能以及植物生理学等知识的系统性引介，关于这些知识的研究依据则主要来自显微镜下植物体显微结构观察的结果。

《植物学》中关于显微镜及其功能的介绍主要强调显微镜在科学研究中的实际操作与应用，较为适合彼时的晚清植物学界，不仅具备科学说服力，也适用于刚刚涉猎西方近代植物学知识的晚清植物学研究者，有助于增进他们对显微镜及其功用的了解；也向晚清科学界传递出了一定的科学理念与科学实验观，即科学知识与科学结论的获得不再依靠于肉眼观察与实用经验主义的主导，而是需要借助先进精密的科学仪器观察，从科学思想层面推进晚清植物学向前发展，并为近代深入开展植物解剖学研究工作奠定了基础。

第五节　小　结

与中国传统植物学研究相比，《植物学》中关于植物体各器官知识的介绍，具有一定的突破性特征。译著中对于植物"根、干、花、枝、叶"等的介绍，主要从其生理特征、生理功能等视角出发，推动晚清植物学研究实现质的跨越。译著中也引介了显微镜等科学仪器及相关知识，并描绘了植物各外体器官显微镜下的结构，为介绍植物生理学、植物生态学、生殖学等相关知识提供了理论及基础知识的支撑。此外，《植物学》中关于无花植物等引申知识的介绍，从"理"的层面阐释了部分常见的科学现象，进一步丰富了晚清植物学研究者的学术视野，甚至部分知识内容可被称为中国传统植物学研究成果的升华。更为重要的是，《植物学》在译著行文字里行间传播了科学观察与开展实验观察的重要性，这些科学方法论的指导与理念的传递，有助于晚清科学界树立正确的近代科学发展观，推动晚清植物学整体研究实力实现更深层次的提升，从而使《植物学》在拉动晚清科学研究逐渐进入近代意义发展方面，发挥出了不可替代的作用。

第五章 《植物学》植物分类与生理生态知识

除以全新的视角介绍了植物体各外体器官与植物解剖学的基础性知识外，《植物学》中也引介了西方近代植物系统与演化知识以及植物生理学的部分内容，包括多种西方近代植物学知识与理论，如植物生理学知识、植物分类学理论等，这些理论在推动晚清植物学研究向成熟与纵深发展方面发挥出了积极的作用。此外，《植物学》中也引申性地介绍了渗透作用、光合作用等其他生物学原理，既加强了译著中所介绍知识的说服力，也为晚清植物学研究者带来全新的研究视角，为民国时期植物学理论性研究的系统开展奠定了基础。

第一节 植物系统与演化知识

《植物学》中所涉及的植物系统与演化知识指的是植物分类学的相关知识。植物分类学在西方植物学研究中起步较早，其研究的目的主要是识别植物物种、考据植物名称[1]。同时，植物分类学研究也阐明了植物物种之间的亲缘关系和分类系统，并能够为开展物种起源、物种进化过程等研究提供依据。

植物分类学研究在植物学分支学科中起步较早，研究目的在于鉴定植物物种，评定植物名称。研究结论有助于确定不同植物物种间是否具有亲缘关系，能够进一步阐释植物物种地起源与进化过程。其研究历程可分为三个主要阶段：人为分类（—1830）、自然分类（1763—1920）与系统分类（1883—）。包括三个不同的分类系统：人为分类系统、自然系统与系统发育系统。在中国传统植物学研究阶段，针对植物分类学开展的研究不多，产生较大影响力的代表人物为李时珍。因此，早期较具影响力的植物分类学成果主要发生在西方，多位科学家均开展了较为系统的研究，代表人物包括林奈、亚当森、裕苏、拉马克、虎克、艾希勒、佐恩、诺·达格瑞等。此外，日本的田村道夫也在植物分类学研究领域有所建树。

《植物学》中的植物分类学知识主要体现在卷七与卷八内容中，其中卷七中介绍的是察理五部之法，卷八中介绍的是植物分科方面的知识。在介绍相关知识内容的

---

① 孙雁冰. 传统植物学向近代植物学的过渡：《植物名实图考》与《植物学》的对比 [J]. 出版广角，2019（20）：94-96.

同时，李善兰等译者也创译了许多术语，初步向晚清植物学界呈现了西方近代植物学研究中关于植物分科的知识要义。

一、察理五部之法

《植物学》中所提到的察理五部之法，主要指在开展植物分类研究过程中，需要把植物分类、分册、分部进行记录，并主要依靠显微镜观察来获取研究结论。如下引文所述：

> 置最利薄刃一，显微镜一，双镜最佳，寒士不能得，用单镜亦可。遇植物未知何类者，取枝叶花果，割以薄刃，察以显微镜，考其为何类，再考其为第几部，乃记于某册某卷中。若大而易辨者，不必用镜，目亦能辨之。既知为某类第几部，未已也；再细观察其枝叶花果，与同部不相似者，详记之；盖每部中又分无数小部也[①]。

引文中指出，在采用察理五部法对植物进行分类统计时，对于肉眼不可辨的植物，需要借助显微镜的观察，因此显微镜的使用是开展近代植物分类学研究的关键要素。引文中也指出，在将植物分类归入其所属册、部后，也应当再细致观察其花、叶、果实，找出其与同册部植物的不同之处，以便于对其进行进一步的分类归纳，这主要是由于"察理之法需极精极细"，其中所记录的每一棵树或一根草，均需要记录清楚其根、干、枝、叶、花的萼瓣须心等与植物有关信息的详细情况。李善兰等人指出，植物分类学研究在精而不在多，"考千万种而忽略，不如考一种而详细，一日精察，胜于十年博览"[①]。这些内容既传达了植物分类学研究中察理五部之法的要义，也强调了科学研究中需注重实验观察且需细致用心，充分诠释了当代科学研究精神的实质。

《植物学》中所引介的察理五部法，强调需要将植物分作五大类进行统计，五大类下再细分小类，译著也分别就所属的植物特点进行描述。译著中所提出的五大分部名称为：外长类、内长类、上长类、通长类及寄生类。五大分部下又细分数小部，比如，外长类分部下分五部，第一分部下再分七小部，第二分部下再分十小部，第三分部下再分十四小部，第四分部下再分八小部，第五分部下再分四小部；内长分部下分五部，第一分部下再分五小部，第二分部下再分四小部，第三分部下再分三小部，第四分部下再分三小部，第五分部下无再分小部；上长类分部及通长

---

① 李善兰，韦廉臣，艾约瑟.植物学［M］.上海：墨海书馆（清），1858.

类分部下无再细分小部；寄生类分部下分三部，再下则无细分小部。分类内容详尽，包含的植物种类繁多，较为全面，详见附表1。

根据附表1中的总结与归纳，可以看出，《植物学》中所引介的察理五部法分门别类地根据植物外体及内体器官的生理特征进行总结归纳，对植物的分类较为详尽、科学。所涉及的植物学门类与种类涵盖范围较为广泛，内容全面，能够切实推动晚清植物分类学的发展。

二、分科的知识

《植物学》卷八重点介绍了植物分科方面的知识，从西方近代植物分类学的视角出发①，详尽、具体地对植物种类进行了归纳并对其生长特征进行了描述，研究内容较为新颖细致，在晚清植物学界广泛传播②。《植物学》汉译发生后，运用"科"的理念对植物进行分类比较研究成为晚清植物分类学研究中的主要指导原则。

《植物学》指出，"植物共分三百有三科。外长类二百三十一科，内长类四十四科，上长类三科，通长类十一科，寄生类十四科"③。而《植物学》中并未将其所提到的303科植物全部详细介绍，而是选择其中较具代表性的37科植物进行介绍，详细描述了花、叶、果实、子房、萼、瓣、心（雌蕊）、须（雄蕊）、种子等器官及生长特点等基本特征，使得读者对各分科所属植物有了更为直观的认知，从而推动植物学初学者对于西方基础植物学知识的掌握。详见附表2。表中对《植物学》中关于分科植物种类的特征的描述做了总结与概况，较为清晰地呈现了《植物学》中关于分科知识的总结。

在卷八中，李善兰也创译了多个较具影响力的术语，如"科"及其他表示植物学科属、种类的名词。在这些术语中，大部分术语被沿用至当代植物学研究中，附表2中共列出37个术语，其中伞形科、葡萄科、木棉科、蔷薇科、罂粟科、唇形科、豆科、芭蕉科、石榴科、胡椒科、菱科、姜科、桑科、杨柳科、玉兰科、胡桃科及菊科等17个术语沿用至今，而大黄科等其余表达植物科属的术语虽未得到沿用，却为《植物学》汉译发生后的西方植物学著、译作的术语使用等提供了参照依据，在推动植物学分类学术语规范性发展方面也发挥出了一定的作用④。表5-1为《植物学》中分科术语与当代植物学中的分科术语的比较。

---

① 孙雁冰. 传统植物学向近代植物学的过渡：《植物名实图考》与《植物学》的对比［J］. 出版广角，2019（20）：94-96.

② 王宗训. 中国植物学发展史略［J］. 中国科技史杂志，1983（2）：22-31.

③ 李善兰，韦廉臣，艾约瑟. 植物学［M］. 上海：墨海书馆（清），1858.

④ 罗桂环. 我国早期的两本植物学译著——《植物学》和《植物图说》及其术语［J］. 自然科学史研究，1987（4）：383-387.

表 5-1 《植物学》中植物分科术语（a）与当代植物学分科术语（b）对照表（部分）

a	b	a	b	a	b
大黄科	蓼科	实十功劳科	小檗科	莲科	睡莲科
麻科	荨麻科	绣球科	忍冬科	茶科	山茶科
肉桂科	樟科	荔枝科	无患子科	十字科	十字花科
紫薇科	千屈菜科	淡巴菰科	茄科	瓜科	葫芦科
水仙科	石蒜科	橄榄科	木樨科	栗科	山毛榉科
松柏科	松柏纲	梨科	苹果亚科	梅科	梅亚科
五谷科	禾木科	橘科	芸香科		

第二节　植物生理知识

《植物学》汉译发生前，中国传统植物学研究中尚未出现关于植物生理学的相关内容。但同一时期的西方植物学界，植物生理学方面的研究早已开展起来，且已取得了一定成绩。在汉译《植物学》时，李善兰等译者有目的地选取了部分植物生理学知识作为待译内容，并较为准确地将西方近代植物生理学的基础性知识要点传播至晚清植物学界。虽然受到晚清西方植物学发展水平的限制与影响，部分表述与知识引介尚存在一定遗憾之处，但仍然为晚清植物学研究者初步了解西方植物生理学研究提供了有效途径。

一、植物生殖知识

《植物学》中介绍了许多与植物生长、生殖有关的知识。卷五中指出，"花有四轮，分萼、瓣、须、心，乃生育之体也"[1]，即植物同样具有生殖器官，因而植物也具有生殖功能。在此基础上，卷五结尾处既引介了胎座、胚胞、胚珠等植物生殖器官，也详细解析了植物胚胎成型等相关植物生理学知识。

关于胎座，《植物学》中既介绍了其所处的位置，也介绍了其主要组成部分："心皮为叶卷而成，中有诸聚胞体，合成一物，名胎座。此胎座乃叶之软处所变成，故在旁一左一右；又有一种胎座，居子房之中，乃木芽中通皮木之层成胎座也"[1]。胎座是植物果实的一部分，当代植物学研究认为，胎座的生长位置为腹缝线，而腹缝线生长在心皮上。《植物学》随后也指出，"卵在胎座内，后成种子"[1]，而且，

① 李善兰，韦廉臣，艾约瑟.植物学［M］.上海：墨海书馆（清），1858.

"卵内有孕一胚者，有孕二胚者，有孕多胚者"①。因此，胎座是孕育种子的主要发生场所，是胚珠着生的部位，俗称植物胎盘。随后，译著也对胎座内胚胎发育的过程做了描述，并指出胚乳是植物胚胎早期发育的重要养料来源："胚初孕，胚之生根处，能自行至口，胚先吸胚珠之胚乳，吸尽乃吸子房内之胚乳"①，这些描述清晰地呈现了植物胚胎发育生长的过程，兼具启蒙性与科普性价值。

译著中也提及了植物物种的交叉及改良等知识。关于植物物种的交叉与改良，中国传统植物学中采取的主要方式是嫁接，且关于植物嫁接的实践操作技术已较为成熟。嫁接，即把一种植物的枝，嫁接到另一种植物的茎或枝上，即为"枝接"，也可采取"芽接"的方式。无论枝接还是芽接，均为植物的人工繁殖方法。《植物学》中关于两树授粉知识的介绍，则将相关实践研究提升至理论层面，有助于提升新植物品种的培育及改良的速度与质量。"本树之粉，交本树之花心，则生本类。若偶交他树之花心，则生变类"①。《植物学》中也以松粉交柏粉之花心的例子进行辅助说明："如松粉交柏之花心，则所生非松非柏也"①。相较于传统植物学研究中的嫁接之法，《植物学》中的介绍更具科学性，同时为晚清植物学研究者初步勾勒了近代基因学研究的雏形。

二、无性繁殖

《植物学》中关于植物无性繁殖知识的介绍较具前沿性特征。这些知识的引介主要体现在《植物学》卷六中关于无籽橘子、无籽葡萄培育的内容："橘藏土中，实之中必有种子；然如橘葡萄之类，溉培得法，能令无种子而味更美。是谓不全之果"①。在论述种子发育的相关知识时，译著也指出橘子和葡萄"若溉培得法"，则能"无种子"，且更美味，堪称中国植物学界关于无性繁殖知识的萌芽。然而不足之处在于文中并未详述具体的培育方法，文中仅是简单提及"溉培得法"。根据当代植物学研究可知，"溉培得法"主要是指在种子发育过程中的适当时候进行人工干预，从而使橘子或葡萄中不生成种子，以增加口感，从而达到改良果实的口味的效果。尽管《植物学》此处的介绍略为浅显，并深入解读相关引申知识，但相关介绍初步将植物无性繁殖的知识内容传达给读者，初步开启了读者对此的认知。

三、植物叶、花、果腐烂的基本原理

植物花、叶、果实落地腐烂是较为常见的现象，《植物学》在卷二中介绍了这一

---

① 李善兰，韦廉臣，艾约瑟. 植物学 [M]. 上海：墨海书馆（清），1858.

现象的基本原理，其中也包含少量化学领域的术语表达。

"凡叶、花、果落地后，与植物生命之气隔绝。其中之炭（碳）质即合养（氧）气散为炭（碳）气、轻（氢）气，即合养（氧）气化为水，余如硫磺磷碱青盐等质，即仍入土，故叶花果坠地后，其软处必先坏，核置干处不坏，遇湿亦即烂也"①。

当代生物学研究表明，植物花、叶、果实落地腐烂的主要原因是由于花、叶、果实一经脱离植物母体的供应，遇空气中的氧气发生氧化反应，同时在土壤中微生物的作用下逐渐发生分解，变成二氧化碳、水及无机盐等。这些营养成分反作用于土壤，增强了土壤的养分，从而为植物生长提供更多的养分。此外，这段引文也进一步描述了两个常见现象，"叶花果坠地后，其软处必先坏"及"核置干处不坏，遇湿亦即烂也"，指明水分及湿润的外界环境会加速腐烂过程，催化植物花、叶、果实腐烂的发生。中国传统植物学研究也曾关注花、叶、果实落地腐烂并继而为土壤提供养分这一现象，如古诗中就有相关描述："落红不是无情物，化作春泥更护花"；然而却并未关注产生这一现象的起源与机理，更未曾探究过其化学成因。《植物学》中的这段引文，初步解释了植物花、叶、果实腐烂的基本原理和过程，其中部分表达虽与当代生物学研究成果略有出入，如"炭"应为"碳"，"养气"应为"氧气"，"轻气"应为"氢气"，但却从化学研究的角度对植物腐烂这一现象进行了阐释，具备一定的说理性特征。

四、光合作用与呼吸作用

《植物学》在卷四中虽未创译提出"光合作用"这一专有名词术语，但却较为专业地介绍了植物光合作用的基本要理，描述了光合作用这一现象的基本特征。为增进初涉西方近代植物学知识的晚清读者对于光合作用现象的理解，李善兰等译者首先介绍了二氧化碳，即译著中的所提到的"炭气"②：凡动物之呼吸，火之焚物，恒出炭（碳）气。炭（碳）气者，六分炭（碳）质，十六分养（氧）气，相合而成，炭（碳）气积多则不利动物①。这段引文较为清晰地描绘了二氧化碳的两个基本特质：动物呼吸及燃烧的产生物，在化学组成上氧气含量为碳气含量的两倍等，即与当代化学中对二氧化碳关于化学成分的界定相一致：一个二氧化碳分子是由两个氧分子与一个碳原子通过共价键构成。而引文中关于"炭（碳）气积多则不利动物"

---

① 李善兰，韦廉臣，艾约瑟.植物学［M］.上海：墨海书馆（清），1858.
② 笔者认为，"炭"应为"碳"。

的说法则指明了二氧化碳不利于动物呼吸作用的进行，为拓展性的知识介绍。

立足于对二氧化碳知识的介绍，《植物学》接着描述了植物光合作用的机理：

> 叶如动物之肺，能吸炭（碳）气中之炭（碳）质以成木质。炭（碳）气遇叶，叶即尽吸其炭（碳）质，独剩养（氧）气，散于空中，以利动物。此须日光助之方能，故叶之吸收炭（碳）质，恒在昼不在夜也[①]。

关于光合作用机理的描述为：植物叶在可见光的照射下，利用光合色素，将二氧化碳和水转化为有机物，并释放出氧气（或氢气）的过程。这段引文中的描述基本囊括了当代科学中光合作用的要义。引文首先指明了植物依靠叶的光合作用合成"木质"，从而实现生长发育。接着指出在光合作用过程中，叶吸收炭（碳）气（即二氧化碳）而释放出养（氧）气，最后则指出日光是光合作用发生的重要前提，因而光合作用的发生时间是在日间而非夜晚，涵盖了光合作用发生的关键因素：光、绿色植物、氧气与二氧化碳。

在介绍了光合作用后，《植物学》中继续描述了光合作用的相反过程——呼吸作用的基本原理：动物恒需养（氧）气以益体，每一呼吸，收养（氧）气而出炭（碳）气[①]。呼吸作用的基本原理为，生物体内的有机物经过氧化分解，最终产生二氧化碳或其他产物，并且释放出总能量的总过程。上段引文中提出，动物的肺是吸收氧气的主要器官，即呼吸作用的主要发生器官。在本段引文中，译者首先指出氧气是呼吸作用的主要参与因素，并得出结论：呼吸作用的最终结果是产生炭（碳）气，即二氧化碳，囊括了呼吸作用的全部关键性要素。

五、其他植物生理学原理知识——渗透作用

在《植物学》前几卷关于植物各外体器官的介绍中，为强化读者对于植物外体器官生理功能的理解，译著也介绍了部分科学原理，进一步对所引介的植物生理学知识进行了阐释。在这些科学原理中，最具代表性的当属渗透作用的介绍。

同关于"光合作用"知识的介绍一样，《植物学》中同样未创译出"渗透作用"这一术语名词或其他类似表达方式。译著对渗透作用这一科学原理的介绍主要体现在卷三与植物外体器官干有关的内容中。在卷三中，译者首先阐述了植物干的生长主要依靠根的吸收作用及叶的光合作用，进而以设问的形式引发读者的思考："问土汁何以能上升"[①]，随后则借用渗透作用的基本原理对之进行阐释："凡二流

---

① 李善兰，韦廉臣，艾约瑟.植物学［M］.上海：墨海书馆（清），1858.

质，一厚一薄，厚质居胞囊内，与薄质遇，则厚质必沁出胞囊，薄质必沁入胞囊。但沁出缓而沁入速。干中有诸细长管，管中皆有胞囊，囊中皆有厚流质，故土汁上升速也"[1]。引文中所提及的"厚质"与"薄质"分别指的是高浓度的溶液与低浓度的溶液，而引文中的胞囊则起到了半透膜的作用（指的是液态溶剂分子可以通过，而固态溶质分子则无法通过）。因此，本处引文中的论述涵盖了渗透作用发生的两个必要条件：半透膜及半透膜两侧不同物质溶液的浓度差。

近代西方植物学研究对渗透作用这一原理的界定为：不同浓度的两种溶液中间隔以半透膜，水分子或其他溶剂分子从低浓度的溶液向高浓度溶液中移动的现象，也可指水分子从水势高的一方，向水势低的一方移动的现象。引文灵活取用该原理的核心内涵，并合理将之融入根从吸收土壤中吸收营养元素从而促进干的生长这一情境之中，以较为直观方式向对此尚未开展研究的晚清读者清晰阐述了土壤中的营养元素是如何实现由低处到高处的移动，进而使读者对干的生长原理产生了更为深入地理解，并向晚清科学界初步描述了渗透作用的基本原理。

为使论述更具说服力及更为形象化，译者在此处进一步介绍了渗透系统的实验机理及实验过程，即导管实验的基本原理，并配以图片（图5-1）："试取一玻璃管，其下紧缚一胞囊，囊中贮以糖汁，浸入水中，水必渐升，至满管而溢，此其证也"[1]。在《植物学》所介绍的渗透系统中，实验设计虽较当代植物学研究而言略为简单，但将该实验的基本原理交代清楚。在本设计中，玻璃管中的糖汁与外面容器中的水构成溶液浓度差，胞囊充当半透膜，实验结果即为容器中的水流向玻璃管，致使玻璃管中的水平面上升。然而本论证不足之处在于，实验最终结果并非"满管而溢"，而是液面上升到一定程度后，即不再继续上升，保持不动。这主要是由于，在渗透系统中，尽管在外观上是容器中的水流向玻璃管，但实际上则是，随着容器中的清水流入玻璃管，玻璃

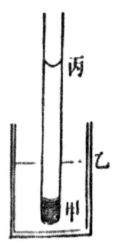

图 5-1 《植物学》中渗透系统实验图（引自李善兰等：《植物学》）

管内液面上升，静水压也逐渐增高，从而压迫水分从玻璃管也向容器中流动，即水分子的流动是双向的行为。实验中，玻璃管内的静水压越高，水分从玻璃管内向外面容器中移动的速度也就越快，胞囊（半透膜）内外水分的进出速度也就越来越接近，因此，当水分进出速度相等时，即发生动态平衡，玻璃管中的液面不再上升。

《植物学》中所介绍的科学原理追本溯源，既有助于读者更好地理解译著中所引介的植物学基础知识，也有助于读者举一反三，进一步推动个人科学意识的提升，

① 李善兰，韦廉臣，艾约瑟. 植物学［M］. 上海：墨海书馆（清），1858.

从而有利于研究工作的可持续性开展。

第三节　植物生态知识

《植物学》中所介绍的植物生态知识主要指与植物生长种植的相关知识，以及关于植物生态学研究中的相关科学概念与科学现象的阐释。值得一提的是，在介绍这些内容的过程中，译者运用植物生理学的相关理论内涵对之加以阐释，进一步加强了译著中所引介的植物生态学知识的科学说服力。

一、植物种植知识及植物生长的区域性特征

在介绍植物体器官特质及功用的过程中，译者也顺带提及了植物种植的相关知识及植物生长的区域性特征。这些知识的介绍有理有据，较具说服力，既对某些传统植物学研究与实践中的经验性做法做出了更具科学性的诠释，也初步呈现了相关研究内容的要义，为后续研究的深入开展打下了基础。

（一）植物种植的知识

在卷三中关于植物外体器官根的相关知识的表述中，译者同时介绍了根管吸食的季节性特征："根管春夏吸食，秋冬则否"[①]，也就是说，根管在春夏两季吸收"土汁"，"土汁"即指代植物体得以生存的营养元素，秋冬季节则停止。因而，"移植花木，宜秋冬二时也"[①]，即移栽植物的最佳时间应为秋季和冬季。

另外，卷三中也指出了树木种植宜疏不宜密以及种植过密的三个害处："凡种树宜疏，疏则茂，密则有三害：根管交错，土汁吸尽，土瘠而树凋弱，一也；根弱，持干不固，经风易倒，二也；枝叶叠接，日光亏蔽，木质难成，虽成不坚致，三也"[①]。这一段十分清楚地交代了树木种植过密的三大害处，且点明了三害之间层层递进的关系，"树凋弱"而"持干不固"，"经风易倒"而"木质难成"。同时，译者在此处也解释了造成三害的主要原因和机理：根管交错，土地营养不够，因此造成土地贫瘠树木不生长；根生长不好，则会影响营养输送，因此干也不牢；枝叶重叠，影响日光照射，从而造成木质不佳。

在介绍上述知识的基础上，译者继续以实例说明树木种植为何"宜疏不宜密"："试验密林。四周之木茂，中间之木必细长而凋弱，得日光少故也"[①]，即以密集种植的树林作为观察对象，会发现种植在四周的树木较为茂盛，而生长在中间的树木

[①] 李善兰，韦廉臣，艾约瑟.植物学［M］.上海：墨海书馆（清），1858.

一般均较为细长羸弱，就是因为生长在中间的树木吸收阳光较少的缘故。这句话既是对上文树木种植"宜疏不宜密"的直观阐述，也指出了日光对于植物生长的重要性，与译著中关于光合作用原理的介绍相得益彰，前后呼应。

树木种植过密不仅无益于树木的成材，也对生长于树木中间的其他植物的生长有所阻碍。译者在卷四中介绍过叶的蒸腾作用后进一步指出："故密林之中木俱瘠，草亦然"[①]。进一步指出了树木种植过密的不足之处，甚至造成"生长在周围的草也会凋零不茂盛"。这些知识的阐释主要目的在于说明，植物种植间距的合理性是保障植物吸收阳光，正常生长的根本所在。译著所描述的事实有理有据，与译著中其他关于植物生理学的介绍相辅相成，从而加强了这些知识的科学说服力。

《植物学》将传统植物学或日常生活中的常见现象放置于所重点介绍的科学理论框架之下，既有关于科学理论概念性的描述，也为生活常见现象提供了科学性地阐释，进一步实现了译文的"本土化"。

（二）植物生长的区域性特征

卷三关于植物外体"干"的功用的介绍中有一部分内容是关于"皮"的知识，文中指出"膜与外皮之功用（同），所以护内皮与木，不令风日燥之也"[①]，并进一步指出热带植物的外皮较之温带植物要厚上许多："故热带内少雨，植物之外皮甚厚；温带多雨露，则薄"[①]。本句引文中明确指出热带少雨的地理特征及温带湿润的地理特征是造成两个区域植物外皮厚度不同的根本原因。

卷四（论外体：叶）结尾处，李善兰等译者介绍了"叶上之口"（即气孔）的相关知识："凡叶上口大者，发散流质易，故易干；口小者，发散难，故难干"[①]，并指明，正是有鉴于此，"暑地"植物叶不易干："暑地叶上之口恒小，故虽天日酷烈，叶不干；且叶之边坚而厚，或多毛，故尤不易干也"[①]。本句引文中也描述了长于"暑地"的植物叶的另一特征：叶的边缘或坚硬且厚，或多毛。需要指出的是，此处的"暑地"应泛指赤道周围的热带地区。

随后，译者进一步通过描述生长于"暑地"与"寒地"植物叶的不同表征强调地理区域对于植物生长特性的影响："叶恒视地及人畜所宜而异。酷暑之地，也多大而密，人畜可就凉。寒冷之地，叶俱小而疏，故风大木不折"[①]。这句话十分清楚地交代了酷暑之地植物叶与寒冷之地植物叶在大小及功用上的区别，指出其各自特征恰能满足所处之区域生长条件的要求，强调植物生长"因地制宜"。此外，本处引文所体现的核心理念也与达尔文的"适者生存，优胜劣汰"的进化论思想有相重合之处。随后，译者通过列举南方植物不可移栽于北地的实例，进一步说明了寒暑地植物换地而生因有悖于其各自区域特征而无法异地存活的现象："寒地其（叶）苦

① 李善兰，韦廉臣，艾约瑟. 植物学［M］. 上海：墨海书馆（清），1858.

甚缓，有谨慎之意，故无冻死者。试移南方草木植于北地，偶遇晴和，叶即大苗，骤变阴寒，必尽冻死，无一生者"①。

在《植物学》汉译发生之前，《植物名实图考》《本草纲目》等植物学典籍中已有关于"一方水土养育一方植物"理念的陈述；在此基础上，《植物学》进一步将植物区域性生长特征的描述拓宽至世界范围，从而丰富了晚清植物学界的研究素材，拓宽了植物学研究者的视野。

二、植物生态学相关科学概念的阐述

（一）"食物链"的概念

《植物学》中也描述了"食物链"的相关理念：动物食植物，亦相互食，植物食石中之元质，故三者互相资赖焉①。"元质"即为"蛋白质"。上面引文指出，动物以植物为食，动植物也可以互相为食，植物的生长主要依靠土壤中的蛋白质；引文用寥寥数字，清楚地解析了自然界中生物赖以生存的食物链关系，是中国较早地关于植物生态系统及其中生态因子之间关系的介绍。

图 5-2 《植物学》中年轮图（引自李善兰等：《植物学》）

（二）年轮的相关知识

卷三在介绍植物外体器官"干"的相关知识的同时，也阐述了年轮的概念。译文中虽未就此创译出"年轮"这一专门的术语名称，但译者依然清晰形象地将这一概念表达出来："断木验其层数，能知木生之年数也"①，正是由于外长类植物以年为单位增长"一层"，此处的"层"呈现在树木干上即为"圈"，因此，树木有几层即为已经生长了几年；书中也配以外长类树木的横截面的图片，更为直观地说明了层数即象征着树木生长的年数。

三、《植物学》中对西方植物物种的介绍

《植物学》中对生长于异域的植物物种也做了一定介绍，是《植物学》对于晚清植物学发展的又一大贡献。根据本书作者统计，《植物学》中共引介了仙桃草、冬虫夏草、金银花、珊瑚、海特、阿低泥亚、紫薇花、含羞草、阿非立加、榕树，寄

① 李善兰，韦廉臣，艾约瑟.植物学［M］.上海：墨海书馆（清），1858.

生类植物（维多利亚、石仙桃、鹤子草）、仙人掌、金鸡哪树、蒲公英、肉桂、椰子树、食蝇草、蔷薇、豆花（背风特征）等18种（类）生物。

　　《植物学》汉译发生之前，受限于清代闭关锁国政策的影响，晚清植物学界对这些物种的认知十分有限。这些物种大部分来自西方，由于地理、交通及中西方交流的局限性等因素所限，这些植物多为晚清植物学界所未知，特别是关于这些植物的特殊外形及生长特点，更是知之甚少。虽然《植物学》中这些域外植物名称的表述与当代植物学有不同之处，但不可否认，《植物学》中对于这些域外植物物种与生物物种及对其相关知识的介绍①，增加了国人对于外来生物物种的了解，从某种程度上也推动了晚清植物学的整体发展。

第四节　其他科学知识

　　除介绍了大量西方近代植物学知识外，《植物学》中也包含其他西方近代科学知识。译著中包含与近代生物学有关的知识内容，如动植物的区别；也包含真菌知识及与生物化学、生物物理学有关的知识；此外，李善兰等译者更通过《植物学》一书的辑译，就部分西方动物物种和特殊种类的植物物种及其相关生理特性等进行了介绍，在某种程度上也推动了中西方生物物种的交流，丰富了晚清植物学的研究素材，进一步彰显了《植物学》的科学价值②。

一、动植物的区别及特殊种类动植物的介绍

　　长久以来，国人对于动植物之间区别的研究多局限在对两个物种外形及生命特征比较方面；但《植物学》卷一中却从形态学、生理学等视角出发，对动物与植物进行更深层次的对比，相关论述较为详细具体，有理有据，并在论证中涉及了部分特殊植物的特征描述。《植物学》将动物与植物的区别归纳为以下六方面：

　　（一）动物恒能行动，而亦有不能行动者③。即具有运动的能力是动物与植物第一个不同之处。植物的生长之处较为固定，而动物则可四处移动。上面引文中也指出了动物中也有"不能行动者"，同时，后文中也给出了不能行动的动物的两个例子：生长于淡水中的海特与生长于咸水中的阿低泥亚。

　　根据本书作者考证，译著中的"海特"应当为当代的"水螅"，依据主要为：一

---

① 关于《植物学》中所引介的生物物种及其相关知识的介绍，详见本章第四节中的相关介绍。
② 汪子春.中国传播近代植物学知识的第一部译著《植物学》[J].自然科学史研究，1984（1）：90-96.
③ 李善兰，韦廉臣，艾约瑟.植物学[M].上海：墨海书馆（清），1858.

是根据《植物学》原文中的解读。"海特，生淡水中近草处。口之四周生长足，于水中捞摸食物。偶有小虫触其一足，诸足即群聚，擒而送入口中"①，而当代文献对于水螅的生长特性的描述则为：腔肠动物，身体圆筒形，口周围有触手，是捕食的工具，附着在池沼、水沟中的水草或枯叶上。由此可见《植物学》中的描述与水螅的特征相一致。二是根据水螅的英文表达。水螅对应的英文单词为：hydra，"海特"这一名词表达符合其音译特征。

至于"阿低泥亚"，本书作者认为，应当为章鱼属动物。《植物学》中对于"阿低泥亚"并未多作介绍，有限的信息包括"阿低泥亚生于咸水、有多个长足且能攫取食物"等，符合章鱼属动物的特征；因此，本书作者推测，"阿低泥亚"应当为章鱼属动物。但本结论也有不确切之处：章鱼属动物虽可吸附其他动物或物体等之上移动，但自身并非完全不能移动；《植物学》译文中却说明"阿低泥亚"不能移动，因此本书中的说法尚有待商榷。

《植物学》中同时指出，植物中也并非所有的植物都是"不能行动"，并举例进加以佐证：

> 植物恒不动，而亦有能动者。有草生于水底，作花时能自浮出。又冬虫夏草，当春夏时，草也；秋后草枯，根变为虫，深入土中。又有草，俗名仙桃草，春夏之交，结实大如桐子，其壳状若桃，剖之中无子，有一虫。实初结，其虫无翅足而尾连于壳。芒种后，翅足俱全，破壳飞去，秋后钻入土中，至春其尾生苗，而虫变为根。江南野中处处有之，则合动植为一体①。

在这段关于能自行移动植物介绍的引文中，译者共列举了"睡莲""冬虫夏草"与"仙桃草"等三个例子。其中对于"睡莲"的介绍，《植物学》中并未直接提出其名称，而通过引文中对其生长特性的描述，本书作者推测其为睡莲。而对于"冬虫夏草"与"仙桃草"，引文中对两者的基本特性及生长原理做了介绍，为国人进一步认识到两者的药理作用奠定了理论基础。

《植物学》中所介绍的上述几种植物虽并非全部来自西方国家，但受限于彼时信息流通的闭塞性及特定植物的区属特性，晚清植物学研究者对部分植物的认知，尤其对于某些植物的特殊属性，尚存在一定的局限性。因此，《植物学》中对于这些特殊物种及其相关知识的引介，有助于打破晚清植物学界消息闭塞性的局限。

（二）植物任取一枝插土中，即能生；动物则必胎卵而生，生不能分身也①。此处引文粗略将动物与植物的繁衍方式进行了比较。有些植物可以通过扦插的方

---

① 李善兰，韦廉臣，艾约瑟.植物学［M］.上海：墨海书馆（清），1858.

式进行繁殖出新株，而动物则必须通过胚胎发育。引文中也提到了动物"生不能分身"，即动物出生后就不能拆分，拆之则不能生。但随后，译者即以珊瑚与海特作为反例，用以说明特殊种类的动物同样具有植物的特征。

　　珊瑚系无数细虫合成，任折一枝插海底，折断之虫据能补全而生。又海特，断其足能复生，碎其体为数十分，即一分变成一全体，或取二虫相合，即拼为一而有二口，或翻其胃，即以内为外，以外为内，仍不死，则亦如植物矣[①]。

　　李善兰等译者上述引文中的论述全面且严谨，并非以偏概全。珊瑚及海特本为动物，但却具有植物的特性，即如果将其折断，其不仅能够继续存活，且能产生新的生命体。

　　（三）植物无胃，而有一种树，叶生二物，若蛤壳，自能闭合。飞虫集其内，即合而消化之，则亦似胃矣[②]。在普遍性的认知中，动物有消化器官，因而具有消化的能力，而植物则没有；然而，此处引文中却以实例说明，植物中也有具备消化能力的特殊例子，即前文中所提及的维多利亚捕蝇牢（维纳斯捕蝇草）[②]。

　　（四）植物无论枝、干、果、叶，内皆有浆；动物体内则无浆而有脂。此是动植二物之绝不相同者。遇动植难分之物，以此别之[②]。引文中的浆为"汁液"，脂为"油脂"，李善兰等译者认为，动植物最本质的区别在于两者"体内之液"的不同，且在没有别的办法区分动植物时，检验"体内之液"是可以采取的最佳手段。因此，此处引文中的知识引介的是区分动植物的一种较为简单、有效的方法。

　　（五）植物之根在土中吸土汁，叶在气中吸炭（碳）质，以养身。所吸者流质或轻流质而已，不及定质。动物并食定质，此其相异焉。引文中的"流质"为液体，"定质"为固体[②]。译者在此处以植物与动物攫取营养的来源的质态来对两者进行区分。引文中指出植物无法以固体为食，而动物则既可以食用固体也可以食用液体，这也是动物与植物的重要区别之一。

　　（六）动物知痛痒，植物不知痛痒。然紫薇花含羞草之类，骚之即动，触之即缩，则亦知痛痒矣[②]。引文中的表述较为通俗，知与不知痛痒即意味着是否具有感觉神经系统。也就是说，动物拥有感觉神经而植物则没有。但凡事皆有例外，植物中的特殊种类则为紫薇花与含羞草。

　　对于含羞草"知痛痒"的特性，《植物学》在卷四中进行了较为详细地介绍："又有叶能自动者，如怕羞草之类。轻触之则叶敛，重触之则茎垂，良久徐徐自起而舒。至夜亦叶敛而茎垂，晨则自起而舒也"[②]。引文中描述了含羞草叶受到触碰后

---

① 李善兰，韦廉臣，艾约瑟. 植物学［M］. 上海：墨海书馆（清），1858.
② 详见本书第四章第二节第三部分。

及入夜后能自行卷起的特性，《植物学》中的描述较为形象细致，为中国植物学界最早关于含羞草性质的记载。

《植物学》在介绍动植物区别的同时，也引介了多种具有动物特性的特殊植物，如：睡莲、冬虫夏草、仙桃草、维多利亚捕蝇牢（维纳斯捕蝇草）、紫薇花及含羞草，将这些物种的名称及相关知识引介至晚清植物学界，译文内容较为详细，读后即可令读者对这些植物的特性有所了解，增加了国人对这些植物的认知。

二、《植物学》中所引介的真菌知识

《植物学》中所介绍的真菌知识主要指的是真菌类植物的相关内容，虽然在《植物学》中并没有进行的总结，且"这部分内容不多，但在中国近代真菌学发展史上，也无疑具有十分重要的启蒙作用"[①]。

《植物学》中有两处提到了真菌类植物，第一处为："通长类以聚胞体为之，有因聚胞体渐大而增大者；有如花若干出聚胞体居中若心，四面生诸长条若花瓣者，凡蕈、木耳、蔴菇（蘑菇）等皆归此类[②]"；第二处为："通长之部分为三：一、地衣类，一、蕈类，一、海带类[②]"。两处引文中均提到了蕈类植物，而"蕈"这一植物指的是本身为高等菌类，生长在树林里或草地上，伞状，种类很多，有的可食，有的有毒。因此，译文中的蕈类即为真菌类植物。引文中说明了蕈类植物属于通长类植物，即低等植物；同时第一处引文也说明了蕈类植物具备通长类（低等）植物的特点，其中聚胞体指薄壁组织，"四面生诸长条"指的是营养体呈丝状。当然，较之当代植物学研究，此处引文对于真菌类植物特点的总结尚不够全面，如真菌类生物具有真正的细胞壁和细胞核，但不具有叶绿素和其他光合色素。

受限于19世纪真菌学的发展水平及其在植物学研究中整体所占比重等因素，《植物学》中所引介的真菌知识篇幅较短且部分表述存在不足或片面性的特点，但却不可否认，《植物学》中所涉猎的真菌学知识属于中国在相关领域中起步较早的研究，是中国近代真菌学研究与发展萌芽，所产生的影响力和科学价值同样不可忽视。

三、与生物化学、生物物理学有关的知识

除本书前文所述与植物内外体器官直接相关的植物学知识以外，《植物学》中也论及了与内外体器官知识相关的部分内容要点，如花香和叶片颜色变化方面的知识。这些知识科学地阐释了与植物体有关的科学现象，甚至部分内涵已然超出植物

---

① 芦笛. 对晚清《植物学》一书中真菌学知识的考察［J］. 中国真菌学杂志，2013，8（6）：366-368.
② 李善兰，韦廉臣，艾约瑟. 植物学［M］. 上海：墨海书馆（清），1858.

学乃至生物学的范畴，与化学、物理学中的知识与科学现象有一定的关联。尽管运用当代科学标准进行评判，《植物学》中对这些知识的解读虽不够透彻深入，但却不失其新颖性，未影响《植物学》科学影响力的发挥。

（一）花香的知识

卷五中在关于植物瓣的介绍中，也提及了花香的相关知识：

> "花香亦从瓣出，其源委未能测定。大率颜色不丽者则香气亦不佳，各色与各香似有配合之理，缁色者恒臭。香亦爱光，近赤道日光燥烈之地，花之香气亦浓；迤北日光渐少，花香亦渐微，间有花相反者。夜则有香，昼则无香，然绝少也"[①]。

这段引文中简单介绍了花香的来源，即"从瓣中出"，但也说明"源委未能测定"。之所以"源委未能测定"，主要由于彼时国人尚未接触过"芳香族化合物"这一名词，对花香的认识还停留在单纯的人为感知方面，因而译者或有意或无意进行了回避。引文后半部分内容关于花香常识的总结比较全面，首先指出花香与花色可以相互配合；继而指出大多数花所释放出的花香有爱光的属性，日照强烈之地的花香较为浓烈，日照越少，花香越弱。引文最后描绘了只有少数植物才具备的特性，即夜晚有香，白日无香。较之传统植物学研究中的知识依靠感官探知花香的研究经验，这些知识无疑较为新颖。

（二）叶片颜色变化的知识

《植物学》卷二中有一段描述了专门阐述了叶片的颜色随着季节的变化而变化："又有一物，日光照之即呈色。夏则呈绿，故叶亦绿；秋则或黄或红，故叶亦或黄或红"[①]。引文描述了叶子的颜色会随着季节的变化而变化，且这种变化主要受到一种物质的影响，只是引文中并没有指明这种物质的具体名称，更未对个中原理深入解读；同时，从当代植物学研究的视角进行评判，此处引文中的描述甚至存在不足之处。根据当代植物学的研究成果，叶片颜色的生物变化，主要受到叶绿体中的叶绿素、类胡萝卜素和花青素的影响。

叶绿素主要在春季和夏季发挥作用，因此，叶片在春夏两季主要呈现出绿色。在此过程中，较高的气温和阳光能够有效促进植物叶中叶绿素的生成。而到了秋季，气温转凉，日照时间缩短，植物叶中的叶绿素开始减少，因此，叶绿体中的类胡萝卜素和花青素开始主导叶片或变黄或变红，变黄是受到类胡萝卜素的影响，变红是

---

① 李善兰，韦廉臣，艾约瑟.植物学［M］.上海：墨海书馆（清），1858.

受到花青素的影响。综上所述，引文中的"又有一物"并非"一物"，而是"三物"：叶绿素、类胡萝卜素和花青素。同时，还有许多其他因素也有助于改变叶片的颜色。温度、湿度、pH甚至土壤条件都已被证明会影响叶子的色调。《植物学》中对叶片颜色变化的介绍虽浅尝辄止，但研究出发点却与近代植物学研究较为相近，可见其先进性。

（三）标本的制作方法

《植物学》卷七中在介绍察理五部的分类方法时，也论及了植物花叶标本的制作方法及用途：

> 花叶既经考察后，勿轻弃，当收藏之。法夹以粗纸，而以重物压之。其纸每日一易，仍压之。待干，或洒药水或糁药末于上，令不蛀。乃粘于精纸，而详记其名，及所生之地，并标何类何部何门何种于旁，以备冬日分类部时覆校。覆校既毕，依类部分贴于大册中，而藏之。后日欲再考，可检册查之。若欲再观鲜艳之状，但以热水浸之，即复初形也①。

引文详细阐释了将植物花叶制成标本的方法，其中虽并未明确提出"标本"这一概念，但却清楚描述了植物标本的制作方法和过程。《植物学》中所介绍的标本制作方法简单易完成，且能够产生较好的效果。这种方法流传至今，当代依然有人采用此方法进行标本制作。这段引文也说明了标本的用途，即标本可应用于需要反复考据的植物学研究工作中，可成为更为直观、保存更为长久的观察对象。最为重要的是，引文中指出如需再现标本的鲜艳色彩，则以热水浸泡即可回复如初。这些知识既具备科学指导性，也具有一定的趣味性，易于被读者所接受。

第五节　小　结

《植物学》中所引介的西方近代植物学知识引领晚清植物学研究突破中国传统植物学研究的束缚①，并推动晚清植物学研究逐步向近代植物学研究过渡②。立足于当代植物学研究的能力与水平，《植物学》中所介绍的部分知识内容无疑较为浅

---

① 孙雁冰. 晚清（1840—1912）来华传教士植物学译著及其植物学术语研究［J］. 山东科技大学学报（社会科学版），2019，21（6）：33-38.
② 孙雁冰. 传统植物学向近代植物学的过渡：《植物名实图考》与《植物学》的对比［J］. 出版广角，2019（20）：94-96.

显，甚至存在失误之处；特别在针对植物学以外学科的术语表达方面，精确性与准确度方面均尚存一定的差距。此外，书中多次利用自然神学①的观点来强化其所引介内容的说服力，并未就相关知识开展深入解析，进一步引介其他科学理论进行阐释说明，令当代科学研究者产生"浅尝辄止"的感觉。但瑕不掩瑜，《植物学》的科学性与全面性不可否认，其所介绍的知识内容涵盖植物学研究领域中多方面的知识信息内容，包括植物形态学、植物解剖学、植物系统与演化知识、植物生理学及植物生态学等植物学多个领域的知识，也拓展性地引介了部分引申学科领域的知识，更在译文中传达了西方近代科学研究中的先进理念与方法论，这种科学研究理念指的是在研究过程中应当追求本质，强调研究者在开展科学研究的过程中应当追本溯源，有理有据；而并非依靠经验主义和主观臆想。因此，《植物学》被认为是中国植物学发展史上的转折之作，其汉译象征了晚清植物学研究自此进入了新阶段；而从翻译目的论的视角分析，译著《植物学》兼具开启民智与传播西方近代科学知识的双重作用，较好地实现了其汉译的根本目的。

---

① 关于《植物学》中自然神学思想，作者会在本书第八章第二节中作详细解读，此后同。

第六章 《植物学》与中国近代植物学发展

由于《植物学》的汉译象征了中国传统植物学研究向近代植物学的过渡，因此，《植物学》汉译完成的时间——1858年可作为中国植物史上的时间分界线，即传统意义与近代意义研究阶段的分水岭。本章在对中国传统植物学的发展历程进行系统梳理的基础上，将《植物学》与中国传统植物学的代表作《植物名实图考》就所传播的植物学知识内容等进行对比，进一步提炼《植物学》的近代科学研究属性[①]；而在《植物学》汉译发生后，成书于1858—1900年间的各类植物学文献中，西方来华传教士的植物学译著产生的影响更大，代表性译著文献包括傅兰雅的《植物图说》《植物须知》与《论植物》与艾约瑟的《植物学启蒙》等。本章从植物学术语创译与规范性发展衍化的视角出发，将《植物学》与傅兰雅《植物图说》进行对比，提炼《植物学》中术语翻译的优势与先进之处，并论证、分析《植物学》对其汉译发生后的植物学著、译作的影响。通过对清末民初中国植物学研究的发展情况进行梳理，将《植物学》与代表性植物学著作、教科书进行对比，客观呈现《植物学》在推动晚清植物学研究向近代意义研究过渡方面发挥出的作用，最终目的在于进一步阐释《植物学》在中国植物学发展史上的价值和地位。

第一节 传统植物学向近代植物学过渡的标志

《植物名实图考》成书于1847年，刊印出版于1848年，约早于《植物学》10年问世。分别作为传统植物学研究的巅峰之作与中国近代植物学研究的肇始之作，《植物名实图考》与《植物学》象征了中国植物学研究发展的两个不同阶段[①]。将两者从研究内容、研究性质及研究理念等方面进行对比，可进一步挖掘《植物学》的近代研究特性，也能够为论证《植物学》在推动中国传统植物学向近代植物学发生发展过程中所发挥出的过渡作用，提供理论依据。

---

① 孙雁冰. 传统植物学向近代植物学的过渡：《植物名实图考》与《植物学》的对比［J］. 出版广角，2019（20）：94—96.

一、吴其濬与《植物名实图考》

吴其濬(1789—1847)，字瀹斋，号吉兰，别号雩娄农，清代河南固始人。吴其濬学贯古今，治学态度严谨；秉承真理来源于实践的科学态度，他潜心研究植物学及药物学，并取得一定的成就。此外，他还曾在科举考试中中过状元，担任过的官职包括翰林院修撰、礼部尚书、侍郎、巡抚、总督等。也正是因为丰富的任职经历，吴其濬也有"宦迹半天下"之称。在任职期间，他的足迹曾遍布全国多个省市地区。在此过程中，吴其濬专心对当地的植物进行实地考察，精心采集、保存、记录并绘图记录植物的形态特征；同时，他也能够放下官宦士大夫的架子，虚心向底层劳动群众请教。无论吴其濬的治学态度、学术经历，还是其生活、工作经历，均使得吴氏的植物学及药物学研究工作更具实践性；并为《植物名实图考》的撰写及其科学特色的发挥奠定了必备基础。

吴其濬的植物学研究工作与中国传统植物学研究的总体思路相一致，其植物学研究也主要从开展植物的实用性（主要指可食用性与药用性）研究的视角出发，研究方法具有明显的经验主义特征，主要采取观察法或深入民间向当地农民、樵夫及有经验的园丁等人员进行访谈实录。

吴其濬在开展植物学研究工作过程中，非常勤奋，"经常走入田间、山野甚至深山老林观察和采集植物标本、种子，描画植物的形态，品尝植物的滋味，试验植物的性能"[1]，同时也开展了较具科学性的实录工作，在实际研究过程中，重视观察与记录并重，因此，吴其濬的《植物名实图考》等植物学研究成果具备丰富的科学说服力，为彼时植物本草学的开展及后来学界对传统植物学的考证提供了重要的参照依据。据统计，"单是1840年他江西的植物调查活动中就采得植物400种，创下了中国古代最大的区域性植物采集的记录"[2]。相较于其他传统植物学研究者，吴其濬的优势还在于其"宦迹半天下"的经历，这样的经历使得他有机会亲自赶赴各地，实地比照、勘验各种各类植物，从而获取全国各地、各种类植物的第一手信息，在生活实际中积累了丰富的第一手研究素材，相关研究具备一定的系统性，从而为《植物名实图考》的编撰及其科学影响力的发挥奠定了基础。

《植物名实图考》为吴其濬的心血之作，是吴氏在实地考勘与观察的基础上，择选编辑而成的一部以介绍植物本草学知识为主的植物学著作，书稿图文并茂，包含丰富的科学知识。该书成稿于1847年，但同年吴其濬不幸离世，因此，《植物名实图考》未于当年出版，次年经吴其濬继任者陆应谷（山西巡抚）刊刻，该书最终得以问世并流传至今。

---

① 张灵.简论吴其濬的《植物名实图考》[J].中国文化研究，2009（3）：45-52.
② 河南省科学技术协会.吴其濬研究［M］.郑州：中州古籍出版社，1991.

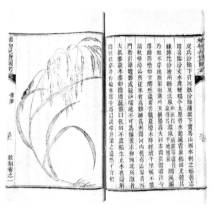

图 6-1 《植物名实图考》

《植物名实图考》包含了大量的植物本草学研究的知识内容，为中国传统植物学的巅峰之作。《植物名实图考》共38卷，其中共收录植物1714种，包括12种类型：52种谷类、176种蔬类、201种山草、284种隰草、98种石草、37种水草、235种蔓草、71种芳草、44种毒草、142种群芳、102种果类、272种木类。书中收录的植物种类较为全面，知识内容较为丰富，堪称中国传统植物学研究的巅峰之作，与其他较具代表性的传统植物学著作相比，"《植物名实图考》比《南方草木状》多1634种，比《救荒本草》多1300种，比《本草纲目》植物多519种。为植物学史上收载植物种类最多的著作"①，且书中所介绍的植物地理分布范围更加广泛，覆盖全国大部分省市和地区，对于区域植物的考察更为详细具体。

在内容上，《植物名实图考》中详细描述了所考察植物的形态、颜色、性状、味道、用途及生长地区等，同时也附录了白描图，其目的在于使书中的文字描述更为形象化，为读者充分了解所录植物的信息提供了进一步的参考依据。在研究侧重点上，《植物名实图考》中对植物的介绍更为强调植物的药用价值以及植物名称的考订，尤其重视对于同物异名或同名异物的植物的考订。

针对其他各类植物学文献中已记载考证过的植物，吴其濬在表述中均注明其出处及该植物所属的品第（注：植物品第之说出自《神农本草经》及《名医别录》，即将植物分为上中下三品），如书中卷三·蔬类·葱中关于山葱的介绍："山葱，《千金方》始著录。《救荒本草》谓之鹿耳葱"②，即详细说明了山葱的首录文献出处及不同文献中对其的记载。

针对药用植物的介绍，《植物名实图考》除列明其产地、形态、性状外，也明确指明了所录植物能够治疗的病症及用法，如卷十·山草类中关于鲇鱼须的介绍："鲇鱼须生建昌。细茎如竹，有节。近根及梢皆紫色。叶聚顶巅，四周错生，如扁豆叶而团，面绿，背本白，末淡绿。赭根攒簇，细长如鱼须。土医以根治劳伤，酒煎服"②，详细说明了鲇鱼须的药用价值、使用用法及信息。

《植物名实图考》这一内容翔实的植物本草学著作，既展现了吴其濬在植物学研究方面的深厚造诣，也体现了他的学术功底。《植物名实图考》中引用了大量包括经史子集在内的古典及同时代的各类文献著作，总数量达800余部（见表6-1），对

① 河南省科学技术协会.吴其濬研究［M］.郑州：中州古籍出版社，1991.
② 吴其濬.植物学名实图考［M］.北京：商务印书馆，1957.

于植物史学研究及科技史学研究均具有一定参考价值。同时，立足于中国传统植物学已有研究成果，吴其濬升华了植物本草学研究，既完善了已有文献的不足之处，也提出了新的论据素材，丰富了中国传统植物学的研究内涵。

对于《植物名实图考》的科学价值，科学界给予了充分认可。德国人Emil Bretschneider在他所著的《中国植物学文献评论》一书（1870年出版，1935年再版）中，曾对此书（《植物名实图考》）做了很高的评价，认为其中附图，刻绘极为精审；并且说，其中最精确的，往往可赖以鉴定科或目①。《植物名实图考》对于国内外植物学研究均具有一定指导意义，"1919年，商务印书馆铅排这部著作时，西欧学者竞相购买此书。日本在明治年间也曾刊印过这部著作。日本近代植物学家在编写《日本植物图鉴》时，也参考过这本书"②。

表6-1 《植物名实图考》中的参考文献分类及名称

序号	类别	文献名称	
1	本草类	救荒本草	本草纲目
		本草拾遗	唐本草
		嘉祐本草	食物本草
		开宝本草	吴普本草
		本草衍义	本草汇编
		土宿本草	本草从新
			法象本草
		海药本草	食疗本草
		本草从新	普济本事方（本事方）
		日用本草	图经本草
		滇南本草	简易草药
		释草小记	宋图经
		神农本草经（本经）	
2	农书类	齐民要术	氾胜之书
		农书	农政全书
		四民月令	夏小正
3	地方志、游记类、地理杂记	益部方物记	黔中杂记
		荆楚岁时记	滇海虞衡志
		滇略	汉武内传
		徐霞客游记	滇黔记游
		西域闻见录	闽中记

① 吴其濬.植物学名实图考［M］.北京：商务印书馆，1957.
② 邢春如.生物科技概述（下册）［M］.沈阳：辽海出版社，2007.

续表

序号	类别	文献名称	
		西藏记	蜀都赋
		西河旧事	龙城录
		桂海虞衡志	维西闻见录
		云南记	图经
		乌丸传	湘山野录
		岭表录异	游宦纪闻
		元故宫记	太平寰宇记
		岭外代答	峒溪纤志
		粤西偶记	北户录
4	区域植物志、植物谱录、园艺类	野菜谱录	豆芽赋
		南方草木状	服胡麻赋序
		野菜赞	草花谱
		广州竹枝词	牡丹谱
		葵赋	洛阳花木记
		荔枝谱	花谱
		瓜蔬谱	图芄兰花记
		艺花谱	瓜赋
		孙公谈圃	竹实考
		群芳谱	孳经堂葵考
		蓍草薹记	萱草赞序
		草木疏	蔬疏
		竹谱	咏薯蓣
		诸葛菜赋	花史
		玉篇	九谷考
		燕山叶录	檗传
		花镜	溪蛮叶笑
		何首乌传	
5	医学与养生著作类	千金方	刘涓子鬼遗方
		药议	名医别录
		养生论	遵生八笺
		奉亲养老书	赤箭帖
		集验方	雷公炮炙论
		三指禅	易简方
		抱朴子	名医别录

续表

序号	类别	文献名称	
6	史书类	左传	宋史
		汉书	辽史
		汉书注	元史
		三国世略	路史
		史记	帝王世纪
		晋书	汉官仪
		南齐书	蓬窗日录
		清凉传	南史
		广志	
7	各类科学著作类	天工开物	梦溪笔谈
		宋史河渠志	考工记
		几暇格物篇	
8	古典及同期文献类著作类	尔雅	诗经
		山海经	广雅
		周礼	管子
		楚辞	春秋
		禹贡	古今注
		说文	别录
		淮南子	礼记
		广雅疏证	吕氏春秋
		三礼注	集韵
		仪礼	士虞礼
		列子	字林
		珍珠船	事物纪原
		诗义疏	札朴
		古今图书集成	急就篇
		青囊经（风水经书）	汉书
		易	北山移文
		颜氏家训	庚辛玉册
		唐石经	白虎通义
		霏雪录	格物总论
		采药图	毛诗正义
		坤雅	求狼毒帖
		墨庄漫录	书局一本

续表

序号	类别	文献名称	
		山堂肆考	舺腾
		东远纪程	格古要论
9	笔记、小说、人物传记类	宋氏杂部	广成颂
		墨客挥犀	兼明书
		甕牖闲评	缃素杂记
		北征录	小正
		书墁录	乌台笔补
		天禄识余	长编
		清异录	欧冶遗事
		留青日札	杜阳杂编
		酉阳杂俎	山家清供
		癸辛杂识	物类相感志
		倦游杂录	白獭髓
		东轩笔录	询刍录
		疏介夫传	子虚赋
		仙传拾遗	神仙传
		琅嬛记	续博物志
		哑泉碑	潜夫论
		曲洧旧闻	述异记
		独异志	老学庵笔记
		闻见后录	枫窗小牍
		渑水燕谈录	闽小记
		辰裕志	
10	诗词歌赋类	七发	咏蜀葵诗
		墙下葵诗	羹苋诗
		谢寄希夷陈先生服唐福山药方诗	辋川集
		糟姜诗	东坡杂记
		二老堂诗话	田园杂兴诗
		苜蓿阑干诗	韩诗
		避暑录话	文选
		次惠蕨诗	种莴苣诗序
		诗笺	谢银茄诗
		西陂类稿	南越笔记
		司马君实遗甘草杖诗	仙灵脾诗

续表

序号	类别	文献名称	
		唐钱起紫参歌序	下泉
		卖炭翁	生民疏诗
		瓠子歌	祭房太尉诗
		菝葜诗	弹蔡京疏
		璚芝仙诗	采杜若诗
		杜处士传	洛阳宫殿薄
		莲花说	咏山海棠诗
		花蕊夫人宫词	扪虱新话
		苕溪渔隐丛话	毛诗草木鸟兽虫鱼疏

二、《植物学》与《植物名实图考》中所介绍植物学知识的差异

《植物学》与《植物名实图考》均为中国植物学发展史上的重要文献，均曾产生了较大的科学影响力；两部文献在研究内容、所传递的研究理念、研究覆盖范围、学术附加值、文中配图性质及介绍的植物分类方法等多方面均存在着较大的差异，分别象征了中国植物学发展史上的两个不同阶段：《植物名实图考》代表了中国传统植物学研究的巅峰，而《植物学》则象征中国传统植物学研究正式迈入近代植物学研究阶段[①]。

（一）研究内容性质的差异

从研究内容性质上看，《植物学》的研究出发点主要从植物学研究的宏观层面出发，介绍了西方近代植物学研究中的基础性知识，也包括部分科普性常识；而《植物名实图考》则关注植物学研究的微观层面，偏重于对草木植物的名称与外形、本草学属性、食用性、药用性、功能性等进行多重考订[①]。《植物学》篇幅不长，其中以大量文字介绍了聚胞体、木体、腺体、乳路体等植物内体及根、干、枝、叶、花、果、种子等植物外体器官的基础性知识，这些知识适用于大部分植物，不具绝对指向性与针对性。换言之，《植物学》的研究内容适用范围更为广泛，可以解决基础植物学中的常见问题。而《植物名实图考》的篇幅则较长，研究切入点更加细

① 孙雁冰. 传统植物学向近代植物学的过渡：《植物名实图考》与《植物学》的对比［J］. 出版广角，2019（20）：94-96.

致，分门别类地考订了生长在中国境内几乎所有植物（截至其成书时间），并对这些植物的形态特征、功用等进行介绍与描述，堪称中国植物本草学与植物区域研究的百科全书，研究内容更为细致，极具针对性；概括而言，《植物学》关注的是晚清植物学界所未曾涉猎过的西方近代植物学基础性知识成果，而《植物名实图考》则为中国传统植物学研究的升华之作①。

（二）研究理念的差异

在针对植物形、状、特征等研究方面，与《植物名实图考》相比，《植物学》中的植物学研究内容是一次"由表及里"的跨越①。在《植物学》中，关于植物解剖学、植物生理学、植物系统与演化及植物生态学等相关知识的介绍，均依靠显微镜的观察，研究的重点与研究的视角均已跳出传统植物学研究的范畴。总体而言，《植物学》中所引介的植物学知识，覆盖的植物学学科领域更加广泛，强调探索植物的本质特征，对植物体描述的重点主要放在对植物组织器官结构的生理功能与特性等方面，而并非关注植物的外在形态或性状等；而《植物名实图考》中所介绍的植物学知识，覆盖的地位范围更加广泛，其研究工作的开展实施与研究结论的获得均为基于作者双脚丈量、双眼观察后得到的结论；对其中部分植物的功能与效用的考证甚至来源于樵夫、老农及当地居民；因此，《植物名实图考》中所陈述的植物学知识侧重于植物的"表面性"研究，开展相关研究工作并未借助于较为先进的科学仪器①。因此，《植物名实图考》传递了经验主义与实用主义主导研究全过程的研究理念，其研究结论能够进一步丰富中国传统植物学研究的内涵；而《植物学》中则传递了追求本质与实验观察的研究理念，其研究结论有助于拓展植物学研究者的视野，并助力晚清植物学研究实现突破性发展与进步。

（三）研究覆盖范围及发挥作用的差异

由于研究侧重点、研究性质及研究理念的不同，《植物学》与《植物名实图考》分别代表了中国植物学发展史上的两个不同阶段。二者在研究知识涵盖范围与对中国植物学发展的贡献方面，存在着差异之处。

《植物学》的篇幅较短，但传播出来的知识信息量却极大。其研究覆盖范围更为广泛，涉及西方近代植物学的多个领域，介绍了许多植物形态学、植物解剖学、植物系统学、植物生理学及植物生态学等多方面的知识和内容，也引介了多项有助于拓展植物学研究视野的其他科学理论性知识与常识性内容，包括动植物的基本区别、光合作用、呼吸作用、腐败的基本原理（无氧呼吸）等，极大地拓展了晚清植

① 孙雁冰. 传统植物学向近代植物学的过渡：《植物名实图考》与《植物学》的对比［J］. 出版广角，2019（20）：94—96.

物学研究者的视野；而《植物名实图考》则立足于中国传统植物学研究，在《救荒本草》《本草纲目》等传统植物学著作所开展的研究工作的基础之上进行考订与增补，更为细致、具体地开展了传统植物学研究的深入性工作，将传统植物本草学研究推向新的高度；《植物名实图考》通篇内容研究方向较为统一，侧重于探讨所介绍植物的药用性；书中所有研究工作的开展，均在介绍相应植物的形态、颜色、性状、味道、用途及产地等的思路框架下进行，研究范围依然停留在传统植物学研究的范畴，鲜少涉猎植物学研究以外的内容；甚至从某种程度上看，在中国植物学发展史上，《植物名实图考》更多地发挥了其作为植物学百科全书的功能与效用[①]。

（四）所包含文化附加值的差异

《植物学》与《植物名实图考》两部文献中均包含了大量与植物学研究直接关联的知识内容，两者的科学意义和影响力均得到学术界的普遍认可；同时，两者均在介绍植物学知识的同时，传达出了一定的文化附加值（也可称之为学术附加值）。这些文化附加值进一步丰富了两部文献的文化内涵，从而赋予两者历久弥新的科学与文化价值。

《植物学》与《植物名实图考》中蕴含不同的文化附加值；究其成因，既有来自李善兰等译者与吴其濬学术背景差异的影响；也受到两部文献写作（或翻译）目的差异[①]的影响。

从成书时间上看，《植物学》与《植物名实图考》虽均于1842年鸦片战争后出版问世，但两者的写作风格与研究侧重点完全不同。《植物学》为晚清西学东渐时期中西方科技交流的产物[②]，其中所蕴含的文化附加值主要体现在译著在介绍植物学知识时，所附带传达的文化信息，这些文化信息进一步丰富了晚清植物学界对于西方近代科学文化特征的认知；概括而言，《植物学》的文化附加值[③]包括数学知识、色彩学知识、环保理念及能够客观反映晚清社会状况的社会学信息及其他文化知识，尤其是其翻译过程中所采取的翻译策略、所反映出来的李善兰等译者的科技翻译思想及其中的术语创译[①][④]。这些文化附加值赋予了了《植物学》除植物学知识以外的科学价值与内涵特征，更加客观地说明了其在晚清中西方科技交流史上的科学地位与意义。

本书认为，《植物名实图考》的文化附加值主要通过书中所包含的丰富全面的参考文献资料来彰显，具有一定的学术参考价值，同时也是作者吴其濬个人学术造

---

① 孙雁冰. 传统植物学向近代植物学的过渡：《植物名实图考》与《植物学》的对比［J］. 出版广角，2019（20）：94–96.

② 孙雁冰. 晚清（1840—1912）来华传教士植物学译著及其植物学术语研究［J］. 山东科技大学学报（社会科学版），2019，21（6）：33–38.

③ 关于《植物学》中的文化附加值，详见本书第八章第一节内容。

④ 关于《植物学》中翻译学有关的研究，详见本书第七章。

诣主观作用下的结果。在《植物名实图考》中，对于拟开展研究的植物，如果已有早期文献曾对其进行先行介绍与研究，作者均注明其最早的出处；史料考据较为详细，所涉猎的文献资源包括本草类、农书、地方志、植物谱录、游记、文学作品等多个种类，总计近200部古典及同时代各类文献①。

《植物名实图考》引用书籍文献数目较大，覆盖种类及领域范围较为广泛，几乎囊括了所有包含植物学研究内容的全部文献；据统计，"书籍被引用次数最多的前20位书籍分别是：《救荒本草》322次，《神农本草经》253次，《图经本草》214次，《尔雅》144次，《名医别录》122次，《唐本草》116次，《本草纲目》115次，《本草拾遗》95次，《滇南本草》68次，《开宝本草》57次，《说文解字》42次，《嘉祐本草》41次，《毛诗草木鸟兽虫鱼疏》41次，《南越笔记》33次，《诗经》24次，《花镜》22次，《齐民要术》20次，《南方草木状》20次，《本草衍义》18次，《酉阳杂俎》17次"②。如此丰富的文献资源，既从客观上说明了作者吴其濬饱读诗书、深受传统文化熏陶的学术经历与文化素养，同时也令《植物名实图考》一书中所论述的内容与结论更加有据可考，更具说服力。最为重要的是，从这些参考文献中可以找到关于中国传统植物学发生发展基本经过与演变过程的线索及中国传统植物学发展的基本路线，为后来人梳理中国传统植物学研究发展情况提供了较具说服力的支撑，从而赋予了《植物名实图考》以植物学研究价值以外的学术内涵，进一步增加了其科学价值。

（五）文中配图的差异

在行文方面，《植物学》与《植物名实图考》对所研究内容的论证均以文字说明辅以配图的方式实施开展。但两部文献中的配图与文字在数量上的比例与种类特征上，均存在着差异①。

在配图数量与文字内容比例方面，《植物名实图考》高于《植物学》。《植物名实图考》的研究重点为针对植物名称与性状用途等的考订，其中最重要的考订即为关于植物名称（名）与植物外形（实）的对比，因此，书中对于所介绍的植物，几乎每种均有配图进行补充说明，考证的植物种类也很全面，堪称一部内容丰富的植物学图谱，能够使读者对于所介绍植物的外观特性产生直观地了解。而《植物学》的研究重点为对于西方植物学知识的介绍，书中插图总数量为88幅，远远少于《植物名实图考》①。

在配图的种类特征方面，《植物学》与《植物名实图考》也存在着一定的差异。

---

① 孙雁冰. 传统植物学向近代植物学的过渡：《植物名实图考》与《植物学》的对比［J］. 出版广角，2019（20）：94-96.
② 张卫，张瑞贤. 植物名实图考引书考析［J］. 中医文献杂志，2007，25（4）：11-12.

《植物学》中的配图可分为三类：第一种为描述某些特定植物形态特征的配图，这类配图数量不多，如卷三中印度最古榕树的图片，直观地展示了这一传奇榕树的景观特征；第二种为普遍性描述类配图，为针对植物根、干、花、枝等形态的配图，多为科普性的描述，极少针对某一具体的植物；第三种配图数量最多，即为植物体或植物某一器官组织的解剖结构，其配图来源依据为显微镜观察的结果①，这也是《植物学》相较于晚清传统植物学著作的特色与优势，此类配图使晚清植物学研究者耳目一新，能够对西方近代植物学的研究状况产生更为直观地感知。除此以外，《植物学》的翻译目的及翻译开展方式等影响翻译实施过程的客观因素，也均对《植物学》配图的属性特征产生影响；这些客观因素包括《植物学》汉译发生的时代与社会文化背景、采取"合译"的方式进行翻译、译者并非具有专业植物学知识的植物学家及翻译目的为引进与传播西方近代科技成果等，这些因素赋予了《植物学》特殊的汉译特色，因此，译著中的配图还具有以下特征：一是配图来源于近代西方植物学著作，具有一定的科学客观性；二是配图主要来源于显微镜观察，且大部分图片并非译者亲眼之所见，而是转引自西方科学原著①。

而作为中国传统植物学代表之作的《植物名实图考》，配图特征则与《植物学》截然相反。《植物名实图考》是一部作者通过大范围访询、实地考察、采集，并参考大量古典书籍文献而汇编而成的一部植物著作，研究内容与范畴依然与传统植物学研究总体方向相一致，未曾涉及西方植物学研究的相关内容；同时，吴其濬既是晚清知名植物学家，其学术造诣也较为深厚，《植物名实图考》中的配图均为其本人所亲手绘制。因此，《植物名实图考》中的配图特点可概括为：一是配图针对性较强，即为针对所需描述某一种类植物（甚至局限于某一地区）的外形特征的直观呈现；二是配图来源于作者的主观感受，主要依据吴其濬本人双眼观察或是遍访山间老农、樵夫、园丁等人群口口相传的结果①。

三、《植物学》与《植物名实图考》植物分类方法对比

《植物学》与《植物名实图考》均包含与植物分类学有关的知识，同时也在对植物进行分类的前提下，对其门类种属特征及部分植物的生长特征等做了阐释和介绍；但由于两部文献研究侧重点的不同，两者所引介的植物分类学知识也存在一定差异，即对植物实施分类研究的方法不同①。

《植物名实图考》中对植物的分类研究主要依据植物的外部表形特征，同时结合植物生长的地理方位，对植物所属种属进行鉴定，共考证了1714种植物；吴其濬将这

① 孙雁冰. 传统植物学向近代植物学的过渡：《植物名实图考》与《植物学》的对比［J］. 出版广角，2019（20）：94-96.

些植物划分为12个类型：谷类、蔬类、山草、隰草、石草、水草、蔓草、芳草、毒草、群芳、果类及木类；这些种类的划分及命名主要依据了植物的食用性、药用性等实用主义标准，通过其分类名称即可判断所属植物的功能及主要特点。而在针对不同种类植物的描述中，作者描述的主要内容为植物的花、根、干、枝、叶等外观性状等，换言之，《植物名实图考》中对植物的分类没有借助任何科学仪器，而是主要依据作者的双眼观察，同时结合经验主义和实用主义而做出的判断[1]。

《植物学》则主要依据植物的内部解剖特征，并加以概念化及形象化描述，力求最大限度对植物进行科学化命名并归类；相关内容主要呈现在译著卷七及卷八中。《植物学》中所介绍的察理五部法及分科等与植物分类学相关的知识选译自西方植物分类学研究的基础性内容，并经由李善兰等译者提炼、翻译，以"本土化"的方式，传播至晚清植物学界[1]。在《植物学》的介绍中，察理五部法与植物分科法中均包含种类鉴定、显微镜观察下的性状结构及生理功能描述、给予命名及将植物进行分类介绍等西方近代植物分类学研究中的关键步骤；此种理念主导下的植物分类研究具有一定的科学性，有助于将种类繁多的植物物种进行归档分类并能够较为清晰地呈现出植物的名称、种属、特征及不同物种的亲缘关系；尤为重要的是，《植物学》中对不同类属植物特征的介绍除中国传统植物学已然涉猎的关于植物体的外形表征外，也进一步延伸至关于花分几轮、子房数、形、隔膜数等更为深入细致的对比上，对于植物种类的划分更加具体，知识性更强，且与当代植物学研究较为接近；因此，《植物学》与《植物名实图考》中关于植物分类学知识的差异，究其根源，还是在受到两部文献中所涉猎研究内容本质差异的影响[1]。

四、《植物学》的进步之处

《植物学》与《植物名实图考》均具有不可忽视的科学价值；两部文献分别代表了中国植物学发展的两个不同阶段，并分别以自身的科学知识与内涵从不同层面推动了中国植物学的向前发展。但立足于晚清"科学救国"的时代背景及中国传统植物学发展的实际需要，较之《植物名实图考》，《植物学》更具备近代研究属性，在研究理念和研究内容方面存在一定进步之处。

（一）研究理念上的进步

虽然两部文献均能够展现译、作者严谨钻研、客观理智且追求科学实质的科学探索精神，但《植物学》与《植物名实图考》却折射出不同的研究理念——实验观察

---

① 孙雁冰. 传统植物学向近代植物学的过渡：《植物名实图考》与《植物学》的对比［J］. 出版广角，2019（20）：94-96.

观与经验主义观。

《植物学》所倡导的研究理念可概况为，科学研究中应追求探索科学的本质；研究结论的获得必须建立在实验观察的基础之上；科学研究过程中应充分利用科学仪器和先进的研究手法。这样的理念既佐证了其中所传播知识的可信性，也有助于晚清植物学研究者树立可持续性的科研发展观，有助于晚清植物学研究者个人及植物学研究的长远发展。

而《植物名实图考》中相关研究工作的开展及研究结论的获得则主要受到经验主义的主导，研究动机受实用主义的驱使，且研究过程中也并未借助于任何近代科学研究中所使用的科学仪器；因此，《植物名实图考》中的研究倾向可概括为针对中国传统植物学研究进行系统梳理及补充，相关研究依然停留在传统植物学研究的范畴[1]。两相对比之下，《植物学》所传递出的研究理念与当代科学研究的本质更为接近，更能体现出其近代科学研究特性。

（二）研究内容上的进步

如前文所述，《植物学》中介绍的是西方近代植物学研究的基础性知识，而《植物名实图考》则分门别类地对各类植物进行名称与形色、功能、产地等方面的考订，其研究为传统植物学研究的升华；在针对植物分类学知识的阐释方面，《植物学》中所介绍的察理五部法与分科知识等植物分类学内容与近代植物分类学的研究性质较为相近，论述内容高屋建瓴，总结较为全面细致，且部分术语表达沿用至今；但《植物名实图考》中与分类学知识有关的论述却存在局限之处，即书中缺少对于归属在同一大类植物的总体特征的描述。因此，从《植物名实图考》到《植物学》，在研究内容方面，是植物学史上的一次跨越，象征了晚清植物学研究的突破[1]。

《植物学》汉译发生在晚清科学落后于西方及"科学救国"思潮大范围传播的时代背景之下；彼时"师夷长技以制夷"思想已成为进步人士的共识；《植物学》将近代西方植物学研究的先进之处传递给国人，旨在拓宽国人的研究视野，推动晚清植物学研究的进步，因此，其汉译的发生更为符合晚清科学救国策略的需要，适应时代的整体需求，其进步意义不言而喻。

第二节 近代植物学萌芽与发展的标志

1858—1900年间，西方来华传教士植物学译著中较具代表性的当属傅兰雅的《植

---

① 孙雁冰. 传统植物学向近代植物学的过渡：《植物名实图考》与《植物学》的对比［J］. 出版广角，2019（20）：94-96.

物图说》（1895年）与艾约瑟的《植物学启蒙》（1886年）。《植物图说》中包含大量极具科学内涵和绘制精巧的插图，既包括对植物的描述性插图也包括植物解剖图，极具科学传播价值。《植物学启蒙》为艾约瑟所编译的《格致启蒙十六种》中的一部；其与《植物学》及《植物图说》的不同之处在于，《植物学启蒙》中除关注了西方植物学的基础知识外，也论及了植物学的教授方法等内容[1]。《植物学启蒙》原作者为胡克（J.D.Hooker），该书分为30章，涉及植物的结构、营养、分类、植物学教授法等内容，并附有数十幅图[2]。

《植物图说》行文语言表述较为准确，被称为"真正意义上的植物科学画面"，因此，《植物图说》在晚清植物学史及植物插画史上均具有一定的影响力，其科学价值与《植物学》同样得到科学界的肯定，梁启超曾在《读西学书法》中提到："动、植物学，推其本原，可以考种类番变之迹，究其致用，可以为农学畜牧之资，乃格致中切近有用者也。《植物学》《植物图说》皆其精"[3]。《植物图说》在许多方面，尤其是术语表达方面，深受《植物学》的影响，通过对两者进行比较，有助于我们更为清晰地解读《植物学》汉译发生后，晚清植物学研究方向的走向与进步，从而进一步肯定《植物学》的科学价值。

一、傅兰雅及其《植物图说》

（一）傅兰雅

图 6-2　傅兰雅
（John Fryer）

傅兰雅（John Fryer，1839—1928），英籍圣公会教徒及来华传教士；同时也是西学东渐时期知名翻译家。1861年来到中国香港，担任圣公会差会传教教师，负责圣保罗书院的整体事务，同时教授英语；1863年9月抵达北京后，在担任过三个月的同文馆英文教习及圣公会教会学校的教师后，傅兰雅即投身于传教事业，后逐渐开始其西书汉译事业，并成为晚清西学东渐时期完成翻译作品最多的来华传教士；在华期间，傅兰雅翻译各类书籍129部，这些翻译既有傅氏独译完成也有与他人合作完成；其中113部带有科技性质，因此傅兰雅被认为是"传科

① 孙雁冰，马浩原. 论清代来华传教士生物学译著对晚清生物学发展的贡献［J］. 韩山师范学院学报，2017，38（3）：59-64.
② 付雷. 晚清中下学生物教科书及其出版机构举隅［J］. 科普研究，2014（6）：61-72.
③ 黎难秋. 中国科学翻译史料［M］. 合肥：中国科学技术大学出版社，1996.

学之教的教士"。傅兰雅一生共有35年的时间留在中国，其中有28年的时间在江南机器制造局从事翻译工作，较多地参与了晚清的中西方科技交流活动，在推广西学的在华传播方面贡献良多。

傅兰雅知识渊博，学术研究经历丰富。在1865年来到上海后，第一站为上海英华书馆，主要工作职责为校务；后至《上海新报》，担任主编一职。1868年3月，傅兰雅离开《上海新报》，来到江南制造局，就此开启他在江南制造局从事长达28年之久的西书翻译工作及西学传播生涯。"到馆任职以后，他是翻译馆诸多译员中工作最勤奋努力的一个，他在翻译馆28年，翻译书籍多达90种，还编有中西名目表4种，几乎占江南制造局出版书籍的1/2，这足以说明他的工作态度"[1]；此外，傅兰雅于1876年2月创办《格致汇编》；1896年离开中国，前往美国。

离开中国后，傅兰雅仍心系中国。不仅在美国致力于中国文化的传播，以实际行动推动"东学西渐"的进程与发展，也关心中国各项形势的发展走向。在"1896至1903年间，他坚持每年夏天回上海帮助江南制造局翻译馆译书"[2]；并时刻关心中国教育的发展情况，为推动中国教育的进步提供人力及财力上的支持，同时也积极介绍中国学生到美国进行交流与学习。

（二）《植物图说》

傅兰雅在1894年出版了《植物须知》一书。《植物须知》分为六章，介绍了植物的形态结构，前面有50幅图[3]。基于《植物须知》的研究内容，傅兰雅依据巴尔弗（John Hutton Balfour）的植物学著作，又编译了《植物图说》一书。"该书分为四卷，包括154幅插图，侧重于介绍植物各部分的形态结构。实际上本书的154幅插图，是四幅大的植物学教学插图，全部文字是紧密结合植物学插图，解说植物体的各部分机构与功能"[4]。

《植物图说》全文所介绍的内容包括：植物体的形态、叶、花及植物生殖器官等的相关知识介绍。同《植物学》的主体思想与内容相一致，《植物图说》中介绍的也是西方近代植物学知识，四卷内容论述的重点也为显微镜观察下的植物解剖结构，此外也包括植物生理学的相关知识等西方近代植物学研究的基础性知识；较《植物学》而

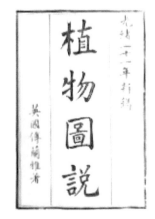

图 6-3 《植物图说》

---

① 龚昊.传科学的传教士——傅兰雅与中西文化交流［D］.北京：中国社会科学院研究生院，2013.

② 樊兆鸣.江南制造局翻译馆图志［M］.上海：上海科学技术文献出版社，2011.

③ 付雷.晚清中小学生物教科书及其出版机构举隅［J］.科普研究，2014（6）：61-72.

④ 罗桂环.中国早期的两本植物学译著——《植物学》和《植物图说》及其术语［J］.自然科学史研究，1987（4）：383-387.

言，《植物图说》中插图的绘制更为精细，且叙述方式上以图片为主，文字为辅，较为清晰明了地描述了植物学中的关键信息，行文表达较为通俗易懂。正如傅兰雅本人在《植物图说·序》中所言："（《植物图说》）本为教习生徒而设，凡植物学大概意义，皆经解明，甚便初学之用"①。由于《植物图说》内容具有科学性与"甚便初学之用"的特性，且表述形式新颖、简洁、一目了然，因此，《植物图说》被选作晚清及近代的植物学教科书。《植物图说》刊译出版后，有多部植物学著作及植物学教科书的编写均以《植物图说》作为内容蓝本。如1898年叶澜编写了《植物学歌略》一书，书前的插图与《植物图说》相同，可以认为叶氏是在《植物图说》的基础上编写《植物学歌略》的。②

二、《植物学》与《植物图说》中术语表达的对比

《植物图说》的研究重点在于以图画的形式解析植物体各器官的外形及结构，其书出版的主要目的在于向初学者较为清晰地普及植物学研究中较为基础性的知识及植物学概念。知识性方面虽不及《植物学》深入透彻，但在术语表达方面却具有一定的特色。但是，通过对《植物学》与《植物图说》中的术语表达进行对比后发现，《植物图说》沿袭了《植物学》中部分术语的表达方式，并在此基础上，傅氏进一步提炼、创译出了独具特色的术语表述方式，其中部分术语也得以沿用至今。

由于《植物图说》的主体研究思路即为以科学图片来解读植物体各部分结构的形态与构造，因此，其中的术语多集中在植物器官组织结构方面。在《植物图说》中的术语翻译中，译者傅兰雅的个人主观能动性得以充分发挥，其所创译的术语独具特色，且部分术语得以沿用至今，能够客观折射晚清植物学的发展与进步。《植物图说》中的部分术语见表6-2。

表 6-2　《植物学》与《植物图说》中术语对比 ③

《植物图说》名词	相当于现在名词	《植物图说》名词	相当于现在名词	《植物图说》名词	相当于现在名词	《植物图说》名词	相当于现在名词
腔	细胞	叶法	叶序	皮条形花	舌状花	胚仁	珠心
腔心	细胞核	辐形叶	掌状脉序叶	花下子房	下位子房	胚囊	胚囊
睫毫腔质	鞭毛细胞	扁旦形叶	卵形叶	上子房	上位子房	胚珠底	合点
连形腔质	接合孢子	戈头形叶	箭形叶	围子房	子房半下位	变向胚珠	弯生胚珠

① 傅兰雅.植物图说［M］.上海：江南制造局，1894.
② 叶澜.植物学歌略［M］.上海：上海蒙学书报局，1898.
③ 罗桂环.中国早期的两本植物学译著——《植物学》和《植物图说》及其术语［J］.自然科学史研究，1987（4）：383–387.

续表

《植物图说》名词	相当于现在名词	《植物图说》名词	相当于现在名词	《植物图说》名词	相当于现在名词	《植物图说》名词	相当于现在名词
有股膣质管体	弹丝孢子 导管	心形叶	心形叶	蝴蝶花	蝶形花	脐带	珠柄
木纹管体	管胞	单叶	单叶	花旗	旗瓣	子胚	胚
花点管体	孔纹导管	繁叶	复叶	花船	龙骨瓣	简果	单果
螺纹管体	螺纹导管	椭圆形叶	椭圆形叶	花翅	翼瓣	繁果	复果
梯纹管体	梯纹导管	扁心形	倒心形	子房座	花托	双荚	角果
歧形管体	乳汁管	奇数翎形叶	奇数羽状复叶	雌雄同本	雌雄同株	短双荚	短角果
麻丝管体	纤维	偶数翎形叶	偶数羽状复叶	雌雄异本	雌雄异株	吊果	双悬果
器具	器官	双翎形繁叶	二回羽状复叶	花阳房	雄蕊群	小软果	肉果
织质	组织	绿色料	叶绿体	花阴房	雌蕊群	腹缝线	腹缝线
微水绵	根尖	（嫩干）向上之轴	胚轴	托线	花丝	背缝线	背缝线
		干心	髓	花须头	花药	膜翅种子	翅果

　　除表6-2中所列的术语外，《植物图说》中也创译了子叶、花芽、唇形花、胚珠、花粉、裸子、菌盖等一直沿用至今的术语，由此可见，《植物图说》一书在植物学术语创译方面也独具特色。

　　通过对《植物学》中的术语与《植物图说》中的术语进行对比后发现，两者之间的差异主要在于下述两点：

　　一、译名来源及翻译策略不同。《植物学》主译者李善兰与傅兰雅个人身份及学术背景不同，李善兰深受中国传统文化熏陶，因此在创译植物学术语时尽量采用中国传统植物学乃至传统生物学中已有的表达方式，翻译方式上更具备"归化"翻译的特征，从而使其术语表达较为通俗，能够使晚清读者联系自身已有的知识储备，引发科学共鸣，目的在于对所引介的植物学概念产生直观的认知。而《植物图说》则由傅兰雅单独编译；傅氏本为英国人，在术语创译过程中虽也参用中国传统植物学中的表达方式，但本质上更倾向于将西方近代植物学中的部分核心概念进行系统化阐释，其术语创译更多地依据来自他本人对于西方近代植物学知识的理解与领悟，因而在翻译策略更具"异化"翻译的倾性。

　　二、翻译目的不同。《植物学》汉译发生的主要目的是传播西方近代植物学研究中的基础性知识①；而《植物图说》出版时，距《植物学》的汉译已过了长达40年之久；在此期间，晚清植物学界对西方近代植物学知识逐渐产生更为成熟的认知；尤其在此期间内，其他较具影响力的植物学研究成果的出现，如1886年艾约瑟《植物学启蒙》一书的问世②，进一步提升了晚清植物学界的整体认知水平。因此，傅兰雅《植物图说》编译的目的即为将近代植物学研究的相关概念更为具体化地向晚清植物学界普及开来，尤其是针对《植物学》中已经描述引介但并未提炼出专有名词的知识信息，如《植物学》在卷三中虽详细描述了关于"年轮"的知识，但并未明确提出"年轮"或是相近含义的术语表达；而在《植物图说》中，"傅兰雅则创译了'同心圈纹'这一名词来表达"③。换言之，鉴于翻译目的的差异，《植物学》中的术语创译实现了晚清植物学界对于西方近代植物学知识从无到有的突破，而《植物图说》则偏重于强化晚清植物学界对已有西方近代植物学知识内容的认知。

傅兰雅在《植物图说》的术语表达方面充分借鉴了《植物学》。李善兰在《植物学》的翻译过程中，基于自身的学术基础，结合其本人与韦廉臣、艾约瑟等译者对于外文原本中所提及植物学知识的理解，创译了大量植物学术语。这些术语虽未全部得以沿用至今，但却在中国植物学发展史上发挥出了承上启下的关键作用，其科学前沿性特征及科学价值不可否认；如"植物学"这一术语的提出，不仅界定了植物学学科名称，也推动了中国植物学学科研究的系统化及更具针对性地发展，因此，在《植物图说》编译过程中，傅兰雅直接沿用"植物学"这一说法。除"植物学"外，《植物图说》中也沿用了"子房""胚"等术语。

但是，《植物图说》中的术语翻译也有其不足与局限之处。典型代表当属将《植物学》中的"细胞"一词的表达方式改作"腔"。虽然"细胞"一词在创译之初，学术界曾质疑其学术性，认为能够象征19世纪西方生物学发展水平的"细胞"一词的翻译起源太过简单④，但不可否认，"细胞"一词恰当地阐释了英文cell一词的含义，既具科学性，也较为通俗易懂，因此最终为中国科学界所采纳并沿用至当代植物学。而傅氏的"腔"，虽巧妙地借用了汉字的象形用法（"月"字旁象征肉，从而形象表义生物有机体），但较之"细胞"的表达方式，其科学影响力与传播力均不足；尤其是"书（《植物图说》）中有时将'腔'解说成'聚胞体'，甚至还用来表示其他生物体的腔室"③，因而"腔"的表述不具备学科针对性，最终被科学界所淘汰。

① 孙雁冰. 传统植物学向近代植物学的过渡：《植物名实图考》与《植物学》的对比［J］. 出版广角，2019（20）：94–96.
② 孙雁冰. 论李善兰译者主体性在晚清《植物学》汉译中的发挥［J］. 出版广角，2019（13）：88–90.
③ 罗桂环. 我国早期的两本植物学译著——《植物学》和《植物图说》及其术语［J］. 自然科学史研究，1987（4）：383–387.
④ 关于李善兰创译"细胞"的起源与依据，详见本书第七章第二节。

第三节 《植物学》对清末民初植物学学科发展的影响

进入民国时期，尤其在五四运动后，即1919年后，中国虽屡经战乱，植物学研究工作的开展过程虽然艰苦，但在胡先骕、沈宗瀚、钱崇澍等人的引领下，植物学发展日趋稳定，且与国际植物学研究接触的广度与深度日益扩大，植物学学科体系日趋完善，开始全面发展；同时，植物学学科的高等教育发展也逐渐呈现出百花齐放的态势，有影响力的植物学研究者不断涌现，进一步助力了中国植物学的长期可持续发展。因此，本书在本节中选取1918年作为时间节点，通过对《植物学》汉译完成之时（1858年）至1918年间中国近代植物学的萌发与发展情况进行系统梳理，并将《植物学》与清末民初的部分植物学教科书就内容结构及术语表述等进行对比，进一步论证《植物学》在推动晚清植物学研究向近代研究阶段过渡过程中的价值和意义。

一、1858—1918 年间中国植物学研究概况

《植物学》为1842年后西学东渐时期科技翻译高潮中的首部植物学方面的译著。译著中所传播的植物学知识不再局限于中国传统植物本草学研究的范畴，既引介了细胞、植物学等科学术语，也介绍了植物胚胎学、植物生殖学植物生理学相关的知识，也包括植物解剖学和植物系统与演化方面的知识。这些知识对于晚清植物学界而言较为新颖，思想进步的有识之士逐渐意识到这些内容有助于晚清植物学研究的长期可持续发展，有助于实现晚清科学的全面整体进步；且这些内容较为基础，符合彼时国人的认知能力，因此，《植物学》在推动中国植物学研究从本草学向近代植物学过渡，及西方近代植物学在中国的萌发过程中，均发挥出了较好的作用，因此被称作中国植物学史上的转折之作。

经《植物学》的引介，"植物学"这一名词被作为专门学科名称表达应用于晚清植物学界；也自《植物学》汉译发生后，晚清植物学界研究关注的重点不再是植物的药用性、可食用性等传统植物学研究内容，而是转向植物生理学、植物种植学等西方近代植物学研究所涉及的内容；"自1857年至本世纪20年代初的60多年，可以说主要是由中国近代植物学家传播知识、培养人才、建立实验室、标本室的准备时期"[1]，因此，这一时期植物学研究成果的积累是中国植物学后续发展的基础[2]。

---

① 王宗训.中国植物学发展史略［J］.中国科技史杂志，1983（2）：22-31.
② 孙雁冰.晚清（1840—1912）来华传教士植物学译著及其植物学术语研究［J］.山东科技大学学报（社会科学版），2019，21（6）：33-38.

此外，西方近代生物进化论在此期间传入晚清科学界，如严复的《天演论》于1898年问世；进化论知识的传入推动了近代植物学知识的深入研究与发展，并为后来20世纪初孟德尔遗传学说的传入奠定了基础。

1858年至1918年间，中国植物学研究成果的主要表现形式为译著、著作、教科书、论文、报纸杂志[①]等。与1858年前的传统植物学研究相比，由于植物学已经作为独立的学科出现在晚清科学界，这一阶段的研究成果在数量上虽较之前传统植物学研究阶段有所减少，但相关研究却更为系统细致，呈现形式更为丰富，为1912年后近代植物学研究积累了理论与实践基础，同时也为近代植物学学科建设的百花齐放及人才培养等奠定了基础。

表 6-3　1858—1918 年间的代表性植物学译、著作

作品名称	译、作者 / 机构	成书时间	备注
植物须知	傅兰雅	1894 年	6 章，主要介绍的是植物的形态结构，含有 50 幅插图
论植物	傅兰雅	约 1895 年	
植物图说	傅兰雅	1895 年	中国专门介绍植物器官形态解剖的第一本译著，约 25,000 字，附图 154 幅
植物学启蒙	艾约瑟	1886 年	
植物名汇	中国农学会	1897 年	
植物新论			
植物学问答	会文学社	1903 年	《普通百科全书》中的内容，译自日文
植物学新书			
植物学	叶基桢	1907 年	在日本出版
大豆	李煜瀛	1910 年	

表 6-4　1858—1918 年间的代表性植物学教科书

教科书名称	译、作者 / 机构	成书时间	备注
新编植物学教科书	杜亚泉	1903 年	
最新中学教科书植物学	亚泉学馆	1903 年	
植物学教科书	孙海环	1904 年	小学初学者使用，由新学会社出版
应用徙薪植物翼（学）	黄明藻	1905 年	最早关于植物分类学方面的教科书，88 页，附图 219 幅

① 罗桂环.中国近代植物学的发展［M］.北京：中国科学技术出版社，2014.

续表

教科书名称	译、作者／机构	成书时间	备注
普通教育植物学教科书	彭树滋	1906 年	上海普及书局出版
最新植物学教科书	王季烈	1906 年	译著，原著作者为藤进健次郎，上海文明书局出版
植物学教科书	山西大学	1906 年	由译学院聘请日本学者西师意翻译，原著作者为日本大渡忠太郎
植物学实验初步	姚昶绪	1908 年	
植物学	叶基桢	1908 年	包含植物学研究中多个学科
植物学教科书	奚若、蒋维乔	1911 年	商务印书馆出版
植物学讲义（师范用）	严保诚、孔庆莱	1912 年	
实验植物学教科书 新撰植物学教科书	杜亚泉	1913 年	中学用
植物学	王兼善	1918 年	中学用
实用主义植物学教科书	马君武	1918 年	商务印书馆出版

表 6-5　1858—1912 年间的代表性植物学论文

论文名称	作者	完成时间
论橡胶	王丰镐	1898 年
论麦病害	王丰镐	1898 年
轮植物吸收地质多寡之率	王丰镐	1898 年
植物学略史	虞和寅	1904 年
植物对营养之适应说	虞和寅	1904 年
有用植物及有毒植物述略	虞翼祖	1904 年
植物营养上之紧要原质	胡雪斋	1904 年

表 6-6　1858—1912 年间创刊的与植物学有关的代表性报纸杂志

报纸杂志名称	主编者或单位	创刊时间	备注
格致汇编	傅兰雅	1876 年	最早的科学期刊
农学报	上海农务会	1898 年	旬刊，共 311 期，持续时间为 8 年
亚泉杂志	杜亚泉	1900 年	综合科学刊物，只发行 10 期

续表

报纸杂志名称	主编者或单位	创刊时间	备注
科学世界	钟观光、虞和钦	1903 年	创办于上海，1903—1904 年间共出版 12 期，后停刊，于 1921—1922 年再次公开发行 5 期
科学仪器	上海科学仪器馆	1904 年	月刊，只有 10 期
理学杂志	上海宏文馆薛蛰龙	1906 年	
金陵光	金陵大学	1909 年	季刊、双月刊
地学杂志	中国地学会	1910 年	季刊、月刊

二、《植物学》对清末民初中国植物学研究的影响

（一）清末民初中国植物学研究的总体特征

根据表6-3至表6-5中的梳理，1858—1918年间，从研究侧重点上看，这一时期的植物学研究已然突破植物本草学的研究范畴，转而关注与植物生理学、植物解剖学、植物形态学、植物生态学等领域有关的内容，对于科学仪器及植物学实验方法等也有所涉猎，初步呈现出近代意义的植物学研究特征。更为重要的是，这一阶段的植物学研究已渐成体系，与植物学有关的报纸杂志的出版刊行代表了这个时期植物学界对研究工作持续性的关注。总体而言，1858—1918年间，清末民初中国植物学研究的特点与优势主要体现在以下四点：

一是植物学研究关注的重点不再从"实用性"视角出发，转而探究更深层次、更具科学性的内容。这样的转变增加了国人对于植物及植物学的了解，有利于对植物学学科开展更深层次的研究，并最终使植物学理论研究更好地应用于人类的生产生活实践中。

二是植物学已然成为独立的专门学科。"植物学"这一名词的出现，明确界定了植物学的学科名称，使相关研究工作跳脱本草学、农学等研究的束缚，从而使植物学学科研究更具针对性，进一步推动植物学学科在中国的发展与成型。

三是专门性的植物学教科书已然出现。符合晚清国人认知能力的植物学教科书为晚清植物学学科的人才培养与近代高等教育体系中植物学学科的可持续建设发展提供了理论依据。

四是在中国传统植物学研究阶段[①]，研究侧重点为植物的实用性，研究工作的开展主要依赖经验主义、口口相传、双眼观察等；而《植物学》汉译发生后，基于

① 孙雁冰. 论李善兰译者主体性在晚清《植物学》汉译中的发挥 [J]. 出版广角，2019（13）：88-90.

《植物学》的研究内容，1858—1912年间植物学的研究涉猎范围更为广泛，研究结论的提出更为依赖科学仪器与实验观察，研究方法更为系统化，研究思路更为科学化。由此可见，1858年后，《植物学》中所传递的研究理念在推动晚清植物学整体研究工作的发展过程中发挥出了积极的作用。

从1858—1918年间中国植物学发展的总体特点不难看出，《植物学》引领了中国植物学在研究方向上的转变及研究内涵上的跨越，促进了晚清植物学界从研究内容、研究方法、研究工具、研究理念及研究视角等方面的转变。

（二）《植物学》与清末民初代表性植物学著作及教科书的比较

根据表6-3至表6-5可知，晚清至民国初年，中国植物学研究日渐繁荣，有影响力的植物学研究成果相继出现；且植物学学科已然独立发展，并日趋成熟。专门的植物学教科书已被应用于各类植物学教学中，近代植物学学科的雏形已初步呈现。在此过程中，作为中国首部具有近代研究特征的植物学译、著作，《植物学》发挥了积极的推动作用。

为更加系统地论证《植物学》在中国近代植物学萌发过程中的引领作用，本节选取叶基桢《植物学》（1907年）与马君武编译的《实用主义植物学教科书》（1918）作为代表性文本，从术语沿用及文本框架结构等进行分析，进一步论证《植物学》对清末民初植物学发展的影响。

叶基桢《植物学》于1907年在日本出版发行，主要作为京师译学馆的植物学讲义。该作内容框架结构为：

> 全书主体内容分为总论及结论；其中总论分为四篇内容，第一篇为"植物各部形态学"，包括植物体、花、雄蕊及雌蕊、花托及蜜槽、花序、果实、种子、种子之散布、根、干、芽及枝、叶等12章内容；第二篇为"植物内部形态学即解剖学"，包括细胞、细胞膜及原形质、原形质含有物、细胞之形质及繁殖、组织及组织系、根、茎、叶的构造等8章内容；第三篇为植物生理学，包括植物及其与外界的关系、养分、同化作用、呼吸作用、蒸腾作用、生长、运动等7章内容；第四篇为植物分类学，包括植物分类法、被子植物（共19章）、松柏科、羊齿、藓苔、菌藻及原微植物等25章内容。[1]

而马君武编译的《实用主义植物学教科书》主要依据了德国施迈尔（O.Schmeil）的《植物学》（Lehrbuch der Botanik）[1]。《实用主义植物学教科书》的内容结构包括总论及各论两部分，其中：

---

① 罗桂环.中国近代植物学的发展［M］.北京：中国科学技术出版社，2014.

总论包括细胞学、植物形态学及生理学两个章节；各论中主要介绍了植物分类学的知识。在第一章细胞学中，包括细胞概论、细胞内容、细胞膜、细胞团体等内容；第二章植物形态学及生理学中，包括叶、根、茎、花、果实及种子的形态及生理知识等内容；第三章植物分类学中，包括隐花植物与显花植物两部分内容。①

从以上关于叶基桢《植物学》与《实用主义植物学教科书》基本内容的介绍中可知，首先，两部文献中沿用了《植物学》中所创译的关键术语，包括"植物学""细胞""科"等术语。其次，叶基桢《植物学》与《实用主义植物学教科书》以《植物学》为框架蓝本，展开其知识内容论证。本书在前文中提到，《植物学》内容共分为8章，引介的内容包括细胞、植物外体、内体、植物分类学的相关知识等，也包括光合作用、呼吸作用、渗透作用等科学原理；而通过分析两段引文可知，两部文献以《植物学》中所引介的知识为基本框架展开介绍。再次，两部文献中所引介的植物学知识为《植物学》的升华。《植物学》"浅尝辄止"地介绍了部分西方近代植物学知识，清末民初的各类植物学文献则在《植物学》引介的基础上，进一步将这些知识进行引申性介绍，如叶基桢《植物学》与《实用主义植物学教科书》均就"细胞"的知识进行了深入的解读，并进一步介绍了与细胞有关的植物学及生物学术语名词。此外，叶基桢《植物学》与《实用主义植物学教科书》两部文献也进一步明确了《植物学》中所介绍科学原理与科学概念的术语表达，如呼吸作用、被子植物等。

综上所述，《植物学》对于清末民初中国植物学研究的影响主要表现在以下三点：

一是《植物学》中所创译的术语是民国时期植物学学科术语规范性发展的基础。《植物学》的汉译带有一定的开创性质，通过大量植物学乃至生物学术语的创译，较好地实现了其汉译发生的根本目的，并为后来者深入研讨相关知识，以及植物学学科术语的衍化与统一提供了参考与凭据。

二是《植物学》中的内容框架为清末民初的植物学文献，尤其是植物学教科书、讲义类文献，提供了框架蓝本。这主要由于《植物学》所引介的植物学知识具有一定的启蒙性质，适用于初学者使用，因而在框架结构上为清末民初的各类植物学教科书编撰提供了参考依据。

三是《植物学》是清末民初植物学文献的基础，反之后者是《植物学》研究的内容拓展与延伸。相较于《植物学》所介绍植物学知识的"基础性"特征，清末民初的植物学文献中的介绍则提升了"理"的高度，既将《植物学》中描述的科学现

---

① 马君武.实用主义植物学教科书［M］.上海：商务印书馆，1918.

象概念化表达出来，也拓展性地介绍了《植物学》中曾简要提及的知识内容，较之《植物学》，清末民初的植物学文献在理论高度方面有所提升。

三、《植物学》的应用价值

进入19世纪以后，西方植物学已然突破植物本草学研究的范畴，进入近代植物学的发展阶段，先进的植物学研究成果不断出现；追求本质的科学研究方法及研究思路不断带来更为先进的研究理念，从而不断推动整个植物学有序向前发展[①]。反观晚清的植物学发展状况，清政府长期的闭关锁国政策使得中国的科学发展水平严重滞后，在植物学学科研究方面表现得尤为明显，相关工作依然徘徊在传统植物本草学研究阶段，且并未形成专门且独立的学科，较具影响力的先进植物学成果数量并不多，可以说，传统植物学遭遇了研究发展的瓶颈时期；随之而来的，还有研究思想与研究方法的落后，从而严重阻碍了晚清整体科学发展水平的进步。

在《植物学》汉译发生后，译著中所选译的植物学知识以及所传播的科学理念，令晚清植物学界耳目一新，为晚清植物学研究工作的开展带来了全新的研究思路，引领了晚清植物学研究的发展方向，推动了晚清植物学的整体发展水平。在本书第一章中，笔者以《植物学》的汉译完成时间作为研究时间分界点，将《植物学》汉译完成前的时间定义为中国古典植物学研究阶段，并系统梳理古典植物学研究至晚清的植物学发展演变的简况，总结梳理《植物学》汉译发生前后中国植物学研究的发展变化；同时基于《植物学》与中国传统植物学的代表作、其他来华传教士译著及清末民初的植物学著作与教科书的对比，本书认为，《植物学》的应用价值主要体现在以下两个主要方面。

（一）《植物学》知识内容价值

《植物学》一书的虽然篇幅不长，但却向晚清植物学界传递了大量较具科学价值的知识信息，对晚清植物学研究工作的开展具有极大的理论与实践指导意义，其内容特色主要包括：

（一）内容覆盖范围较为广泛。《植物学》引介了近代西方基础性植物学知识，内容覆盖领域较为广泛，涵盖了植物形态学、植物解剖学、植物生理学、植物生态学、植物系统与演化知识等多方面的知识信息。除此以外，《植物学》中也包含西方近代科学体系中多个学科的知识及相关科学原理等，进一步赋予了《植物学》科学内涵，充分保障了《植物学》科学价值的发挥。

（二）关注"理"的依据。《植物学》行文逻辑严密，论述内容较为科学、系

---

① 孙雁冰.论李善兰译者主体性在晚清《植物学》汉译中的发挥［J］.出版广角，2019（13）：88-90.

统，既有科学理论的指导，也有彼时较为先进科学仪器的技术支撑；因此，本书得出结论，《植物学》的内容关注"理"的依据。此处的"理"包含科学理论与植物生理学两层含义。

《植物学》中包含多项植物学原理，如光合作用、呼吸作用、腐败原理等；也包括渗透作用、色彩学的基本原理等拓展性的科学原理和知识；《植物学》中还包含大量与植物生理学相关的知识，如无性繁殖、植物胚胎学、植物生殖学等，这些内容赋予了《植物学》"理"的高度，既为译著中的论述提供充分的理论支持，也进一步增强了晚清读者对于译著中所介绍植物学知识的理解。

（三）兼具理论性与实践性指导价值。《植物学》在中国植物学发展史上科学意义重大；首先在于其理论指导意义，《植物学》中引介了大量科学原理，赋予了其理论高度，拓展了晚清植物学研究者的理论视野，对于推动晚清植物学研究向近代意义研究阶段迈进，起到了一定理论指导意义[①]。此外，《植物学》也从科学的视角向读者呈现了许多对于生产生活有所助益的实践措施探讨，如树木种植益疏不益密及植物生长的区域性特征等；这些内容从理论层面总结、分析了人们生产生活中的实践内容，既对生产生活有一定实践指导价值，也有助于提升生产生活实践的理论高度和内涵，因而进一步赋予《植物学》理论与实践指导价值并存的内容特色。

（二）对于中国植物学发展的推动作用

本书前文中已经提到，在《植物学》汉译发生后，晚清植物学研究发生了本质性的转变——实现了传统植物学向近代植物学的过渡与发展；这次转变具有里程碑式的意义，也标志着晚清植物学研究者在研究思维上的转变。因此，在中国植物学发展的历程中，《植物学》发挥出了不可替代的推动作用。这主要表现在《植物学》的汉译为晚清植物学界乃至整个科学界带来了研究理念及思想上的革命，拓展了晚清植物学研究者的视野，为晚清植物学研究后来向近代意义研究阶段过渡发展提供了必要条件[①]。除此以外，《植物学》对于中国植物学发展的推动作用还主要体现在以下三方面：

（一）《植物学》中所引介植物学知识的推动作用[②]。《植物学》最大的科学价值即在于其中所引介的大量西方近代植物学知识。这些植物学知识从植物生理学、植物解剖学等西方近代植物学研究的视角出发，将晚清植物学界对植物的认知，从"表面"形态学拉入显微镜下的解剖结构等更深层次的研究；将植物学研究者对植物的研究重点，从植物药用价值、可否食用等实用主义的视角转入探索植物的内在

① 孙雁冰. 传统植物学向近代植物学的过渡：《植物名实图考》与《植物学》的对比［J］. 出版广角，2019（20）：94-96.
② 孙雁冰. 晚清（1840—1912）来华传教士植物学译著及其植物学术语研究［J］. 山东科技大学学报（社会科学版），2019，21（6）：33-38.

结构、细胞组织等更具理论高度的研究；也将传统植物学所依赖的实用经验主义研究方法上升至依据科学仪器的实验观察方法层面，从而实现晚清植物学研究多维度的进步与提高，也进一步推动了植物学研究成果更好地服务人类生产生活。

（二）《植物学》中所创译植物学术语的推动作用。《植物学》中引介了大量晚清科学界所未曾涉猎的西方近代植物学知识，这些知识对于晚清植物学界乃至科学界而言较为陌生，在表达方式方面，彼时在汉语中也尚未有可供参照的先例可循，因此，李善兰等译者的汉译工作具有一定的开创性质；他们在汉译过程创译了大量植物学术语（含生物学术语），部分创译的术语得以沿用至今，广泛应用于当代植物学及生物学学科领域，从而在客观上映射了《植物学》一书的科学价值与影响力。《植物学》中所创译的术语既彰显了李善兰等译者学贯中西的学术功底，也较为清晰地向读者解读了西方近代植物学研究的相关概念[1]，使读者对于《植物学》中所引介的植物学知识产生更加清晰地认知，开启了晚清植物学界对于西方近代植物学的认知，在客观上加快了晚清植物学界对西方植物学知识的接受速度。当代科技术语学认为，没有术语就没有科技，因此，本书认为，《植物学》中所创译的"植物学""细胞"等术语规范了晚清的植物学学科术语表述，从某种程度上也推动了晚清植物学学科的成型发展及近代植物学学科的全面发展。

在《植物学》汉译发生之前，中国传统植物学研究虽已有一定的沉淀和积累，但并未作为独立的学科存在，也没有统一的学科名称，研究成果形式多样[1]，分散在多个领域，主要以植物本草学的形式开展，农书类、植物谱录类、地方植物志等文献典籍中也有关于植物学研究的记载，甚至在如经史子集、诗词歌赋等文献资料中也能找到传统植物学研究痕迹。在《植物学》汉译出版后，"植物学"一词即为晚清植物学界所采纳，被应用于界定学科名称，成为专门的学科名称表达方式；植物学学科也逐渐发展成为独立的专门学科，相关研究工作进一步聚焦，并厚积薄发，至近代得以全面发展。

"细胞"也经由《植物学》中创译而得。"细胞"汉译刚完成时，其词表达方式并未立即得到晚清植物学界的广泛传播，但经过学术界的充分讨论与锤炼，"细胞"最终成为cell一词的正式中文表达方式。细胞及细胞学说的提出，是19世纪西方生物学发展的主要成就之一，而"细胞"一词恰能够较为准确地传递了cell一词的科学内涵[2]，表达贴切且言简意赅，加速了国人对于近代西方科学界在细胞学领域研究工作的认知。

除"植物学"与"细胞"两词外，《植物学》中还有大量术语沿用至今，如译著在介绍植物分类学中与植物分科有关的知识中，表达科属分类的部分术语（如科、

---

① 孙雁冰.论李善兰译者主体性在晚清《植物学》汉译中的发挥［J］.出版广角，2019，（13）：88–90.
② 关于"细胞"一词的翻译缘起，详见本书第七章第二节。

伞形科、葡萄科、木棉科等）、植物生理学与植物生殖学的部分术语（胚、胚乳等）。由此可见《植物学》中术语创译的先进性与准确性。

（三）《植物学》对民国时期植物学学科发展的推动作用。《植物学》汉译发生后，到了清末民初，中国植物学学科发展渐成体系，逐渐发展成为独立、成熟的专门学科，《植物学》对中国植物学学科发展的贡献，除体现在译著中所引介的"植物学"等术语对植物学学科的规范与促进作用外，也体现在其"科学救国"思想的传递、植物学人才的培养及植物学教科书的编撰等方面。

由于《植物学》的内容完全有别于中国传统植物学研究，其汉译的发生拓宽了国人的研究视野，使晚清植物学研究者认识到近代中西方植物学发展的差距；甚至从某种程度上，也在客观上促使了清末民初胡先骕等植物学研究先驱前辈走出国门，前往西方国家，汲取西方植物学研究的精华，并最终回到祖国，真正拉开中国近代植物学学科系统化、体系化发展的序幕，从而开启了中国植物学教育与人才培养的可持续发展道路。换言之，在推动中国植物学学科发展成型中，《植物学》在开启民智方面的贡献远远超过其本身知识内容方面的价值。

此外，《植物学》一书也对20世纪初期多部植物学著作及教科书的出版影响至深，这种影响既包括如"植物学""细胞"等术语表达方面的影响，也包括研究内容和研究方法指导方面的影响，即打破传统思维，在植物学教科书中引介西方近代意义上的植物学知识及研究理念，倡导植物学研究中应当依据实验观察的结果作为开展植物学研究的理据，从而间接造就了一大批具有先进科学思想的植物学研究者，为近代植物学发展提供了进一步的保障。

第四节 小 结

自《植物学》汉译出版后，传统植物学研究中的实用主义与经验主义不再作为中国植物学研究的核心指导理念，植物学研究工作的开展转而强调植物学研究中偏于理论性的一面。因此，《植物学》是中国植物学发展史上承上启下的关键之作。此外，《植物学》对中国近代植物学发展的贡献还在于译著中所介绍的科学研究方法及所传播的追求本质的科学研究理念。关于显微镜等科学仪器的介绍及重视实验观察的方法论等拓展了国人的科研视野，使晚清植物学研究工作的开展真正跳脱出传统植物学研究中实用主义及经验主义的束缚，为晚清植物学带来研究思想上的革命，其意义更为重大，产生的影响更为深远。此外，《植物学》也从术语传承、思路框架、内容性质等层面对其他来华传教士植物学著、译作、清末民初植物学著作及教科书等产生一定的影响，进一步彰显了其科学价值和文化影响力。

第七章 《植物学》的科技翻译贡献

作为晚清第一部植物学方面的译著及晚清西学东渐时期科技翻译的代表之作，《植物学》中蕴含丰富的科技翻译价值。译著中所创译的植物学术语及译者的科技翻译翻译思想等均适用于当代翻译学理论的框架，为当代科技翻译研究及翻译理论与实践研究提供了丰富的素材。《植物学》的科技翻译价值还体现在其术语创译方面；这些术语推动了清末民初中国植物学学科的发展，尤其在植物学学科术语的规范性发展方面所发挥出的重要作用。此外，《植物学》汉译受到李善兰译者主体性的主导，能够客观呈现李善兰科技翻译思想。本章从当代翻译学研究视角出发，通过运用翻译目的论的相关理论对《植物学》中所创译的术语进行反向分析，并对较具代表性的术语及其科学传播影响力等进行深入解读，进一步深度探索《植物学》中所创译术语的翻译学起源；通过分析《植物学》汉译过程中李善兰译者主体性的发挥，进一步明晰并彰显李善兰的科技翻译思想；通过运用生态翻译学理论对《植物学》译文进行分析，进一步提炼《植物学》的科技翻译价值。

第一节 《植物学》中术语的英汉创译及其翻译学价值

《植物学》中所创译的大量植物学及生物学术语，是其科学价值的直观体现。《植物学》中术语翻译，具有一定的开创性质。这主要由于晚清植物学发展远远落后于西方，西方近代植物学研究中的多项内容及术语等，在中国植物学研究中均没有对应的表达方式，也没有可供参考的先例可供依循，因此，李善兰等译者的汉译工作具有一定的难度。

《植物学》中创译了大量较具影响力的术语，包括植物学、细胞、科、胚乳、菊科、姜科、子房、胚、胎座、雌花、雄花、心皮等[①]，这些术语的价值不仅体现能够推动晚清植物学研究发展进步方面，更在于其汉译适用于当代翻译学理论的评价标准，具备一定的科技翻译研究价值。

---

① 孙雁冰.论李善兰译者主体性在晚清《植物学》汉译中的发挥［J］.出版广角，2019（13）：88-90.

一、《植物学》中创译的术语及其翻译学缘起

《植物学》中的术语由李善兰等译者"创译"而得。"创译"，即创造性地翻译。同晚清西学东渐时期的其他科技译著一样，在《植物学》汉译过程中，先由来华传教士（韦廉臣或艾约瑟）口头描述选定外文原本中的知识信息，再由中国学者（李善兰）对其所描述的内容进行解读与加工，并最终成文。在此过程中，由于李善兰更为了解晚清科学界的研究现状，且其本人深受中国传统文化熏陶，相较于西方来华传教士，李氏个人学术造诣与文言文表达能力的优势均较为明显，也更加清楚在推动实现译文"本土化"方面的要素与重点，因此，在《植物学》术语创译与形成规范性表达方式方面，李善兰发挥出了更加明显的主导作用。

《植物学》包含大量创开先河的术语表达，这些术语均第一次出现在晚清植物学界，表意新颖且准确贴切，并符合晚清植物学研究者的认知能力及语言表达习惯。这些术语的创译既引领了晚清植物学研究的新潮流，也堪称中国翻译史上的经典。李氏在《植物学》中所创译的术语，一部分得以沿用至今，广泛应用于与当代植物学及生物学相关领域内；也有一部分术语虽然随着植物学学科的发展，逐渐被更为精确的表达方式所取代[①]，但也曾为西方近代植物学知识在晚清植物学界的传入与传播奠定了必要的基础，并推进了晚清植物学学科术语的规范性发展与衍化。

在植物学汉译过程中，李善兰尽量使用中国传统植物学研究中已有的表达方式，并结合所引介知识的特点与要求，采取晚清植物学读者所更容易接受的方式，其目的在于使读者在阅读译著时能够激活已有的知识储备，从而更好地吸收所引介的科学知识[①]。正如汪子春所总结：李善兰在植物科名的翻译上主要根据三个途径：一是根据中国有关科的传统的植物类群的集合名词进行表述，如豆科、瓜科、五谷科；二是把为人们所熟知的该科典型植物作为科名，如芭蕉科、菱科、莲科等大部分科都如此，对后来的命名影响较大；三是根据该科植物花的形态来翻译的，如伞形科、十字科、唇形科等，其伞形、唇形等袭自中国传统的本草书中[②]。表7-1列举了《植物学》中的部分术语，并将这些术语与当代植物学术语进行对比。

---

① 孙雁冰.李善兰科技译著述议［J］.安庆师范学院学报（社会科学版），2016，35（4）：47-51.
② 汪子春.李善兰和他的《植物学》［J］.植物杂志，1981（2）：28-29.

表 7-1 《植物学》所用部分名词与现行名词对照表 ①

《植物学》名词	相当于现在名词	《植物学》名词	相当于现在名词	《植物学》名词	相当于现在名词	《植物学》名词	相当于现在名词
植物学	植物学	细胞	细胞	科	科	胡椒科	胡椒科
葡萄科	葡萄科	伞形科	伞形科	罂粟科	罂粟科	雌花	雌花
木棉科	木棉科	蔷薇科	蔷薇科	子房	子房	菱科	菱科
心皮	心皮	唇形科	唇形科	胚	胚	姜科	姜科
豆科	豆科	芭蕉科	芭蕉科	胚乳	胚乳	菊科	菊科
雄花	雄花	石榴科	石榴科	胎座	胎座		
上一年木体	原生木质部	面痕	腹缝线	无胚子植物	孢子植物	大黄科	蓼科
下一年木体	后生木质部	总衣	总苞	族	属	合蕊密类	头状花序
有器之体	有机体	通皮木	中柱鞘	绣球科	忍冬科	茶科	山茶科
无器之体	无机体	莲科	睡莲科	荔枝科	无患子科	十字科	十字花科
外体	器官	木体	机械组织	聚胞体	薄壁组织	线体	筛管
圜管	环纹导管	内体	组织	乳路体	乳汁管	卵之口	珠孔
螺线管	螺纹导管	卵	胚珠	淡巴菰科	茄科	瓜科	葫芦科
实十功劳科	小檗科	胚珠	卵	橄榄科	木樨科	栗科	山毛榉科
外长类（植物）	双子叶植物及裸子植物	胚胞	珠被	梨科	苹果亚科	桑科	桑科
内长类	单子叶植物	上长类	蕨类植物	梅科	梅亚科	麻科	荨麻科
内皮	内皮层	通长类	低等植物	雄粉	花粉	水仙科	石蒜科
真皮	皮层	粉粒微管	花粉管	肉桂科	樟科	松柏科	松柏纲
第二层皮	表皮	背痕	背缝线	紫薇科	千屈菜科	五谷科	禾本科

  李善兰所创译的术语表述精确简洁，较为清晰地将西方近代植物学研究中概念性的知识引介至晚清科学界；更为重要的是，李善兰在《植物学》中的术语翻译中所采取的创译之法也可运用当代翻译学理论对之进行反向解读，具备一定的翻译学研究价值。本节从当代翻译学研究视角出发，运用翻译目的论的相关理论深入剖析《植物学》中代表性术语的英汉创译，从而进一步挖掘这些术语的翻译缘起及《植

① 罗桂环. 中国早期的两本植物学译著——《植物学》和《植物图说》及其术语［J］. 自然科学史研究，1987（4）：383–387.

物学》的科技翻译价值。

二、来自译者及译文翻译目的的主导

《植物学》译文行文及术语创译等均可运用翻译目的论理论的核心内涵进行分析解读。所谓"来自译者及译文翻译目的的主导"指的是《植物学》中术语的英汉创译可以用翻译目的论的相关理论来进行解读与剖析。

目的论的理论内涵是功能派理论中较为重要的理论分枝之一。1978年，德国学者费米尔（Hans J Vermeer）首次提出目的论的相关理论。费米尔在其提出的目的论中指出，翻译行为与其他行为一样，均有其实施的目的；同时，"目的"这一概念也可应用于翻译中；在完整且行之有效的翻译活动中，翻译过程的实施应当在目的语境和文化背景之下进行，且其实施须以满足目标语读者的期待为根本目的；换言之，在翻译过程中，具体翻译策略的选择应当根据翻译目的来确定，最终使译文能够在目标语语境下、在目标语读者间发挥出其交际功能。

目的论核心理论内涵包含三项基本原则，即目的原则（skopos rule）、连贯性原则（coherence rule）及忠实性原则（fidelity rule）。三项原则中的目的原则为主导翻译行为的首要原则，即"翻译行为所要达到的目的决定整个翻译行为的过程"；连贯性原则则指的是"译文必须让接受者理解，并在目的语文化中以及使用译文的交际环境中有意义"①；而忠实性原则指的是，在翻译过程中译者要尽量保证译文行文表述的语际连贯，同时也要求目标语文本忠实于原语文本，但忠实程度则须由译文翻译目的和译者对所依据源语文本的理解程度来量化评价。三项原则间的关系为：忠实性原则受连贯性原则支配，连贯性原则可以服务于目的原则的实现。换言之，译者之所以要实现译文的语际连贯和语内连贯，是因为译者的最终目的即为实现译文的翻译目的。因此，翻译目的论理念下的翻译工作并不重视译文与源语文本的完全对等，而是要求译文能够在源语文本与目标语读者之间建立起交际桥梁；在翻译实际操作过程中，译者须采用适合的翻译策略来实现这一目的。

根据翻译目的论的理论指导，翻译目的涵盖了译者目的及译文目的两方面内容。通过对李善兰科技翻译文献进行深入分析，可以发现其科技译著（即译文）均具有明确的交际目的，即李氏科技翻译的根本目的为将西方先进的科学技术传播至中国，既引介了相关知识内容，也力图唤醒晚清科学界"取西方科学之长，助力国家民族强大"的科学意识；这一交际目的中也涵盖了译者李善兰的个人目的，而"创译"正是译者为实现这一目的而采用的翻译手段②。作为晚清第一部近代意义上的植

---

① 周锰珍. "目的论"与"信达雅"——中西方两种译论的比较［J］. 学术论坛，2007（8）：154–158.
② 孙雁冰. 从翻译目的论的视角看李善兰科技翻译［J］. 湖北广播电视大学学报，2016，36（6）：45–49，53.

物学译著及李善兰仅有的植物学译著①，《植物学》汉译当然也具备同样的翻译目的。特别是《植物学》中术语创译，即是在译者目的及译文目的的双重主导之下译介完成。

首先在译者目的方面，译者目的主要涵盖两方面的内涵，即译者实施开展翻译工作是出于谋生的目的或出于译者个人学术兴趣的目的。在《植物学》的汉译中，其中术语的英汉创译所折射出的译者目的与《植物学》译著的整体翻译目的相一致，即李善兰的科技翻译工作既有其出于谋生的目的，也有其出于个人学术兴趣及个人学术发展的需要。李善兰于1852年离开家乡海宁，来到墨海书馆开始其西书汉译工作；究其本质原因，主要出自两方面的目的："一是能接触到最新的科学研究成果；二是能让他衣食无忧，全身心地投入到学术研究中"②。李善兰为晚清知名数学家，全心致力于数学研究，然而，他逐渐发现在其家乡浙江海宁不能够接触到数学领域内较为前沿的知识，而在墨海书馆从事译书工作的同时，也可以接触到西方数学及其他科学领域的研究成果，这将有助于他拓宽其自身的科学研究视野；同时，墨海书馆的译书工作也可以为其提供一份薪酬，满足其养家糊口的需要。以上即为李善兰科技翻译活动中的译者目的。

其次在术语英汉创译的译文目的方面，则既有与《植物学》整体汉译交际目的相同的内容，也有专属术语本身的翻译目的。《植物学》的交际目的与中西方科技交流的总体目的相一致，即传播西方近代科学知识；术语本身的翻译目的则指对英文中的植物学概念与术语予以汉语对等的界定，从而更好地实现译文的科技交流目的。以"植物学"一词的英汉创译为例，其译文目的包含多方面的内涵。

"植物学"为《植物学》中所创译的重要术语之一；对应英文表达为botany。《植物学》汉译完成出版后，"植物学"成为专门的学科名称表达。该词英汉创译的译者目的从属于《植物学》整个译著，而探讨其译文目的则需要从该词英汉创译的缘起谈起。

（一）"植物学"英汉创译缘起

在翻译botany一词的过程中，李善兰首先选定"植物"一词。"植物"一词在中国典籍文献中早有记载，最早见于《周礼》。在《周礼·地官·大司徒》中的记载如下文：

> 以土会之法，辨五地之物生：一曰山林，其动物宜毛物，其植物宜早物，其民毛而方。二曰川泽，其动物宜鳞物，其植物宜膏物，其民黑而津。三曰丘

① 孙雁冰.李善兰科技译著述议［J］.安庆师范学院学报（社会科学版），2016，35（4）：47-51.
② 杨自强.学贯中西——李善兰传［M］.杭州：浙江人民出版社，2006.

陵，其动物宜羽物，其植物宜核物，其民专而长。四曰坟衍，其动物宜介物，其植物宜荚物，其民晳而瘠。五曰原隰，其动物宜裸物，其植物宜丛物，其民丰肉而庳①。

在上述《周礼·地官·大司徒》引文的记载中，关于"植物"与"动物"等均有所提及，对于生物物种定义及特点均有明确的描述。

此外，在《本草纲目》等中国传统植物学研究著作、文献中，也曾采用过"植物"这种说法，因此，"植物学"一词中的"植物"二字即为李氏所保留的中国传统植物学研究中的已有表达方式。而"植物学"中的"学"字则同"天文学""数学"等词中的"学"字，为学科名称表达中的通名表达方式；学术界习惯将之与学科名词中的专名表达相组合，从而形成界定学科名称的专有名词。除受中国传统科学的表达方式影响外，本书认为，李氏对于"学"字的选定，也受到了来自墨海书馆组织翻译的其他科技译著的影响。在《植物学》汉译发生之前，墨海书馆已有与化学等学科有关的译著出版刊行；且李氏墨海书馆译友除伟烈亚力等西方来华传教士外，也有王韬等知名中国学者②。其中王韬与李善兰私交甚厚，甚至王韬日记中也曾记录了与李善兰日常交往点滴，其中多有涉及李氏在书馆译书事务及其他生活事宜信息，王韬日记因而成为后人溯源李善兰其人生平及学术经历的重要凭据之一。早在1855年，"王韬从内地会创始人戴德生口中得知'化学'，并记录于自己的日记之中"③。因此，李善兰极有可能从王韬处获知"化学"一词，并将"学"字应用于"植物学"一词的英汉创译中，就此造就了专门的学科名称表达。自"植物学"一词出现起，中国植物学学科逐渐将传统研究的各个方面整合在一起，发展成为自然科学的重要分支学科之一。

（二）"植物学"英汉创译的译文目的

除从属于《植物学》整体翻译目的外，"植物学"的英汉创译也实现了其自身专门的翻译目的：界定学科名称。在《植物学》汉译发生之前，中国传统植物学研究虽取得了一定成就，经典植物学成果百花齐放，但相关研究却并未整合归入统一的专门学科，且缺少特定的学科名称表达，相关研究成果分散于植物本草学、区域植物志、植物谱录及各类农书文献中，从某种程度上降低了传统植物学学科的整体发展水平及研究成果的学科影响力，不利于植物学学科的可持续深入发展。因此，学科名词"botany"一词的汉译中带有"归类已有植物学研究，使相关研究系统化、规

① 阮元.十三经注疏·周礼［M］.上海：世界书局，1936.
② 孙雁冰.论李善兰译者主体性在晚清《植物学》汉译中的发挥［J］.出版广角，2019（13）：88-90.
③ 沈国威.译名"化学"的诞生［J］.自然科学史研究，2000，19（1）：55-57.

模化"的目的。正是基于这样的翻译目的，李善兰最终择定"植物学"这一表达方式，给予中国传统植物学研究以统一的学科名称表达，最终助力植物学发展成为独立的专门学科，为晚清植物学的发展进步作出了不可替代的贡献。

翻译目的论的核心理论强调任何翻译活动均有其明确的目的；从翻译目的论的视角出发对李善兰在《植物学》中的术语翻译进行解读后发现，同李氏其余科技译著中的科技内涵相一致，《植物学》及其中的术语翻译均强调译文的科技交流目的。因此，李善兰对《植物学》中的术语的处理并没有采取英汉等值翻译，而是在解读内涵的基础之上对之进行创译；但在创译过程中，李善兰尽量采用中国传统植物研究或学术界已有的表达方式，使术语表达能够传情达意，精准贴切且符合晚清植物学研究者的认知能力，较好地实现了其科技交流的根本目的，对中国植物学发展做出了积极的贡献。

第二节 李善兰译者主体性在《植物学》汉译中的发挥

晚清西学东渐时期的科技翻译发生在特定的时代背景之下，因而成书于这个时期的科技译著具备一定的时代特征；其时代特征不仅体现在其采用"合译"的方式完成汉译工作，也表现在这一时期的科技翻译带有明确的翻译目的，同时，与当代科技翻译相比，西学东渐时期科技译著中的译者的主体性发挥得更加明显，且在不同的科技译著中，译者主体性发挥的特性与程度均有所不同。

李善兰在《植物学》的汉译过程中起到了主导作用[①]。作为晚清知名学者，李善兰个人学识渊博，且思想较为开化，属于晚清较早意识到西方科学先进之处的有识之士；他了解晚清植物学研究的需要，因而能够选定既能够推动晚清植物学发展需要，也较为符合彼时晚清植物学研究者认知能力的待译内容，并利用自身丰富的知识积累及学术素养创译出了许多引领晚清植物学进步发展的术语名词。因此，李善兰的译者主体性贯穿了《植物学》汉译的始终[①]，尤其在译著中相关术语的英汉创译过程中，李善兰发挥出了更加显性的主导作用。

一、译者主体性核心概念的界定

在翻译的实施过程中，源语文本的原作者、译者、目标语读者及译介发生所处的社会文化背景等方面的因素均参与其中；然而翻译界对于其中哪一部分因素在翻译

① 孙雁冰.论李善兰译者主体性在晚清《植物学》汉译中的发挥［J］.出版广角，2019（13）：88–90.

中发挥了主导作用却一直存在着争议。本书认为，在翻译实施的过程中，翻译主体的确定应依据各因素主观能动性的发挥程度，无论原作者、译者还是目标语读者，主观能动性发挥最为显著的，即为翻译主体。可是，原作者及目标语读者虽同样为翻译活动的必须参与者，但若没有译者参与或有效衔接，则原作者与目标语读者之间就必然不会产生联系，翻译活动的发生与完成也会受到影响，因此，本书认为，译者是翻译行为中的主体，在翻译实施过程中发挥出了更加显著的主导作用；换言之，译者主体性的发挥是翻译过程顺利实施并完成的保障。

译者主体性贯穿了翻译的全过程，是翻译行为中不可忽视的影响因素。然而，学术界对于"译者主体性"这一概念的核心内涵却并尚未形成统一意见。截至本书撰写时，学术界已有的较具影响力的说法包括：许均提出，译者主体性"指的是译者在翻译过程中所体现出的一种自觉的人格意识及其在翻译过程中的一种创造意识"[①]；屠国元等认为，译者的主体性就是指译者在受到边缘主体或外部环境及自身视阈的影响制约下，为满足译入语文化需要在翻译活动中表现出的一种主观能动性，它具有自主性、能动性、目的性、创造性等特点[②]；查明建、田雨则认为：译者主体性是指作为翻译主体的译者在尊重翻译对象的前提下，为实现翻译目的而在翻译活动中表现出来的主观能动性，其基本特征是翻译主体自觉的文化意识、人文品格和文化、审美创造性[③]；仲伟合提出：译者主体性是指在尊重客观翻译环境的前提下，在充分认识和理解译入语文化需求的基础上，作为翻译主体的译者在整个翻译活动中所表现出来的主观能动性，它体现了译者的语言操作、文化特质、艺术创造、美学标准及人文品格等方面的自觉意识，具有自主性、能动性、目的性、创造性、受动性等特点[④]。这些均为本书开展研究工作的基础。

立足于已有的理论成果基础，本书进一步得出结论，认为译者主体性的表现特征主要体现在主动性、受动性以及少我性等三方面，其中，主动性主要体现在译者对于原语译本的选择、译者对原语内容的解读、译者在翻译过程中的具体操作等三方面因素；受动性主要受制于译者所处的社会历史语境及译者个人学术修养、生活经历及环境等三方面的制约；而少我性则体现在译者能够在翻译过程中摆脱其个人的思维局限性及学术、价值观上的偏见等方面[⑤]。

李善兰的译者主体性支配与主导了《植物学》汉译的全过程[⑤]。李善兰为思想进步的晚清知名学者，他深受中国传统文化的熏陶，中文语言功底扎实；因此，从学

---

① 许均."创造性叛逆"和翻译主体的确立[J].中国翻译，2003（1）：6-11.
② 屠国元，朱献珑.译者主体性：阐释学的阐释[J].中国翻译，2003（6）：8-14.
③ 查明建，田雨.论译者主体性——从译者文化地位的边缘化谈起[J].中国翻译，2003（1）：19-24.
④ 仲伟合，周静.译者的极限与底线——试论译者主体性与译者的天职[J].外语与外语教学，2006（7）：42-46.
⑤ 孙雁冰.论李善兰译者主体性在晚清《植物学》汉译中的发挥[J].出版广角，2019（13）：88-90.

术背景及文化背景方面，李善兰均较与其合作的西方来华传教士更加了解晚清植物学研究的需求及与西方近代植物学研究的差距；同时，他的中文造诣也使其在译文语言表达方面更具优势。因此，他在《植物学》源语中待译内容的选定方面发挥出了主导作用，更在目标语文本中译语的表达，尤其是其中术语的英汉创译方面发挥出了更大的主观能动性。这些均彰显了《植物学》翻译中李善兰译者主体性中主观性的一面。

李善兰在《植物学》的翻译过程中也受到了来自晚清科技发展情况及所处的社会环境的影响，这主要是指李善兰在《植物学》汉译过程中所客观折射出的科技翻译思想，这也是李氏译者主体性中客观性特征的表现①。而译著《植物学》中所传播的西方近代植物学知识则凸显了李善兰译者主体性的少我性特征。《植物学》传播的是西方近代植物学研究中的基础性知识②，这些知识突破了传统植物学研究的束缚也在晚清植物学研究者的接受能力范围之内，堪称推动晚清植物学研究与国际接轨的启蒙之作。这一点客观地表现出了李善兰能够摒除晚清社会科学思维局限性、客观传播西方植物学研究成果的科学前瞻性。换言之，李善兰的译者主体性在《植物学》汉译过程中的发挥主要以有目的的选择待译内容、术语的英汉创译及兼容并包的科学思想等三种形式呈现。

二、对待译内容的选定

翻译行为中，第一步也是至关重要的一步就是对于待译内容的选定。选定合适的待译内容，是实现翻译工作根本目的的前提，也是译文完成后，其传播影响力及科学文化价值得以发挥的根本前提与保障。在很多情况下，这一行为由译者来完成，因此，对待译内容进行有目的的选择是译者主体性得以发挥的表现；而在《植物学》英文待译内容的选择上，李善兰起到了主导作用①。

《植物学》的汉译发生在晚清西学东渐的大背景之下，彼时西方植物学研究远远领先于晚清植物学界；同时，西方来华传教士为实施"科学传教"策略，进一步推动传播宗教教义的在华传播①，通过大量翻译西方科技著作，将西方科学界的部分成果传播至晚清科学界。在这样的背景下，李善兰等人所要选译的内容需要满足如下要求：既能够传播西方植物学知识，有利于晚清植物学的进步与发展，也要起到推广西方宗教教义的作用；更为重要的是，其所传播的植物学知识要在晚清植物学研究者的认知能力范围之内。同时实现上述所有目的要求，对于译者而言，对《植物

---

① 孙雁冰.论李善兰译者主体性在晚清《植物学》汉译中的发挥［J］.出版广角，2019（13）：88-90.
② 孙雁冰.传统植物学向近代植物学的过渡：《植物名实图考》与《植物学》的对比［J］.出版广角，2019（20）：94-96.

学》待译内容的选定是一项极具挑战的任务。

李善兰被称作晚清科学先驱，也是晚清科技翻译第一人；他学术研究视野广阔，既能够意识到中国传统植物学研究的局限性，也了解晚清植物学研究的需要，能够较为客观地看待西方科学的先进之处；所以，他在选定待译内容时更有目的性及侧重点，且并未急功冒进，直接引介细胞学说、遗传学说等西方科学界较具理论高度的知识内容，而是出于满足晚清植物学界迫待启蒙、急需转变研究思路需求，从有利于晚清植物学研究总体发展的角度出发，选择了西方植物学研究中的基础性知识①。作为身怀报国救国思想及较高学术造诣的中国学者，李善兰在此过程中发挥出了更为关键性的作用，充分彰显了其译者主体性。

三、《植物学》中术语的英汉创译

《植物学》中的术语创译既是其重要的翻译成绩，也是其科学价值的客观表现形式之一。这些术语的英汉创译具有一定的特色及开创性质，同时也兼具学术性，因此发挥出了引领晚清植物学研究进入全新阶段的科学作用。由于目标语读者（晚清植物学界）对《植物学》所选译的西方近代植物学知识知之甚少，因此，在翻译待译内容中的术语时，李善兰等译者既需要正确解读相关英文表达的内涵，也需要采取精准贴切的中文对其进行对等表述；在此过程中，李善兰与韦廉臣、艾约瑟两位来华传教士的协调合作是保障《植物学》术语精准表达的根本保障；同时，基于李善兰的学术背景及学术积累，与其他两位传教士译者相比，李善兰在《植物学》术语创译的过程中，发挥出了更加明显的主导作用；换言之，《植物学》中术语的英汉创译也是李善兰充分发挥其译者主体性的结果。

在合译的过程中，韦廉臣或艾约瑟首先对相关内容进行"口译"，进而李善兰在充分解读原文的基础上进行"笔述"。李氏"笔述"时，尽量采用中国传统植物学研究或传统文化中已有的表达方式，并结合所引介西方植物学知识的实际内涵，分别创译出了植物学、细胞、雌花、雄花、子房、胚、胎座、胚乳等大量术语。在此过程中，李善兰的个人学术修养与经历、语言习惯等充分发挥出了作用，是完成《植物学》术语创译的关键保障。如"植物学"一词的创译，既有李善兰引至《周礼·地官·大司徒》中的"植物"一词②，也有其在个人数学研究抑或墨海译事过程中所接触到的"学"字。可以说，正是李善兰深厚的学术造诣和丰富的学术经历造就了"植物学"一词的创译。

① 孙雁冰.论李善兰译者主体性在晚清《植物学》汉译中的发挥［J］.出版广角，2019（13）：88-90.
② 孙雁冰，马浩原.论清代来华传教士生物学译著对晚清生物学发展的贡献［J］.韩山师范学院学报，2017，38（3）：59-64.

再以"细胞"一词的创译为例，进一步说明李善兰译者主体性对《植物学》中术语英汉创译的影响。"细胞"一词的创译同样展现了李善兰译者主体性客观受动性的一面，即受到来自译者个人经历等其他因素的制约——"细胞"这一表达方式的最终确立受到了李善兰个人语言习惯（方言）的影响[1] [2]。"细胞"一词由李善兰在《植物学》中所首创，译自英文cell一词，主要体现在林德利植物学相关著述文献中的与"论内体"的有关内容中。通过解读cell一词在对外文原本中的表述内涵，李善兰等人首先明确了cell一词指代的是比较小的器官组织构成单位[1]；而对于"器官组织单位"，李善兰提炼出"胞体"这一概括性描述。"胞体"的说法表述较为形象，主要取汉字构词法的精要：在汉语中，"月"旁象征"肉"，可指代生物体结构。在此基础之上，cell一词的翻译再被译者改良译作"小的胞体"；然而这一表述贴切有余，简洁不足[1]，李善兰因而继续对之进行加工。由于"小"字在李善兰家乡海宁方言中的发音为"细"，所以"小的胞体"即被精练表述为"细胞"[1]。虽然"细胞"这一表述贴切且简洁，但在《植物学》刊印之初，"细胞"一词并未立即得到学术界的普遍认可；持否定态度的观点认为，能够象征19世纪生物学发展水平的cell一词就这样被译作"细胞"似乎太过草率；因而关于cell一词的译法一直未得到统一；如傅兰雅即曾在译著中采用过"膛"的表述。直至20世纪初，"细胞"这一译法才为学界所普遍认可，成为中国生物学学科中的统一名词，并沿用至今。

除"植物学"与"细胞"两个术语外，《植物学》中的"科""真皮"等术语的英汉创译也受到了李善兰个人学术经历、语言功底等诸多因素的共同作用，这些均是李善兰在《植物学》汉译中发挥出译者主体性的直接表现。

四、李善兰兼容并包的科技翻译思想

魏源"师夷长技以制夷"思想的提出引领了晚清一大批有识之士走上了科学救国的道路，李善兰堪称其中的领军人物，其在墨海译事过程中通过翻译西方科技著作的方式向晚清科学界传播了多部西方近代科学成果，以实际行动支持了晚清科学救国思潮的实践与执行。在此过程中，李善兰能够较为客观地将西方科技的进步之处呈现出来，同时也并未全面摒弃中国传统科学研究中的精华，而是尽量将两者相互融合，这正是李善兰兼容并包科技翻译思想的体现。作为李氏科技翻译的代表之作，《植物学》的汉译过程及结果均能够展现出其这种科学思想。李善兰在《植物学》中所展现出的兼容并包的科技翻译思想是其译者主体性得以发挥的又一表现。

李氏兼容并包的科技翻译思想指的是李善兰既能够认识到晚清植物学研究应以西

① 孙雁冰.论李善兰译者主体性在晚清《植物学》汉译中的发挥［J］.出版广角，2019（13）：88-90.
② 杨自强.学贯中西——李善兰传［M］.杭州：浙江人民出版社，2006.

方近代植物学研究作为发展方向，也认为中国传统植物学研究中的沉淀与积累同样也值得肯定。前者主要通过《植物学》中所客观引介的西方植物学知识来彰显，后者意指李氏"中西结合"地创译完成了《植物学》中的术语。

除此以外，李善兰兼容并包的科技翻译思想也表现在他对待译内容的选定及有效传达外文原本中的相关知识内涵等方面。因此，李善兰兼容并包的科学思想体现在《植物学》汉译的全过程中，并为《植物学》内容的客观性及后续科学传播的广泛性提供了最大的支持和保障。

李善兰进步的科技翻译思想在晚清的社会历史背景下是难能可贵的。清政府长期的闭关锁国政策阻断了西方近代科学的发展动向及研究成果的在华传递，闭塞了国人科学研究的视听，更赋予了国人盲目的自我中心论，导致大多数人故步自封，既不愿正视西方科学研究的先进之处，也不愿取其精华；尤其封建士大夫阶层，他们中的大多数人受传统文化影响至深，拒绝接受西方科技的方方面面。而李善兰等进步之士却能够正视彼时西方科学中的先进之处及中西方科技发展的差距，认识到实验观察与实验结果分析等研究方法及理念在科学研究中的重要性，他们也摆脱了学术狭隘思想的束缚，意识到西方科技译著可以作为开启民智的手段，科技翻译堪比救国之道、救国之魂。因此，李善兰才能够以较为包容的科学态度接纳西学，投身墨海书馆，较好地完成翻译西方科技译著的工作任务，并以较为客观的态度将彼时西方科学的先进之处传播至晚清。因此，《植物学》中所蕴含的兼容并包的科技翻译思想也是李善兰译者主体性得以发挥的表现。

在《植物学》的汉译过程中，李善兰正是通过选定待译内容、术语的英汉创译及兼收并蓄地处理西方植物学与中国传统植物学研究各自的优势等方式，充分发挥了其译者主体性。概括而言，《植物学》汉译中，对待译内容的选定是受李善兰译者主观能动性的驱使；术语的创译受到来自李善兰主观能动性及客观环境，即译者所处之社会历史语境（如彼时国人的阅读习惯、认知能力甚至李善兰的方言习惯）等方面因素的制约；而译著中所蕴含的兼容并包的科技翻译思想则体现了李善兰译者主体性中的少我性特征。

李善兰译者主体性的有效发挥是《植物学》汉译顺利实施完成及其科学文化价值得以发挥的关键①。李善兰深厚的学术造诣与极具先见性与包容性的科学思想赋予了他鲜明丰满的译者主体性，因此，即使李善兰不懂英语，却能够在《植物学》汉译过程中发挥出更大的主导作用。

---

① 孙雁冰. 论李善兰译者主体性在晚清《植物学》汉译中的发挥 [J]. 出版广角，2019（13）：88-90.

第三节 《植物学》的生态翻译性特征

《植物学》的生态翻译性特征主要指《植物学》汉译的全过程可以运用生态翻译学理论进行解读。生态翻译学是侧重于研究翻译行为的翻译学理论；运用生态翻译学的核心内涵对《植物学》的汉译进行探讨，可以发现《植物学》的汉译既遵从了晚清的翻译生态环境法则的约束，也受到了其所处的生态环境中各要素的制约[①]。因此，《植物学》的汉译既完成了其历史使命，也有机融合于其汉译发生时所处的生态环境之中。

生态翻译学理论于2001年由胡庚申教授提出，该理论全面盛行于2009年，是研究翻译活动的一个新视角[①]。生态翻译借鉴的是达尔文的"自然选择，适者生存"的原则，从"选择"和"适应"的视角对翻译的本质、过程、标准和方法等方面做出了新的阐释，论证并构建了"翻译适应选择论"这一新的翻译学理论[②]。生态翻译的研究视角拓宽了研究人员的视野，从单纯的字面判断上升到全面具体理解译者的翻译思路和所遵循的翻译思想，即，将译者置于他所处的时代环境，通过研究译者的翻译作品与整个翻译生态环境之间的关系，将作者融入了其所适应的环境之中[①]。

生态翻译学理论核心内涵强调，翻译行为均在一定的生态环境下实施开展，环境中包含多项影响因子，如文化背景、语言习惯、社会交际、社会背景、源语文本、译者与读者的学术背景及两者之间的互动与关联等；这些影响因子之间彼此依存并相互影响，且均能够对翻译行为的实施产生一定的干涉，可直接影响翻译结果的产生[①]。在生态翻译学的核心理论框架下，包含九大研究焦点：生态范式、关联序链、生态理性、译有所为、翻译生态环境、译者中心、适应与选择、三维转换以及事后追惩[①]。本节拟选取关联序链、翻译生态环境、译者中心、适应与选择、三维转换、译有所为等六个模块对《植物学》的生态性特征进行分析与解读，从而对《植物学》的翻译过程与翻译结果等进行综合考察和整体性研究。

一、关联序链

关联序链的内容是生态翻译学理论中的第一层内涵，也是生态翻译学理论中后续理念研究工作得以实施开展的基础。胡庚申认为，关联序链的要点是：鉴于翻译是语言的转换，而语言又是文化的一部分；文化是人类活动的积淀，而人类又是自然

① 孙雁冰.从生态翻译学的角度看严复翻译 [J].西安航空学院学报，2014，32（4）：54-57.
② 胡庚申.翻译适应选择论 [M].武汉：湖北教育出版社，2004.

界的一部分①，因此，翻译行为、源语与目的语、所处文化背景、人类、自然界之间是彼此互制互依的关系。胡庚申通过下图描述了生态翻译学中的关联序链。

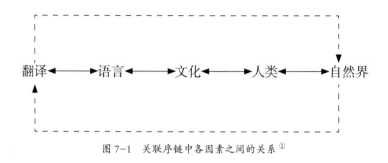

图 7-1　关联序链中各因素之间的关系 ①

关联序链的内涵主要陈述的要义是，翻译行为的开展需要承受双向语言、所处文化背景、人文环境及自然环境等要素的制约。联系《植物学》汉译发生的背景，彼时晚清社会经济、政治、科技等各方面均落后于西方国家，并遭遇到前所未有的民族危机。而李善兰等思想进步的有识之士较早地意识到，唯有正视西方科学的先进之处并取而用于国家的发展之中，才能实现民族自强。《植物学》的汉译正是发生在这样的社会背景之下，因此，本书认为，《植物学》的汉译在某种程度上带有救亡图存的政治色彩。①

翻译是双语间交际的媒介；而这一媒介作用的发挥则主要依靠译者来实现。在《植物学》的汉译中，李善兰等译者较好地实现了其媒介作用。凭借自身学贯中西的学术修养，李善兰创译出大量具有影响力的植物学术语、生物学术语，并被广泛应用于民国至近代的中国植物学发展中。

从文化层面看，《植物学》汉译发生在1842年鸦片战争后西学大量涌入、有识之士积极寻求科技救国之道这一特殊的社会历史背景之下。《植物学》的汉译将西方近代植物学知识引介至中国科学界，就此突破了中国传统植物学研究的瓶颈，更为国人带来科学研究方法论上的革新，从本质上带来科技的进步与向前发展，自此开启了中国科学文化领域的新时代。

从自然生态层面看，《植物学》汉译发生之时，正是西学科学传入中国传统科学界并产生影响的关键时期，也是中国传统科学寻求突破发展的窗口时期。"师夷长技以制夷"思潮的出现也促进了晚清科学界向西方科技"取经"活动的出现，而西书汉译则是能够采取的主要手段。作为晚清西学东渐时期的第一部植物学译著，《植物学》在推进中西方科技交流过程中较好地发挥出了其助力作用，推动了晚清社会科学文化形态的变迁，产生影响深远的科学文化价值。

① 胡庚申.生态翻译学的研究焦点与理论视角［J］.中国翻译，2011，32（2）：5-9.

因此，受制于《植物学》汉译所依存的关联序链中，各生态因子的综合作用，《植物学》既发挥出了其科学推动作用，也传播了颇具内涵特征文化价值观与科学方法论，进一步保障了该译著在晚清科技交流史上的不可替代的地位与价值。

二、翻译生态环境

生态翻译学理论中的"翻译生态环境"指的是由"原文、源语和译语所构成的世界，即语言、交际、文化、社会，以及作者、读者、委托者等互联互动的整体；其构成要素包含了源语、原文和译语系统，是译者和译文生存状态的总体环境，是影响译者最佳适应和优化选择的多种因素的集合"①。《植物学》汉译的翻译生态环境即指其汉译发生时所处的历史时代背景，涵盖政治、科技及文化等因素，同时也包括译者的翻译动机及个人学术修养。综合考量这些因素，译者实施了待译内容选定、译语表达等翻译流程；这些翻译生态环境要素共同促进了《植物学》汉译的完成，最终，《植物学》实现了其生态和谐性，即充分发挥出其科学文化影响力。

三、译者中心

生态翻译学所提倡的"译者中心论"，指译者从主观性出发，为与所处的翻译生态环境协调一致，因而采取的策略与行动。这一概念充分诠释了译者在翻译过程中的作用。作为翻译活动中最具权威意识的行为体，通过发挥两种语言及两种文化间的桥梁作用，译者的主体意识能够对翻译活动的开展产生极大的影响。

在《植物学》的汉译过程中，李善兰等译者（尤其李善兰）的译者中心性特征尤为明显。如本书前文中所述，《植物学》并非针对源语文本的直接对译，而是译者有目的地进行选译；本书前文多次提及，"有目的的选译"主要指李善兰等人根据晚清植物学发展的实际状况及研究的需要选定了待译文本；在其后实施翻译的过程中，李善兰等译者不仅极为重视对源语文本的深入解读，也较为关注译文的行文表达，尤其其中的术语创译，因而《植物学》译文行文语言规范、简练且符合晚清读者的阅读习惯，较为契合晚清科学界的认知能力与阅读习惯，并为其科学影响力的发挥提供了进一步的保障。

《植物学》的译者中心性特征的另一表现形式即体现在译者对于中西方文化交互作用的处理方面。《植物学》汉译发生之时，晚清社会正处于西方来华传教士科学传教策略与"师夷长技以制夷"思潮影响下的科学救国思想的双重作用之下。关

---

① 胡庚申.翻译适应选择论［M］.武汉：湖北教育出版社，2004.

于《植物学》的翻译目的，李善兰等译者遵从了墨海书馆西书汉译的大方向，即以"科学传教"作为根本目的，关于这一点，可从《植物学》中所蕴含的丰富的自然神学思想①中可见一斑。同时，出于科学救国的目的，李善兰从晚清植物学研究的实际需要出发，并未选译当时理论程度较高的西方生物学或植物学知识内容，而是选择了具有启蒙作用的西方近代基础性植物学知识；对处于发展启蒙阶段的晚清植物学界，这些知识更具指导意义与实用性价值。李善兰等译者也在翻译过程中兼顾了晚清传统文人士大夫的文化自尊，即在译著行文表达上尽量采取中国传统植物学中已有的表达方式，如"植物学"等词，或是尽量采取较具中国文化特色的词，如"细胞"等词，而非采取外借词或直接进行音译。由此可见，译者在实施翻译行为的过程中兼顾了中西方的不同文化诉求，从而有效化解了可能产生的文化矛盾冲突，最大限度地保障了《植物学》科学文化影响力的发挥。

《植物学》的汉译以译者作为终极关照实施开展。其汉译的全过程以译者为取向，译者的学术修养、语言习惯、译书诉求等因素主导了整个翻译过程，同时也保障了其后续影响力的发挥。

四、适应与选择

适应与选择原则主要体现在《植物学》中的术语英汉创译方面。翻译适应选择论包含两方面的理论内涵，翻译过程中的译者行为包括适应与选择两个方面。适应中有选择，即适应性选择；选择中有适应，即选择性适应。这种选择性适应和适应性选择的具体特征：一是"适应"——译者对翻译生态环境的适应；二是"选择"——译者以翻译生态环境的"身份"实施对译文的选择②。《植物学》中术语英汉创译的适应性和选择性主要表现为，译定的术语既传播了近代西方的植物学知识，也较为符合晚清植物学研究者的认知能力，为晚清植物学界所接受。

适应与选择是生态翻译学理论研究中的重点内涵之一。与自然界中的适应与选择理论观相一致，生态翻译学理论中的适应与选择也是以最终的"生存"作为目标，而实现"生存"这一目的的手段即为选择，选择的过程中则不断通过"进化"来实现优化。准确来说，《植物学》是译者有目的的选译，译语并未完全忠实于英文原文，而是译者根据目标语读者的实际需要，发挥其语言修养与文学功底编译而成。为使《植物学》的译语能够更好地为晚清学术界所接受，李善兰充分考虑了《植物学》的目标语读者——接受过中国传统教育的晚清封建知识分子，这类人群中有一部分人并不能接受西方的新生科学事物，因此，在深入解读源语文本的基础上，李

① 关于《植物学》中所蕴含的自然神学思想，详见本书第七章。
② 胡庚申. 生态翻译学的研究焦点与理论视角［J］. 中国翻译，2011，32（2）：5-9.

氏在译文行文上采用了当时通用的文言文表达方式，而在术语表达方面，采用大量中国传统植物学甚至传统文学中已经使用过的表达方式，既使读者不感到陌生，也最大限度地保全了封建士大夫的民族自尊。姑且不论这样的"民族自尊"正确与否，但译者关于译语的处理方式确实使得译文更具可读性，更易于为目标语读者所接受。

五、三维转换

三维转换原则指的是在"多维度适应与适应性选择"的原则之下，相对地集中于语言维、文化维和交际维的适应性选择转换[①]。生态翻译学理念下的三维转换是适应与选择结果的进一步发展，其关注点更在于翻译过程中译者对于语言、文化及交际等因素的处理，换言之，成功译作的标志即为实现语言维、文化维及交际维之间的生态和谐性。

立足于《植物学》，其译语行文表达体现了"适应与选择"的生态性特征，即实现了译语的适应性转换，从而使得译著《植物学》能够更好地实现了其翻译目的—传播西方近代植物学知识。同时，译者也较为重视中西方文化内涵的传递和描述，既传播了西方近代意义上的植物学知识与注重实验观察的科学研究理念，也并未引起文化冲突，因此，《植物学》一书读来更像由原语（即中文）直接书就而成，而并非由外文译介而来。在交际维适应性转换方面，《植物学》的汉译关注了源语与目标语之间的交际意图，最终实现了其汉译的各个目的（关于《植物学》的翻译目的，本书前文已有论证）。

六、译有所为

"译有所为"原则从内涵上看，主要表现在以下两方面：一是译者从事翻译有其特定的动因（侧重主观动机）；二是翻译出来的东西可以做事情（侧重客观效果）[②]。对于《植物学》而言，首先其汉译具有明确的动机，这样的动机可从三个层面来进行解读，其一为实施西方来华传教士的"科学传教"策略[③]。同处晚清西学东渐的大背景之下，《植物学》与其他来华传教士科技译著一样，也同时肩负了传播宗教教义的使命，传播宗教教义为传教士科技翻译发生之本原；其二为实现晚清思想进步之士的"科技救国"目的。晚清政治环境的内忧外患为民众带来了前所未有

① 胡庚申.生态翻译学解读［J］.中国翻译，2008，29（6）：11-15.
② 胡庚申.生态翻译学的研究焦点与理论视角［J］.中国翻译，2011，32（2）：5-9.
③ 孙雁冰.论李善兰译者主体性在晚清《植物学》汉译中的发挥［J］.出版广角，2019（13）：88-90.

的民族危机感，思想较为开化的进步之士认为，只有国家强大才能摆脱帝国主义的压迫，而科技发展则是实现国家强大的根本保障；这些人较早地意识到近代中西方科技发展的差距，以及汲取西方科技的长处有助于推动晚清科技的进步与发展，能够进一步开启民智，彻底摆脱落后的局面；而西书汉译则是开展西学东渐传播的主要途径之一，作为晚清第一部植物学译著，《植物学》的汉译当然也承载了"科技救国"的目的。其三为传播西方近代基础性植物学知识，这一点同时也是实现上述两方面目的的途径与具体实施策略。

而从"译有所为"原则的第二个内涵层面上看，《植物学》较好地实现了汉译目的，充分发挥出了其科学文化影响力，在晚清科技史及中西方科技交流史上产生深远影响，并得到学术界的普遍认可。因此，《植物学》的汉译不仅展现了李善兰等译者学贯中西的学术才华，更实现了晚清西方科技译著救国图存、传播西学的汉译目的，中国植物学发展有所助益。因此，本书认为，《植物学》汉译能够彰显"译有所为"——这一生态翻译学理论中的核心原则，实现了译本与其所处生态环境之间的和谐统一。

第四节　小　结

《植物学》中的术语创译、待译内容选定、行文表达、李善兰科技翻译思想等均可运用当代翻译学中的翻译目的论、译者主体性及生态翻译学等理论的核心内涵等进行解读，从而不仅为当代翻译学研究提供了素材，进一步明晰了《植物学》汉译发生时晚清社会的科学文化背景，也深度还原了《植物学》汉译发生发展的经过，有助于我们从更深层面提炼《植物学》的科学文化价值，并进一步肯定了其中所引介植物学知识的实用价值及其在术语创译方面的先进性。此外，运用当代翻译学理论对《植物学》分析研读，也有助于学术界更好地了解晚清西书汉译时期的社会属性及晚清西学东渐时期的西学输入情况，进一步丰富了当代科技史学研究的内涵。

作为晚清西学东渐时期中西方科技交流的代表性科技译著及推动中国植物学研究进入新阶段的转折之作，《植物学》具有丰富的科技翻译价值。《植物学》的科技翻译价值除体现在其作为晚清第一部植物学译著的这一本质外，也更多地体现在李善兰等译者所创译的植物学术语及科学价值的实现等方面。《植物学》中所创译的植物学术语助力晚清植物学研究开启新纪元，既象征了李善兰等译者对待译内容中的植物学知识的解读结果，也能够客观呈现被称作晚清科技翻译第一人的李善兰本人的科技翻译思想。

第八章 《植物学》科学文化意义与自然神学思想

《植物学》在中国植物学史上及晚清中西方交流史上均产生了引人瞩目的影响力；其汉译具有鲜明的时代特征，译著中也包含了丰富的文化信息与内涵，对学术界开展晚清中西方科技交流史研究、传教士科学传教策略研究及晚清科技翻译研究等均具有一定的参考价值。因此，《植物学》具有极为丰富的科学文化意义。但出于多方面原因，《植物学》文本深受西方自然神学思想的影响，译文中有多处依靠自然神学来阐释较为复杂的科学现象，虽未干扰译文行文的完整性，也并未影响《植物学》的科学传播影响力，但从当代植物学研究视角评判，译著中自然神学的痕迹在某种程度上降低了《植物学》的科学性，对《植物学》的科学说理性产生一定冲击。

第一节 《植物学》的科学文化意义

《植物学》汉译既是晚清植物学界与西方植物学研究接触的重要标志，也是中国植物学研究进入发展新阶段的象征。全书篇幅不长，但蕴含的科学文化信息量却极为丰富，既包括西方近代植物学知识，也包括能够体现时代特征的文化信息，从而为当代学术界考察《植物学》汉译发生时的社会和文化背景、晚清社会信息、挖掘能够体现时代特征的西方文化特性等提供了重要参考依据。因此，《植物学》一书的价值除体现在其对于中国植物学发展的科学贡献外，所产生的文化影响力也同样不可忽视；甚至从某种程度上，随着时代的推移与当代植物学研究的进步与发展，《植物学》的文化价值已远超其科学价值。本节在深入探讨《植物学》在晚清中西方科技交流与中日科技交流过程中的地位，以及其中所蕴含的文化附加值等内容的基础上，充分论述《植物学》的文化价值，并形成关于《植物学》文化价值的系统性研究。

一、晚清中西方科技交流的代表之作

《植物学》能够较为客观地反映19世纪中后期西方科学向晚清科学界的输入及传播等情况，代表了晚清第二次西学东渐时期中西方植物学交流的开始。《植物学》汉

译具备一定的时代特征，也充分实现了在特定时代背景下其汉译的根本目的；其汉译实施开展的全过程，均能够客观呈现19世纪中后期中西方科技交流的主要特性。

《植物学》的汉译发生在"师夷长技以制夷"科学救国思潮的影响之下。晚清的进步人士不断寻求科学救国的良策，力求以推动科学发展的方式实现民族的强大，打破晚清落后挨打的局面；而"中学为体，西学为用"口号的提出，则标志着晚清社会正式由"传统"迈向"求变"，且"求变"的最终目的即在于学习西方之长，从而提升晚清的科学实力，因此，《植物学》译介的完成正是象征着晚清植物学研究由传统性研究转向近代意义研究的改变。

《植物学》的汉译是中西方科技与文化融合的成果。《植物学》的汉译方式同晚清其他科技译著一样，由中国学者与西方来华传教士所合作完成，因此，在其汉译过程中，中西方科技与文化的核心内容必然对其译文产生一定的影响。《植物学》中主要介绍了西方近代植物学知识，但是译者却并未全面摒弃中国科学文化要素。这主要体现在两方面。首先，在引介西方植物学概念及植物学术语时，李善兰等译者力求最大限度地采用能够唤起晚清读者文化共鸣与学术共鸣的表达方式，并在此基础上，根据传情达意的需要进行加工处理（本书中对《植物学》中术语创译的研究可对此进行佐证），因此，植物学中所创译的术语既契合晚清植物学研究者的认知习惯，又精准、清晰地传达了西方近代植物学知识。其次，《植物学》译文行文流畅，表述精准到位，这是译者充分考虑读者的阅读习惯的结果。

二、中国科学文化输出日本的代表之作

（一）传入日本的背景及过程

清代早期，中国与日本既有文化上的交流也有科技上的传播，彼此之间往来较为频繁，交流的媒介主要以僧侣为主，部分逃亡至日本的前明遗臣，也曾将中国的传统文化及科技知识等传播至日本，相关明代遗臣包括林上珍、顾卿、朱舜水、陈元赟等人，其中尤属朱舜水及陈元赟二人最为活跃，在推动中国科技文化在日的传播方面所发挥出的作用也最为显著。

在文化交流方面，通过旅日僧侣及其他中国学者，中国文化的诸多方面被传播至日本，如：宗教、礼制、官制、学制、科举制、手工艺、建筑、雕塑、绘画、农业技术、哲学思想、教育思想，甚至武术等内容，丰富了日本的文化内涵。在此过程中，朱舜水（1600—1682）做出的贡献最大。朱舜水为明末清初知名学者，于1659年来到日本，以修史、讲学等方式将中华文化传播至日本学术界，亲自参与了《大日本史》的编撰，其学术思想也深深影响了日本学术界，培养了多位优秀的学者，使

中华文化在日本得到更加广泛地传播。

陈元赟（1587—1671年）于明末随商船前往日本，由于他擅长制陶及武术，因此，陈元赟对日本的影响主要体现在上述两方面。一是制陶方面。陈元赟在日本制陶过程中，选用日本的陶土做原材料，并融合中国的制陶着色方式，从而使其陶制品独具特色，因而采用他的方法烧制的陶器被称作"元赟烧"。二是武术方面。陈元赟的武术技能为日本柔道术的形成与进步提供了重要元素，"日本武术家如福野七郎右卫门正胜等人向陈元赟学武术。这三个人把少林寺武功和日本武术结合起来，加以发展，形成了日本现在的柔道，并分立门派，国昌寺便成为日本柔道中心"①。

而中国对日本的科技传播则主要发生在医药学、地学、数学、天文历法学等学科领域。医学方面的主要代表作为《北山医录》《心医录》等文献，特别是公元1607年《本草纲目》的在日传播极大地推动了日本药学的发展。早期日本对地理学相关知识的了解主要来自传入日本的清朝地学著作，包括《皇舆西域图志》（由乾隆帝组织编撰）《读史方舆要》（顾按禹著）《历史事迹图》（吕输著）等。这些著作中传播的地学知识拓展了日本地学研究者的视野，并为其后续发展奠定了基础。在数学方面，程世禄的《西洋算法全》、梅文鼎的《历算全书》等著作的在日传播对日本数学的发展产生了一定的影响，为日本数学界研究者带来全新的研究视角，相关数学知识为日本数学研究工作的进一步开展提供了依据。天文学方面，游艺的《天经或问》与康熙主持官修的《历象考成》等天文历法学著作在日本的流传极大地提高了日本天文历法学的整体学术水平，为后期日本多部天文历算学著作的编撰提供了参考资源。

总体而言，清代早期中国对日本的科学文化输出主要以传播中国学术界较具影响力的学术原著内容为主，传播的主要内容为中国传统的科学文化知识。然而，1842年后，伴随西方传教士东来，近代西方科学知识逐渐进入晚清科学研究者的视野；但日本科学界与西方近代科学知识的接触却始于1868年明治维新运动之后，因此，从西方近代科学大规模传入时间上看，中国早于日本；甚至在"起初阶段，日本也以中国翻译的西方科学著作为中介来摄取近代科学知识"②，尤其在1859年后，"汉译的西书开始自由地进入日本"③，并对日本的科技术语翻译及演化发展产生了积极的影响，主要表现在，汉译西书中的"词汇取代了当时日本已经广泛使用的某些兰学系统的译词"③，在这段时期，中国明清之际的西学译书、著述、辞典等对日本近代词汇的形成起了极大的作用。甚至可以说，所谓日语借词是在这个基础上衍生出来的④。

① 郑师渠.中国文化通史·清前卷［M］.北京：北京师范大学出版社，2009.
② 咏梅.中日近代科学交流方向逆转原因探讨［J］.长沙理工大学学报（社会科学版），2013，28（1）：26-30.
③ 沈国威.回顾与前瞻：日语借词的研究［J］.日语学习与研究，2012（3）：1-9.
④ 沈国威.现代汉语中的日语借词之研究——序说［J］.日语学习与研究，1988（5）：14-19.

《植物学》的学术影响也远播日本，科学价值同样得到日本植物学界的普遍认可。《植物学》出版刊行时间为1858年，比日本明治维新的发生时间早了长达十年之久；"1875年，日本学者据中译本转译为日文出版，主要有阿部弘国的《植物学和解》和田原陶猗的《植物学抄译》两种版本"①。在《植物学》传入前，日本植物学界已接触到西方近代植物学的部分知识，植物分类学、形态学、解剖学、生理学等相关知识在田川榕庵（1797—1845）的《植学启原》中均有所涉猎；虽然"《植学启原》被认为是日本最早的近代植物学著作"②，但是，《植物学》的传入依然在日本植物学界引发了较大的影响，不仅进一步传播了西方近代植物学研究中的相关知识，也从术语规范化与统一化发展的角度影响了日本的植物学发展。

在《植物学》传入日本后，日本植物学界不仅出现了多种翻刻本③，也出现了3种日译本④；除此以外，日本早稻田大学图书馆网站有大量中国古籍的扫描本；也有一本题为《植物学拾遗》的稿本，内容为《植物学》中出现的动植物名称，其中绝大多数为植物名称，按在《植物学》中出现的顺序依次列出，共计140种左右⑤。进一步印证了日本植物学界对《植物学》接受与认可。

《植物学》是中日近代植物学知识交流的开山之作，其在日本的传播象征了中国对日植物学知识的输入由经验性实用主义向近代意义上的转变。这一转变在中日科技交流史上尤其是植物学交流史上具有划时代的意义，表明了中国科学知识的对外输出已由传统性质转变为近代研究性质，同时也折射出了中国在西方科学广泛东传中所发挥出的媒介作用。因此，《植物学》的对日输入开启了中日科学文化交流的新阶段，象征了两国的科学交流尤其是植物学交流自此进入全新的发展阶段。

（二）对日本植物学发展的影响

几乎同晚清植物学整体发展情况一样，汉译本《植物学》传入日本前，日本植物学研究尚未展现明显的近代研究特征，且与西方近代植物学知识内涵的接触也较为有限。因此，经由《植物学》传播的西方近代植物学知识为日本植物学界提供了进一步了解西方近代植物学研究知识的有效途径，促进了日本植物学的发展。值得一提的是，"植物学"这一术语也得到了日本植物学界普遍认可，取代日本原"植学"的说法，被采纳作为专门的学科名称表达方式。

在李善兰《植物学》传入日本之前，日本学界最初将"botany"一词译为"菩多

① 熊月之.1842年至1860年西学在中国的传播［J］.历史研究，1994（4）：63-81.
② 李廷举，吉田忠.中日文化交流史大系：科技卷［M］.杭州：浙江人民出版社，1996.
③ 杜石然，金秋鹏.中国科学技术史·通史卷［M］.北京：科学出版社，2003.
④ 沈国威.六合丛谈［M］.上海：上海辞书出版社，2006.
⑤ 张翮.晚清译著《植物学》的出版及影像［J］.山西大同大学学报（自然科学版），2019，35（4）：109-112.

尼诃经"或"普它尼克经",日本本土学界也曾采用"植学"这一表达方式①,"植学"于1833年首现于宇田川榕庵编译的《植学启原》一书后,取代原有"菩多尼诃经"或"普它尼克经"的表达。一直到1875年《植物学》传入日本前,日本植物学界均广泛采用"植学"这一说法,"如1874年(明治七年)出版的《植学译筌》、1875年(明治八年)出版的《植学浅解》"②。

而1881年出版的《普通植物学》一书对"植物学"的使用,则标志着"植物学"一词在日本植物学界的正式传播,该书译自德文植物学著作《植物学基础》,译者丹波敬三等人。其后,"植物学"在日本植物学界得到更大范围地使用,多部植物学著作及教科书均以"植物学"作为题名:如:松村任三的《植物学教科书》、日本植物学家三好学的《植物学实验初步》等。此外,《植物学》中的术语名词也拓展了日本科学界的学术思维,促进引申术语的出现,如,日本生物学及医学界即在"细胞"一词的基础之上,进一步创造了"细菌"这一名词③。《植物学》中所传播的植物学知识及其所创译的"植物学""细胞"等术语,均为日本植物学的学科发展提供了理论和实践支持,对日本植物学乃至生物学的进步发展做出了积极的贡献。

三、《植物学》中的文化附加值

《植物学》的科学文化意义还体现在其中所蕴含的文化附加值方面。在向晚清植物学界引介近代西方植物学基础性知识的同时,《植物学》译文中也附带传递了部分其他西方科学文化知识与文化现象,这些科学文化知识与文化现象可称之为《植物学》的文化附加值。这些文化附加值升华了《植物学》的文化内涵,进一步提升了《植物学》的文化传播影响力。

(一)数学知识

《植物学》也包含少量关于西方数学知识的论述,如关于斐波那契数列知识的介绍。

卷四中关于叶的介绍中有一段对某一类别叶的生长规律的描述:

> 此外,有一周生二叶者,有一周生三叶者,三查(山楂)之类;有二周生五叶者,蘋(苹)婆之类;有三周生八叶者,实大功劳之类;有五周生十三叶者,

① 孙雁冰,马浩原.论清代来华传教士生物学译著对晚清生物学发展的贡献[J].韩山师范学院学报,2017,38(3):59–64.
② 汪振儒.关于植物学一词的来源问题[J].中国科技史料,1988(1):88.
③ 沈国威.回顾与前瞻:日语借词的研究[J].日语学习与研究,2012(3):1–9.

有八周生二十一叶者，有十三周生三十四叶者，有二十一周生五十五叶者①。

译者李善兰首先将叶生长的数目罗列出来，指出叶之生长规律为：一周生二、三叶，二周生五叶，三周生八叶，五周生十三叶，八周生二十一叶，十三周生三十四叶，二十一周生五十五叶；译者在此处提取出了"1、2、3、5、8、13、21、34"等数字，对于尚不十分了解斐波那契数列相关数学知识的晚清读者而言，这些数字组合的方式毫无规律可言，似乎毫无意义，也无新奇之处，但译者笔锋一转，接着说明"其次序有级数，列表明之"①：

表8-1 《植物学》中叶的次序表

二	三	五	八	一三	二一	三四	五五
一	一	二	三	五	八	一三	二一

并进一步以文字进行说明：

表中母子之级数，皆并前二数，得后一数；如并二三得五，并三五得八，并五八得十三，此母之级也。又如并一得二，并一二得三，并二三得五，此子之级别也。①

文中的阐述极为清楚，指出这些数字的表现规律为"并前二数，得后一数"，即后一项的数字为前两项数字相加之和，而这一规律正符合斐波那契数列的表现规律。文中虽未做明确提出"斐波那契数列"这一专有名词，但译者的阐释却清楚明了，令读者能够初步了解数列及植物叶着生的规律。

斐波那契数列的发明人为意大利数学家列奥那多，又名斐波那契（Leonardo Pisano, Fibonacci, Leonardo Bigollo，1175—1250）。由于斐波那契籍贯为比萨，因此，人们习惯将他称呼为"比萨的列奥那多"。斐波那契数列表现规律为：0、1、1、2、3、5、8、13、21、34、55……也就是说，在斐波那契数列中，第0项是0，第1项是第一个1，从第3项开始，每一项都等于前两项之和。其在数学上的公式表现形式为：

$F(0)=0$，$F(1)=1$，$F(n)=F(n-1)+F(n-2)$（$n \geq 2, n \in N_+$）

斐波那契数列可广泛应用于当代多个科学领域，如物理、化学等，甚至在股票证券行业人们也运用其分析股票走势趋向。

在《植物学》后文中关于"松卵"着生规律的介绍中，译者同样指出，"松卵"也以斐波那契数列的排列规律着生；指出松果果实分布"或一，或二，或三，或

① 李善兰，韦廉臣，艾约瑟.植物学 [M].上海：墨海书馆（清），1858.

五，或八，或十三，或二十一，或三十四"，"与叶同"①，也就是说，松果果实着生规律同样符合斐波那契数列的数字表现规律。

李善兰等译者在《植物学》译文中既阐述了叶、松果等的排列方式，指出其排列符合一定的规律，同时也从数学研究的角度解释了这一规律的特征，即"并前二数，得后一数"，令不熟悉斐波那契数列的晚清读者豁然开朗。本书认为，这与李善兰作为晚清知名数学家的学术背景不无相关，其数学造诣赋予其数学敏感性，使其在面对叶、松果等的呈现规律时，能够激发李善兰的学术兴趣，并进一步追本逐源，从而向晚清读者清晰地传达了斐波那契数列的相关知识。既赋予了《植物学》以额外的文化附加值，也使得译著的相关论证更加有理可信。

（二）色彩学知识

在卷五中关于花的颜色的论述之后，译者详细介绍了西方色彩学的相关知识，即构色的基本原理：

> 昔西国格致学中，有多人讲求彩色之理，谓某色与某色相宜，可以配合；某色与某色不相宜，不可配合。作画不明彩色之理，画必不佳；造绒毡不明彩色之理，所织花样必不鲜艳；故画家及绒毡匠，俱孜孜讲求彩色之理。今此理已大明，叹化工之妙，真有不可及者。色之纯者只有三种：一红色，一黄色，一蓝色。此三色若相和，便成白色；三色均无，便成黑色；红与黄合，则成丹黄色；黄与蓝合，则成绿色；红与蓝合，则成紫色；此三种非纯色，名曰次色。又丹黄与绿色合，成鹅黄色；紫色与绿合，成橄榄色；丹黄与紫色合，成灰色；此三种名曰又次色。色有两种相合成白色者，如绿与红合，紫与黄合，蓝与丹黄色合，是也。如此者名曰相合色。凡相合色配合，最能悦目。盖此二色相对，而亦相背也。若不依此理，用他色相配合，必不鲜艳。唯黑白二色，与诸色无不相称。①

"格致学"即"物理学"，色彩学的相关原理主要应用于物理学、化学等学科领域。这段论证主要阐述了西方色彩成色、搭配等的基本规律。译文指出，红、黄、蓝被称作三原色，为三种基本纯色；世间万物的色彩均由这三种颜色相互作用而成。红、黄、蓝三色合在一处即为白色；若某物体不含这三色中的任何一色或其搭配色，则该物体必然呈现为黑色。而如果这三种颜色两两组合，则会进一步形成三次色，其中：红色与黄色可合成丹黄色，黄色与蓝色的合成色为绿色，而红色与蓝色合成色则为紫色。三次色再次两两相合，则会形成三种又次色，即，丹黄色与绿色可合成鹅黄色，紫色与绿色可合成橄榄色，丹黄色与紫色可合成灰色。上面引

① 李善兰，韦廉臣，艾约瑟.植物学［M］.上海：墨海书馆（清），1858.

文中也提出了"相合色"的概念。"相合"即指两种颜色彼此间相宜，搭配在一起会令视觉舒适，能够增强色彩的着色感，"最能悦目"；正如译文中所描述的：绿色与红色"最能悦目"，即相合；其他相合色还包括紫色与黄色、蓝色与丹黄色。译者也指出，若两种颜色"不相合"，则色彩搭配"必不鲜艳"。在各种色彩中，唯有黑白二色，与所有其余色彩搭配均相合。上述引文内容是色彩学中较为基础性的论证，既诠释了译著前文关于植物花色彩呈现的原理，也指出了两种颜色若"相合"即可产生新的颜色这一知识原理，以及色彩搭配的其他基本规律。

这段关于西方色彩学的论述虽不是译著关注与传播的重点知识内容，但这些知识在拓展晚清科学界视野方面所发挥的作用同样不容忽视。正如译著中所提到的，"作画不明彩色之理，画必不佳；造绒毡不明彩色之理，所织花样必不鲜艳"，即色彩学有关的知识还可应用于绘画、纺织等领域；因此，这类知识的引介同样有助于晚清科学研究者科学素养的提升。

（三）水土保持理念

《植物学》中还有关于水土保持理念的陈述。卷四中有一段关于植物叶的蒸腾作用的介绍：

> 凡叶上口大者，发散流质易，故易干；口小者，发散难，故难干。暑地叶上之口恒小，故虽天日酷烈，叶不干；且叶之边坚而厚，或多毛，故尤不易干也。叶之发散流质，有大功用，所以令风气恒湿。风气恒湿则多雨露以润土，令土中恒有水。试将数百里内草木荄尽，土中即无水，地必成荒脊。昔英国人至北亚美利加林木之区，欲改为田，尽荄丛木，地变荒瘠，田卒不成。[①]

上述引文中既阐述了蒸腾作用的简要原理，也说明了蒸腾作用的重要意义，并肯定了植物在保持地方水土过程中的重要价值。引文中提到的"叶之口"，指的是植物叶表面的"气孔"；译者指出，气孔越大，水分蒸腾出植物体就越容易，气孔越小，则蒸腾速度越慢。引文中也提及了植物生长的地域性特点，即热带地区的植物气孔较小，蒸腾速度较慢，且"叶之边坚而厚，或多毛"，因而赋予了植物虽生于酷暑之地却能耐受高温的能力，能够为自己保留住自身生长所需的水分。在针对蒸腾作用意义的陈述方面，李善兰等译者指出，蒸腾作用有"有大功用"，即植物的蒸腾作用能够使空气湿润，"土中恒有水"，从而使土壤肥沃，有利于植物的耕种与生长；引文中也指出，草木尽，则会则造成水土流失；久而久之，必令一方土地贫瘠。上述引文中也列举了英国人在北美洲改林为田失败的案例，进一步说明植物

---

① 李善兰，韦廉臣，艾约瑟.植物学［M］.上海：墨海书馆（清），1858.

在水土保持方面的重要作用，指出若"尽芟丛木"，则"地变荒瘠，田卒不成"，即如果草木尽毁，则土地会逐渐荒瘠，造田失败。

上述引文中的内容肯定了植物在保持一方水土中所发挥出来的重要作用，这与当代"植树造林""退耕还林"等环保举措所传递的理念相一致。此外，在介绍植物叶蒸腾作用的相关知识时，译者引申性地描述了植物对于保持水土的重要意义，同时也表现出了一定的环保危机意识（若草木尽芟，则土地荒瘠），鉴于《植物学》汉译发生时所处的时代背景，这是十分难能可贵的。

除本书前文所论及的文化内涵外，《植物学》中还包含少量其他类型的文化信息，这些信息虽未占据《植物学》译文过多的篇幅，译者也并未展开深入论证，但能够进一步客观佐证《植物学》的文化价值，如其中关于希腊神话人物的介绍。

《植物学》中所包含的希腊神话内容主要是指译著中提及了美神维纳斯：

> 亚美利加泽中有草，其叶上有若蛤壳者，两半之内，各有三毛，蝇入触其毛，即合而杀之，名曰维纳斯之蝇牢。维纳斯者，希腊人所奉之神也[①]。

维纳斯捕蝇草的相关信息在本书第四章第二节中已有所介绍，此处着重探讨"维纳斯"这一名词。对于维纳斯，李善兰等译者在文中做了简要解释："维纳斯者，希腊人所奉之神也"，维纳斯为希腊神话中的女神阿芙罗狄忒，为爱神丘比特之母，因受限于《植物学》的篇幅体例，译者并未深入介绍其渊源出处，但却点明了维纳斯为希腊之神，能够令不了解西方文化史的中国读者对此产生初步的印象。

四、《植物学》的科学文化意义

《植物学》的科学意义主要体现在其中所传播的植物学知识对于晚清植物学发展的推动与促进方面，其汉译为民国时期乃至近代中国植物学学科进步与发展提供了必要基础。《植物学》的科学意义也体现在其中所创译术语的价值方面，这些术语在中国植物学术语规范性发展过程中具有一定引领作用，为晚清至民国初期的植物学著作、译作、植物学教科书等文献中的术语表达提供了参考依据，在统一近代植物学学科术语表达方面发挥出了不可替代的作用。

相较于科学意义，《植物学》的文化意义具有更加显著的持久性。除将西方近代植物学研究中的基础性植物学知识传播至晚清科学界外，《植物学》中也传播了西方近代科学研究中的方法论、实验观察观等理念。这些理念虽未全部采用文字进行

① 李善兰，韦廉臣，艾约瑟.植物学［M］.上海：墨海书馆（清），1858.

直接传达，但在推动中国植物学研究可持续发展方面，却比其所引介的知识发挥出了更为长远的作用，产生了更加深远的影响，是推动晚清植物学研究进入新发展阶段的原动力之所在，也进一步赋予了《植物学》晚清民智开启之作的地位和意义，《植物学》因而成为第二次西学东渐时期西书汉译的代表之作。

作为晚清第一部植物学方面的译著，《植物学》的文化意义同样体现在其科技翻译价值方面，即李善兰科技翻译思想的体现与其中术语创译的先进性及学科影响力的发挥等。这些内涵赋予了《植物学》独有的翻译学研究价值，同时也扩大了《植物学》的文化传播影响力。

此外，《植物学》译文中所隐含的其他文化信息，能够为学术界考据晚清西学东渐及中西方科技交流情况等提供参考依据，进一步升华了《植物学》的文化内涵和意义。

随着中国近代植物学的渐趋成熟与当代植物学的全面发展，《植物学》中所引介的植物学知识早已不具备科学指导价值；但其拥有多重文化标签，即晚清第一部介绍西方近代植物学知识的译、著作、中国植物学发展史上转折之作、晚清第二次西学东渐时期的代表性科技译作等，且这些文化标签进一步赋予《植物学》经久不衰的文化影响力。甚至从某种程度上评价，《植物学》的文化影响力远超其科技传播影响力。

（一）植物学术语的创译与表达

李善兰对于外文原本中植物学术语的译介，采取的主要是"创译法"，顾名思义即创造性的翻译。创译法要求译者既需要准确领悟源语中的表意，也需要具备精准贴切的目标语表达能力。他首先对林德利植物学原著中的西方植物学知识进行解读，进而联系晚清中国植物学界乃至整个生物学界的认知状况，尽量采取传统科学中已有的表述方式，采取相应的翻译策略。《植物学》一书中恰当贴切的术语翻译，既具备学科专业性又易于为国人所接受，最能体现李善兰创译法的特点和贡献。这些术语包括植物学、细胞、科、心皮、子房、胚、胎座、胚乳、菊科、姜科、雌花、雄花等，它们的翻译首开先河，既规范了中国植物学的术语表达，推动了中国晚清乃至近代植物学发展，也在科技术语翻译方面有一定的理论指导价值。其中李氏创译的"植物学""细胞"和"子房"三个词最能彰显其译者主体性及创译成果的意义。

"植物学"一词的翻译。在"植物学"一词的译介过程中，李善兰的创译法是如何体现的呢？这要从英文botany被译介为"植物学"的缘起谈起。"植物学"中的"植物"二字并非李善兰所独创，而是他从中国古籍中撷取的。"植物"一词最早出现于《周礼·地官·大司徒》："以土会之法，辨五地之物生：一曰山林，其动物宜毛物，其植物宜早物"。在明代李时珍《本草纲目》等典籍中也曾使用过"植物"一词。古籍中的"植物"一词均是指树木花草类，与动物相对，含义比较明确，李善兰显然深谙其由来和含义。"植物学"中"学"字的确定，则与李氏的译书经历以及晚清科技传播的大背景有关。李善兰在墨海书馆译书期间所接触的人物除艾约瑟、韦廉臣等西方传教士外，也包括王韬等中国知名学者。尤其是李、王二人同为书馆译友，过从甚密，在译书及学术上必然有所交集。1855年春，王韬从内地会创始人戴德生口中得知"化学"一词，并记录于自己的日记之中，李善兰有可能从王韬处获得这一学科名词的信息。而且在1858年《植物学》成书之际，地学、天文学、数学等学科名称已经出现，"学"字作为学科通名，与专名组合成为某特定学科的名称，已成为科学界的普遍现象。在英文学科名称botany的翻译过程中，李氏将"学"字置于专名"植物"一词之后，中西合璧，成功创译"植物学"名称。这看似顺理成章，但实际上是其传统文化素养及科技翻译经历的结晶。

从英文"botany"到汉语"植物学"，李氏的翻译简洁明了，传情达意，既尽量保留中国传统的表达方式，又加入了西方的学科概念，影响深远。"植物学"一词问世之后，多部有影响力的植物学著作均沿用了其表达方式，或以其作为译作或著作的题名。如艾约瑟于1886年出版《植物学启蒙》，会文学社于1903年编译《植物学问答》与《植物学新书》，杜亚泉于1903年所编著的《新编植物学教科书》，黄明藻于1905年著《应用徙薪植物学》、彭树滋于1906年编写《普通教育植物学教科书》，叶基桢1907年出版的《植物学》一书。从此，"植物学"被学界不断沿用，逐渐成为统一的学科名称表达。它还包容并统一了传统本草学、区域植物志、植物谱录等名称表达，并促使植物学逐渐发展成为一门独立的学科。

"细胞"一词的译介同样颇有意味。"细胞"译自英文cell一词，并首见于《植物学》一书中。"细胞"的问世，一是李氏研读原作后进行创译的结果，二是受到了译者个人语言习惯（方言）的影响。就前者而言，在林德利原著"论内体"的几卷内容中，对组织构成单位的表达，已有"胞体"的名称。通过对原著中相关植物学知识的研读，李善兰与韦廉臣二人认识到，cell一词指代的是比较小的器官组织构成单位。因此，cell一词被李氏等人先行理解为"小的胞体"，这一表述很贴切但不够简洁。有趣的是，浙江方言这次在英译汉中发挥了作用。李善兰为浙江海宁人，"小"字在其家乡方言中的发音为"细"，于是，"小的胞体"就被翻译为"细胞"。其后虽几经反复，但在20世纪初，"细胞"这一概念表达已被学界普遍认可，并一直沿用下来了。

还应提及的是，李善兰所创译的植物体器官结构术语，如子房、心皮、胚、胚乳、胚珠等，不仅沿用至今，更为后续的植物显微结构研究及植物生理学研究奠定了基础。以"子房"一词为例，该词的创译是李氏根据植物器官的形状特点及生理功能进行联想，进而予以形象化表达的结果。子房对应英文为ovary，为被子植物雌蕊下面膨大的部分，内部包含能够发育成种子的结构——胚珠。其中的"子"字象征了种子，"房"字则既象征了器官的形状，也象征了其功能——为胚珠发育成种子提供处所。可以说，"子房"一词既充分地将对应的器官予以形象化描述，又具备科学术语表达的专业性特征，生动而又贴切简洁。显然，译者如果没有高深的学术造诣和传统文化素养，就不可能做出这些富有灵性的创译成果。

（二）《植物学》译著的时代因素及其科学传播意义

李善兰堪称晚清科技翻译第一人，也是走在科学文化前沿的有识之士。他的科技翻译发生在以魏源"师夷长技以制夷"为序幕的"科学救国"思潮之下，因此，《植物学》等科技译著随处反映出切实有效、开启民智的思想，很好地实现了科学传播功能。

《植物学》不仅包括西方植物学的基础性内容，还对其先进成果及注重实验观察的科学研究方法多有推介。在此过程中，李氏能够突破晚清社会科学思想的局限性，较为客观地将西方现代植物学研究成果传播至中国学界及民间。在《植物学》译介发生的19世纪中期，西方植物学研究在生物学整体大发展的带动下，已呈现出体系化特点。遗传学说、林奈"双名制"命名法等生物学理论的提出以及显微镜等实验仪器的应用，标志着西方植物学研究已进入近代意义的发展阶段，研究侧重点逐渐偏向于植物解剖学、植物生理学、植物胚胎学等内容；西方植物学界不断涌现出的名家大师，也为植物学带来了更为先进的理论及方法，促使植物学研究分支趋于细化，研究工作也更为系统化。如1804年索绪尔所提出的植物光合作用理论，1809年拉马克所提出的"用进废退"与"获得性遗传"法则，以及施莱登、施旺分别于1838年与1839年提出的细胞学理论等。然而同期的中国，尚没有专门的植物学学科，植物学研究依然停留在传统本草学的范畴，研究内容也跳不出经验性和实用性的窠臼。就是说，与其他自然科学门类相似，晚清时期，西方植物学已远远领先于中国。

更令人忧虑的是，在中国近代科技全面落后的背景下，清政府长期的闭关锁国政策，使得国人往往闭目塞听，不愿正视和学习西方先进科技。尤其是士大夫阶层受中国传统文化影响至深，很多士人拒绝接触西方科技，从而严重阻碍了中国科技文化的进步。在这样的情况下，一些有识之士开始意识到故步自封不利于开启民智、振兴国家，他们摆脱狭隘学术思想的束缚，提倡科技救国。于是，晚清以来不少学者试图从介绍和翻译国外科技论著入手，引进和传播西方现代实验科学，以便实现洋为中用，李善兰便是其中的重要人物。

李氏以西方重要植物学文献资料为基础，主持完成《植物学》一书的编译，首次向中国人引介了"植物学""细胞"等一大批重要科学名词，也描述了植物体在显微镜下的结构呈现及部分生物学原理，如指出碳是构成生物体的基本物质等。有学者指出，该书"介绍了近代西方在实验观察基础上建立的各种器官组织生理功能的理论，这些理论对于当时的中国人来说，可谓是闻所未闻"。这些内容虽然多是现代植物学的基础性知识，但对尚未跨入现代科学门槛的中国人来说，却显得很新颖，具有重要的启蒙价值，并可促使其进一步学习和探索。另外，书中译介的概念、理论和方法，能够引导晚清中国植物学研究与西方接轨，从而开启中国植物学研究的新时代。尤其是书中创译的大量中文植物学术语表达，为后来的相关论著所广泛采用，部分术语沿用至今，有的还东传日本。总之，在晚清中国的时代背景下，李善兰的《植物学》译介策略具有显著的开创性和针对性，其翻译成果承前启后，使中国植物学研究迈入新阶段，并为以后西方植物学的传入奠定了基础，从而很好地实现了科学传播功能及文化影响。

李善兰曾说，自己投身墨海译事有两个目的："一是能接触到最新的科学研究成果；二是能让他衣食无忧，全身心地投入到学术研究中去。"可见李氏从事科技翻译之目的，虽然不一定那么纯粹和高尚，但他在晚清时期能致力于西学汉译事业，以包容的态度接纳西学，以渊博的学识译介西学，的确在客观上促进了西方植物学等学科的研究成果在中国的传播与应用，从而为中国近代科技的进步做出了重要贡献。

第二节 《植物学》中的自然神学思想的表现形式及其产生的原因

无论约翰·林德利的植物学文献，还是《植物学》本身，均不是宗教理念主导下的神学作品。然而，西方近代自然科学往往与自然神学密不可分，因此，象征西方近代植物学知识正式传入的代表之作——《植物学》，同样也受到自然神学思想的主导，译文中有多处可见与自然神学思想有关的记述。长期以来，学术界将研究重点主要放在对《植物学》中所传播的近代植物学知识及其产生的影响方面，这也正是将《植物学》中的植物学知识从其宗教文化背景中剥离出来之后的结果，虽不会造成对《植物学》科学文化意义的错误认知，但若忽视贯穿于译著全篇的自然神学思想，很可能导致后世对于《植物学》中部分理性价值观，甚至部分汉译动机的缺失。本节深度探究《植物学》中所包含的自然神学思想的线索，并对其成因进行研判分析，从而对《植物学》产生更加客观地认知。

一、《植物学》自然神学思想的表现形式

自然神学指的依据理性判断或经验总结所构建的与上帝有关的教义，其理念不依

赖宗教信仰与特殊启示，强调"在大自然中发现上帝的作为，从而颂扬主的智慧和全能。近代自然科学的博物学传统一直与自然神学有着密切的关系"①；且"自然神学的精髓是'理性的上帝'的观念，这一观念经过系统完善，被近代的哲学家、科学界所接受和吸收，成为近代前期西方思维方式的重要部分。从近代科学思想史的角度来看，基督教自然神学事实上已为近代科学奠定了这些基础"②。因此可以说，"自然神学是以自然神论的方式而与科学发生正面关系的"③。在《植物学》译文中多次出现"上帝""造物主"等说法，并多次指出植物体构造的精细之处均来自上帝的缔造。

李善兰在《植物学》序中即5次提到"上帝"：

> 韦艾二君，皆泰西耶稣教士，事上帝甚勤。而顾以余暇译此书者，盖动植诸物，皆上帝所造。验器用之精，则知工匠之巧；见田野之治，则识农夫之勤；察植物之精美微妙，则可见上帝之聪明睿智。然则二君之汲汲译此书也固宜，学者读此书，恍然悟上帝之必有，因之寅畏恐惧。而内以治其身心，外以修其孝悌忠信，惴惴焉惟恐逆上帝之意，则此书之译，其益人岂浅鲜哉！④

在上面这段引文中，李善兰先说明了参与译书事务（译《植物学》）的两位传教士"事上帝甚勤"，且能够花费时间译此书，皆因动植物者均为上帝所造，据此将植物学研究中的科学现象及研究结论与上帝联系在一起。再通过类比工匠技艺与器皿精细程度的关系以及农夫的勤劳与田野治理的好坏两组事物，李善兰进一步指出，看到植物如此"精美微妙"，"则可见上帝之聪明睿智"。在自然神学思想中，上帝的聪明睿智堪比大自然的鬼斧神工，是缔造万物的根本之所在。李善兰在《植物学》序言中即点明"植物的精美来自上帝的作为"，从而为后文自然神学思想的进一步引入打下了基础。而在《植物学》序中其后的论述中，李善兰等译者进一步指出饱学之士阅读此书（《植物学》），则会意识到上帝存在的必然性，并应持有敬畏的心态。

《植物学》序篇幅并不长，约为240字，李氏却在有限的篇幅内5次提及上帝，且强调表明由上帝缔造了植物，并促使了植物学研究的开始及植物学学科的产生，因此，学者应以敬畏的心态来阅读译著《植物学》及开展植物学研究。而综观《植物学》正文全文，自然神学色彩贯穿于译著行文间，文中多次提及"上帝""造物

① 刘华杰.《植物学》中的自然神学 [J].自然科学史研究，2008，27（2）：166–178.
② 林成滔.自然神学与近代科学的诞生 [J].白城师范学院学报，2006（2）：25–27.
③ 高秉江.自然神学与科学 [J].华中科技大学学报（社会科学版），2004，18（4）：9–12.
④ 李善兰，韦廉臣，艾约瑟.植物学 [M].上海：墨海书馆（清），1858.

主"及其他与宗教文化相关的表述,其中,卷一有5处,卷三有4处,卷四有2处,卷五有3处,卷六与卷七中各有1处,卷二与卷八中没有提及。通过对之进行深入解析归类,《植物学》中关于自然神学的论述主要共受到下述五种理念的主导。

(一)夸大上帝创造万物的能力

受晚清植物学界整体研究能力的限制,对于部分植物学原理,李善兰等在《植物学》中并未给出科学的解读,而是转以上帝创造万物的理念来对之进行解释。如在卷一中,译者介绍了动植物体,以及有生命体(动植物)与非生命体(石类)的区别,而对于物体的分子构成原理,译者却并未深入解析,而述之以"乃造物主之妙用非人所得而知也"[①]的说法。此种说法将卷一前文中关于动植物体、石类等物的客观存在与特性皆归因为上帝的功劳,从而回避了晚清植物学界对于生物体及非生物体的构成原理研究能力不足这一事实。

在卷四中有一段关于"松实",即松果的描述,关于松果果实排列方式的表述较为复杂,译者在段落结尾处依然将之归结为上帝的创造:

> 松非一种,松卵螺线之数,视种而异,或一,或二,或三,或五,或八,或十三,或二十一,或三十四,理与叶同,若左旋五,则右旋或三或八;左旋八,则右旋或五或十三,余可类推。杉实右旋恒五,左旋恒八;本干之鳞右旋恒五,左旋恒三。左右螺线,其数多者,一周至顶,少者二周至顶。与初起处方向俱相对,如为八与五,则八线一周俱至顶,五线二周始俱至顶也;若卵太长而螺线太少,亦有三周至顶者。如此细密布置而云非造物为之耶?[①]

松果果实分布中"或一,或二,或三,或五,或八,或十三,或二十一,或三十四"的规律与斐波那契数列现象[②]相吻合。然而,鉴于晚清植物学界,甚至整个晚清科学界的数学认知能力,植物学研究者未必具备从斐波那契数列的原理来解读松果的果实着生方式规律的能力,因此,李善兰与韦廉臣运用较具代表性的自然神学式的反问句进行反问:"如此细密布置而云非造物为之耶?"来对之进行总结,并对上述内容给予自然神学式的解释。

译者在卷五关于花的色彩时,既对花的多彩与绚丽给予夸赞,也对其发色原理予以介绍:"花之艳色,显露于瓣,辉耀夺目,光彩不定。瓣内有无数细胞,其中有汁,乃彩色之根。又有无数细丝,盘旋其中。"[①]同样也将花色的多彩与绚丽归之于造物主的创造,且用反问句的形式表明了造物主的匠心独运:"而云本于自然,非

---

① 李善兰,韦廉臣,艾约瑟.植物学[M].上海:墨海书馆(清),1858.
② 关于斐波那契数列,详见第七章第四节的相关论证。

造物主之所为，可乎？"①而在卷五中，译者用较长的篇幅对色彩的三原色原理及构色原理进行介绍后，转以"造物于天地万物之色，皆默用此理"①的表达强调色彩的三原色原理乃造物主所创，非自然发生。

（二）夸耀上帝作为精妙

《植物学》正文中有多处表述采取"造物主之神奇""造物主之妙用"等字句，这与自然神学思想中所强调的"肯定上帝在大自然中的作为，并对之进行赞颂"的理念相一致。

卷一所记述内容中所体现出的自然神学思想，究其产生的原因，主要是译者打算从自然神学的角度强调植物在生态系统中的重要意义，并充分肯定上帝造物的精妙之处："欲明植物因何而生，造法若何，上帝生之造之作何用，须遍察地球之植物乃能明之"①。这句话主要借助植物的多样性来强调上帝造物手法的高明，尤其是其后文中关于"石藓"的论证，既说明了"植物种类如此之繁，一一不同"，但却"然各有功用"①，同时也指出上帝思虑周全：

> 姑以最微之石藓言之，凡海中新涌出小岛纯石也，石藓即生其上。根入石外皮，雨露濡之，积湿不散，石外皮因之而烂；久之，石烂者。石藓枯萎者，杂糅而成泥，风吹草种入焉，而草生；根入石益深，石益烂，复与草之枯萎者糅成泥；如是千百年。泥益深，而百谷果木生焉。大东洋诸岛果木皆然。故石藓实为诸植物之先路焉。又火山喷石及流出石汁冷而复凝之地，一望皆石，亦必先生石藓，久而生草木。故造物主所生之物，虽至微，有大用焉。①

本段关于石藓的描述指出了石藓其物虽微，然则却是造就植物体得以诞生的前提，故而"造物主所生之物，虽至微，有大用焉"，既强调了"存在即合理"的理念，也赞誉了上帝的智慧。

卷三中有一段话介绍了根的功用，指出："根之功用有二，一以固树干，二根管之末有小口，吸食土中诸汁以养身"①。文中更强调了吸食之口所处位置的精妙："吸食之口恒在管末者，盖口在粗根，则不能远穿石隙以吸土汁"①，然而却并未从科学的角度对之进行解释，而是把植物体结构的生物性特征归结为"造物主之妙用"①，即从自然神学的视角对科学知识进行解读，目的在于增强论证内容的合理性。本卷中关于植物体器官"干"的功能的介绍同理："（干）若上中下如一，反易折矣，此造物主之妙用也"①。

卷四结尾处，译者以晚清中国作为背景，对地球碳循环做了介绍，内容包含译

---

① 李善兰，韦廉臣，艾约瑟.植物学 [M].上海：墨海书馆（清），1858.

者所估算的碳循环量的数据，也包括关于循环程序的简单介绍，篇幅不长，但读者却清晰感知到地球碳循环规模之宏大、生物实施过程之复杂；译者对于碳循环过程的描述较为准确，译文中明确提出"碳气在动植物之间，周流不息"；然而，李氏等却将之归功于上帝的手笔，并赞颂其设计精妙："此造物主之妙用，不可思议也。"在其后关于植物环境适应性的描述中，更加明确地指出，植物的生存适应能力主要来自造物主的安排，而非于大自然中所形成："近赤道草木盛，所散养气多，近二极草木少，所散养气少，故造物主令风气上下流转，使动植咸若，此不可云由于自然也"[①]。

卷五中有一段关于植物授粉的介绍，论述清楚有理，并引介了雄性植物及雌性植物的概念，译著中先介绍了植物授粉的基本原理："树分雄雌者，如杨柳之类；雄树之花有须无心，雌树之花有心无须。二树之生必相近，花开时，风吹雄花之粉着于雌花之心也"[①]。这句话指出了雄性植物与雌性植物的区别，及二者必然相伴而生，授粉则是由风吹落雄花粉而落于雌花之心。译者在本卷其后的论述中又以"生于湖底的草"及"松杉之类"为例，说明地理位置的特殊性及植物形态的特殊性并不会影响植物授粉过程的完成，从而辩证地证明了植物授粉机理的普适性。

欧罗巴洲之南，有草生于湖底，亦分雌雄。雄浮于水面，雌在水底；雄者受日光，花开足，囊将裂，雌者乃生长丝，上至水面，丝末作小花，以受雄花之粉。既孕子，复缩入水底。又如松杉之类，枝分雌雄，其叶必如针，令雄花之粉从针隙散堕，故雌花之心能受之。若叶如常树，则粉为叶所隔，雌花不能受矣。又有枝分雌雄，而叶如常树者，则先花后叶，故花之雌雄，仍能相交，榛子是也。[①]

本段论证肯定了植物授粉过程的精确性。然而其后译者却认为植物的这种特质并非由自然所早就，而是由于上帝的精妙作为："可见造物主——斟酌，无不恰好；而云本于自然者，真呓语矣"[①]。译者在此处论证中所展现出来的内涵即为典型的自然神学思维：否认自然发生说，甚至认为自然论堪称无稽之谈，秉承一切皆由上帝所造，皆为上帝精心作为的结果的理念。

（三）传扬上帝的博爱与仁慈

基督教认为，上帝是仁慈博爱的，救赎苍生的；而自然神学则将这一理念运用于自然科学的普适发展观，认为自然界的一切、生物体构成等皆是神的旨意，是上帝博爱大众的表现。因此，自然神学的发展观强调，植物的地理选择性及植物体构成

[①] 李善兰，韦廉臣，艾约瑟.植物学［M］.上海：墨海书馆（清），1858.

之精巧等皆由上帝所赋予，是上帝博爱仁慈的表现。

在赞颂上帝"作为精美"的同时，译者同时也推崇上帝造物时的博爱与仁慈。卷一中有一段关于极寒之地植物适应性生长的描述："近北极常寒，惟近夏至时微温。七十二度稍南，虽有夏，甚短；故其地之草木，生叶作花结果，俱甚速，少缓，恐遽寒，不能成也"[①]。这原本是植物进化时自然选择、优胜劣汰的结果，然而译者在译著中却话锋一转："亦可证造物主之制裁，凡植物各与所生之地相宜"[①]，转而强调上帝造物时因地制宜，充分考虑植物生长，具有博爱的胸怀；接着，译者又从植物生长具有地域特征的角度，再次赞扬了上帝热爱人类的仁慈：以及"造物之生草木，因地制宜，皆为人谋也"[①]。

卷三中关于植物体器官——根的介绍中，译者阐述了根的功能及根管吸水的科学原理，同样，译者依然将之归因为上帝"大慈"所成："每叶若以线下垂，必遇一管口；管若略长或略短，皆不能吸叶上之水，于此见上帝之大慈焉"[①]。译者在此处的论证陈述有所夸张，并含不实之处（叶下垂不会"必遇一管口"）；可见译者为赞誉上帝的博爱情怀，做出了夸大科学事实的描述。

（四）实施"科学传教"策略并强行传播宗教教义

卷七中则以自然神学的观点驳斥传统儒学思想所倡导的自然生万物的观点。译者在行文中抑此扬彼的痕迹太过明显，除将儒家称之为"俗儒"外，也接连采用反问句的形式诘问植物体各种生物现象的发端，并最终指出，一切皆为造物主之所为：

> 俗儒之论曰，万物本乎太极；又曰，由于自然。夫自然则无主，太极则无知，何以能令子中之胚乳化糖以养苗？何以能令叶依螺线而生，巧合算理？何以能令根管吸引土汁及叶上泄之雨露？何以能令根所吸之汁上升至叶，泄养气收炭质，以成木质？何以能令花瓣收日光之色以悦目？何以能令须与心相为雌雄以孕果？何以能令或生纤棉或生刺以自护其子？一一细思之，自不能不确然知有造化主矣。[①]

本段论证以反问句的形式，强调了上帝为植物体一切生物活动的主宰，强调了上帝强大的力量，有明显劝人信教的意味，从而在目标语读者受众中实施宗教传播，推广宗教教义。

当代哲学研究辩证地认为，自然神学与神学之间的最大区别即在于，自然神学更为强调辩证上帝的存在，且相关评价主要建立在理性和日常经验的基础之上，其最终目的依然是科学阐述。在《植物学》中，自然神学思想主要目的是尝试从神学（抑或上帝）的视角对植物体生物特征及组织器官构成的复杂性进行解释。此外，

---

① 李善兰，韦廉臣，艾约瑟.植物学［M］.上海：墨海书馆（清），1858.

《植物学》中的自然神学思想也在某种程度上回避了晚清植物学研究的落后之处，且未影响译文行文的连贯性，实现了"科学传教"这一目的。但是《植物学》的科学价值却受到一定冲击，从当代植物学研究视角评判，这些自然神学思想对《植物学》科学说服力产生了负面影响。

二、《植物学》中自然神学思想产生的原因

在晚清中西方科技交流过程中，西方来华传教士几乎参与了所有西方科技译著的汉译工作。西方来华传教士怀有明确的推广宗教教义在华传播的目的，他们所参与汉译的科技译著必然带有自然神学色彩。因此，《植物学》在传播科技知识的同时，行文中也沾染了自然神学思想的痕迹。通过进一步分析可知，《植物学》中所存在的自然神学思想主要受到来自西方来华传教士科技翻译目的、韦廉臣与艾约瑟传教士身份及《植物学》所依据外文原本等三方面原因的影响。

（一）西方来华传教士科技翻译目的的不单纯性

《植物学》中所体现出的自然神学思想也普遍存在于其他晚清西方来华传教士的科技译著中。传教士来华始于明末意大利籍耶稣会士利玛窦。然而，早期传教士纯粹的宗教传播活动开展的并不顺利，因此，"为使其宗教教义更好地得到传播，来华传教士主要采取'科学传教'的方针，通过翻译大量中国人感兴趣的科技著作，循序渐进地推动天主教的传播"[①]，因此，翻译西方科学著作是第二次西学东渐时期中西方科技交流的重要方式之一，并带来了中国翻译史上的第二次翻译高潮。在这些书籍中，宗教类书籍占据了主体，且科技类译著翻译的根本目的也是为推广宗教教义。《植物学》当然也在此列。

秉承着传播宗教教义的根本目的，参与《植物学》汉译的西方来华传教士既主张充分发挥译著传播西方科学先进知识信息的作用，也将显微镜观察下植物体的精密结构及物竞天择的植物生长特征、地理特征等多种生物学现象均归结为上帝的福音，以期运用晚清读者更能够接受的方式，将宗教教义传播开来，并使目标受众充分认可上帝的无处不在、了解上帝的无所不能的博大情怀，从而实现宗教教义的在华推广与广泛传播。

（二）译者自身的宗教修养

艾约瑟只参与了《植物学》卷八的汉译工作，而在第八卷内容中追寻不到关于自

---

① 李建中，雷冠群. 明末清初科技翻译与清末民初西学翻译的对比研究［J］. 长春理工大学学报，2011（7）：84–86.

然神学思想的痕迹，因此，本书在此处仅考察译者李善兰及韦廉臣的宗教修养。

在本书第二章中，笔者已对李善兰在墨海书馆的译书经历、墨海译事缘起及参与经过等做了介绍。从相关史料梳理中发现，李善兰的墨海译事抱有多重目的（谋生、拓展其个人学术研究视野及实现其科学救国的最终目的），但其译书事业能够发生的根本前提即为李善兰本人对于西方宗教教义的认可（至少不排斥）。他与墨海书馆的麦都思等来华传教士均保持着良好的合作关系，成功完成了多部科技著作的汉译工作；且在1852—1859年间，李善兰居住在墨海书馆，对麦都思等传教士的宗教传播活动耳濡目染，长此以往，这些传教士的宗教思想势必对李善兰产生一定影响。除共同完成翻译工作外，李善兰与伟烈亚力、艾约瑟两人在日常生活中的关系也较为密切。梁启超曾有文记载："道光末叶英人艾约瑟、伟烈亚力先后东来。伟烈则纳交于李壬叔（李善兰），相与续利、徐之绪，首译《几何原本》后九卷，次译美之罗密士之《代微积拾级》，次译英人侯失勒约翰之《谈天》"[1]。梁启超口中的"利、徐"指利玛窦与徐光启，此处的类比包含双重含义——既对李善兰与伟烈亚力二人的科技翻译成就进行肯定，也指明二人关系密切。而李氏与艾约瑟的交情则可从王韬日记中的记载可见一斑："壬叔言：昔年同艾约瑟至杭，乘舆往游天竺，为将军所见。时西人无至杭者，间阎皆为惊诧"[2]。由于鸦片战争后西方列强的压迫及清政府一系列丧权辱国条约的签订，彼时国人对于西人的态度多少带有一定的抵触情绪，而李善兰却公然带着艾约瑟乘轿出游，且来到了"时西人无至杭者"的杭州，可见李善兰与艾约瑟私交甚笃。能与伟烈亚力、艾约瑟有诸多的私下交往，可见李善兰对于二人的宗教信仰并不反感，认同基督教的理念，甚至可以说，能够接受基督教宗教教义的教化。因此，虽未有史料记载李善兰直接加入基督教，成为教徒，但其在科技译著中宣扬自然神学思想也在意料之中。

至于另一位译者韦廉臣倡导自然神学思想，则更容易理解。韦廉臣本身即为西方来华传教士，他既肩负传播宗教的使命，也秉持"科学传教"的传教方针；因此，在韦廉臣所参与译介的科技译著中有自然神学的痕迹是必然的结果。韦氏科技翻译经历在本书第二章中已有详述。然而，值得一提的是，韦廉臣的自然神学思想不仅体现在《植物学》一部译著中，他的化学、地理、哲学等相关论证中均具有一定的自然神学特征。如由韦廉臣与其他人所创办的杂志《六合丛谈》，"此杂志一共出版15期，历时2年。韦氏是此杂志重要的撰稿人，在杂志上连载了长文《真道实证》，发表了11篇科学与自然神学相结合的文章。这些文章后来收集在一起，成为6

① 梁启超.中国近三百年学术史［M］.北京：东方出版社，2012.
② 王韬.王韬日记［M］.北京：中华书局，1987.

卷本《格物探原》的第2卷"①。

（三）来自外文原本中自然神学思想的影响

在《基督教神学辞典》中，自然神学的定义为："指人类理性无须超自然启示的帮助便可获得关于上帝神圣秩序的知识"②，其核心思想是以自然神论的方式将之与科学联系在一起。关于科学与宗教的关系，早期西方科学界有观点认为宗教阻碍了科学的发展，这主要是因为西方科学史上不乏因提出挑战宗教权威的科学理论而遭受教会迫害的实例，如哥白尼即因提出日心说而遭受教会的打压，甚至在日心说被发现49年之后才得以发表；而布鲁诺因为坚持对真理的坚持——维护宣传哥白尼日心说，被活活烧死在罗马鲜花广场上。然而，经过对科学发展历程的重新审视，科技史学家综合考察了科学进化过程中所处的社会环境后认为，科学与神学之间的关系是十分微妙的，科学能够作用于神学，神学也同样能够反作用于科学。格兰特认为，中世纪的神学家认可自然哲学是阐释神学的有用工具，既可以把科学应用于神学，又可以把神学应用于科学③。自然神学的诞生源于人们企图从自然规律中找出上帝的存在。自然规律秩序井然，浑然天成，自然神学论者认为自然中的一切只有上帝的作为才能够实现；他们也认为自然神学理论可以解释大自然中运用现有研究手段无法解释的问题，并能够推动进一步研究工作的开展。

西方植物学研究起步较早；早期的研究工作主要针对生长于大自然中的植物开展，通过观察来逐渐把握植物的特征、功用及其所属之不同种类，被归入博物学研究的范畴。关于博物学研究，"宗教人士一直是博物学发展的重要推动力量。他们以博物学为研究乐趣，深信由此可以发现并颂扬上帝。其中最具代表性的神职博物学家是约翰·雷，他认为博物学中渗透着宗教含义"③，因此，作为博物学研究的重要分支，植物学研究必然会带上自然神学的印记，其研究的轨迹主要依据自然神学的传统规则来开展。《植物学》所依据的主要外文原本来自林德利的植物学著作，而林德利的学术活跃时间为19世纪初——正是近代科学与自然神学互动最为频繁的时期。因此，林德利英文原著中的关于植物学相关知识的表述中必然会在某种程度上带有自然神学的烙印。加之译者自身的宗教修养及译著本身的传教需要，译著《植物学》必然会将其所依据外文原本的自然神学思想传达出来。

---

① 刘华杰.《植物学》中的自然神学［J］.自然科学史研究，2008，27（2）：166-178.

② Alan Richardson. A Dictionary of Christian Theology [M]. London :Westminster Press, 1969.

③ 刘星. 西方近代博物学与自然神学［N］.中国社会科学报，2016-6-7（4）.

第三节　传播学视角下的《植物学》等晚清植物学译著出版偏差与矫正

晚清西方植物学译著将西方近代植物学研究中的部分成果传播至晚清科学界，这些成果多为西方近代植物学中的基础性知识，在推动晚清植物学向近代植物学的过渡与发展及植物学乃至生物学术语的规范化过程中发挥出了一定的作用；本研究认为，西方近代植物学著作翻译出版是西方近代植物学研究在华传播的重要方式。因此，运用当代传播学研究理论对晚清西方植物学著作的翻译出版进行分析，有助于我们进一步客观认知晚清来华传教士植物学译著（甚至科技译著）的传播特性及科学价值。

一、晚清来华传教士植物学著作翻译出版的译介模式

晚清来华传教士科技翻译是中国翻译史上的重要事件，是中国"历史上的三次翻译高潮之一"。这一时期的西方植物学著作翻译与其他自然科学领域科技翻译既具备共性的时代特征，包括翻译方式多为"中外合译"（中国学者与西方来华传教士合作翻译），且参与翻译的中国译者大多不懂英文；也具有独特的学科特征，主要体现在相关植物学译著的传播范式和译介模式等方面。

（一）传播范式

拉斯韦尔传播学五要素包括传播主体、传播内容、传播媒介、传播对象及传播效果等五方面；将这些要素融入晚清西方植物学著作翻译出版的全过程中，即从译者、译介内容、传播媒介、目标语受众和科学影响力等方面对相关译著开展分析比对后可知，翻译出版刊行这一环节是晚清西方植物学译著在华传播的关键所在，是推动西方植物学著作翻译出版过程与受众的接受过程相互统一的关键，也是保障晚清西方来华传教士植物学译著译介与在华传播的主要手段。而对晚清西方植物学著作翻译出版的评价，则主要应从译介主体（即译者）、译介内容、出版媒介、译文质量（含传播效果）等方面进行；主要原因在于，只有实现翻译内容、翻译目的、译者能力和传播渠道（出版渠道）的协调统一，才能最大效度地实现译著传播科学的主要目的。

（二）传播学视角下的晚清西方植物学著作翻译出版的译介模式

晚清西方植物学著作翻译的译介模式具备以下特点：首先，几乎所有译著均非针

对某一部西方植物学著作的全文翻译，而是根据晚清植物学界的整体发展特点和阶段性需要（译者所认为的），进行的"有目的"的选译。其次，植物学术语，包括部分生物学术语的翻译，主要以译者"创译"为主。创译即为创造性的翻译；19世纪，西方植物学研究已进入近代意义上的发展阶段，而晚清植物学研究依然停留在传统植物学的范畴。在翻译西方植物学译著时，对于很多英文术语，中文中可能并没有对应的表达方式，如"植物学"一词即在此时创译而出①，因此，这些译者的翻译工作具有一定的难度。

在晚清西方植物学著作翻译出版的过程中，译介主体、译介内容、出版媒介、目标读者等，均对其翻译出版结果产生了影响。译介主体为西方来华传教士与晚清学者。译者是实施翻译行为的第一要素，能够对翻译的过程和结果产生直接的影响，且从译介学研究的视角出发，译者主体作用的发挥在翻译过程中产生的影响力越来越受到译介学研究者的重视。译介内容具备一定的时代特征，即在特定翻译目的的主导下，由译介主体"选译而来"。在出版媒介方面，晚清西方植物学著作的出版机构多为由西方来华传教士所主持管理的出版机构，如晚清第一部西方植物学译著《植物学》，即在西学重镇——墨海书馆出版发行。这些出版机构是晚清西学东渐的附属产物之一，也是西学东渐时期科技交流成果的重要传播场所，更是晚清中西方科技交流发生发展的必要条件之一。墨海书馆等出版机构存在的主要目的即为"科学传教"，因此，《植物学》等译著汉译的发生带有一定的必然性。受到出版机构翻译目的的影响，晚清西方植物学翻译必然带有宗教的色彩，如《植物学》中即有多处出现了自然神学思想的表述。在目标读者方面，晚清植物学译著的目标受众为晚清科学界，尤其是晚清植物学研究者，由于彼时晚清植物学研究尚停留于传统植物学研究的范畴，还未涉猎近代植物学知识，因此，晚清来华植物学译著中中译文中所选译的并非西方植物学界已然成熟的植物学理论与知识，而是西方近代植物学研究中的基础性知识，其目的即为迎合目标读者的认知能力。

二、晚清西方植物学译著翻译出版的传播偏差

一部作品的翻译出版，如要实现理想的传播效果，"除了要迎合不同民族的文化认知，还要向其提供'合格的译本'"②。对于晚清西方植物学翻译出版而言，如果要实现其传播成效，则需要中国译者与传教士译者的协调合作。但是，通过对《植物学》《植物图说》《植物学启蒙》等代表性文本进行分析后可知，晚清西方植物

---

① 孙雁冰."botany""植物学"译名缘起及意义探微［J］.出版广角，2020（19）：94-96.
② 杨瑞玲.传播学视域下中国文学海外翻译出版偏差与矫正［J］.中国出版，2019（13）：62-64.

学著作翻译出版依然存在偏差。

（一）"译入"与"译出"存在脱节

西方植物学著作的"译入"行为具有较强的目的性和选择性，这主要表现在，晚清西方植物学著作翻译均以引介西方近代植物学知识为根本目的，均为针对西方某一部或某几部植物学著作进行的有目的的"选译"；但在"译出"方面却相对较弱。相关译者在翻译行为产生之前，翻译目的虽然较为明确，对目的语读者较为重视，但是却由于以下原因，导致"译出"行为的失准性。一是由于晚清西学东渐时期的科技翻译形式：或由西方来华传教士独立完成或采取中国学者与西方来华传教士"合译"的方式，植物学译著同样如此；两种翻译模式虽迎合了多方面的翻译目的，但却容易造成源语解读与目标语表述之间的障碍，因此，译文中不可避免地存在着一定程度的错漏或不当之处。二是由于19世纪上半叶，晚清植物学发展明显滞后于西方，对许多西方近代植物学知识以及植物学乃至生物学术语较为陌生，中文中更是缺乏对应的表达方式，"李善兰等译者的工作是带有开创性的"[1]，因此，早期的植物学译著中，部分术语表达及西方植物学知识的描述并不精准，且在同期不同译著中的表述尚未统一。

（二）译者语言能力不足

晚清西学东渐的大时代背景对西方植物学著作翻译出版的发生发展具有一定推动作用，但此项工作依然存在较大难度。译者的语言能力，甚至宗教信仰、政治倾向等翻译素养，均会对翻译与出版的结果产生较大影响。通过对《植物学》《植物图说》《植物学启蒙》等晚清植物学译著进行分析可知，因为部分译者不懂英文或在中文表达方面存在不足，导致译文语言表达及植物学知识传达等均存在一定缺陷，部分植物学知识及术语表述缺乏科学性；虽瑕不掩瑜，但从某种程度上却降低了译著的传播影响力及其在译入语环境中的认可度与接受度。

（三）待译内容尚需进一步优化

西学东渐时期，西方来华传教士参与的科技翻译均以"科学传教"为根本目的，其重点放在传播宗教教义方面。历史上的西学东渐始于明代中后期意大利耶稣会士传教士利玛窦（Ricci，1552—1610）来华后。为更好地传播西方宗教教义，利玛窦提出了"科学传教"的策略，即以传播西方科学知识的形式开展宗教传播活动，而科技翻译则是来华传教士所依赖的主要传教方式，并由此开启了中国历史上的第二次翻译高潮。整个西学东渐时期科技翻译，无论由西方来华传教士独译还是与中国学者"合译"，在待译内容的选定方面，西方来华传教士均占据了主导地位。

---

[1] 汪子春. 中国传播近代植物学知识的第一部译著《植物学》[J]. 自然科学史研究，1984（1）：90-96.

晚清植物学译著中待译内容的偏差，主要指其中所包含的自然神学思想。以《植物学》为例。在《植物学》译文中多次出现"上帝""造物主"等说法，并多次指出植物体构造的精细之处均来自上帝的缔造。《植物学》序篇幅并不长，约为240字，李善兰等人却在其中5次提到"上帝"：

> 韦艾二君，皆泰西耶稣教士，事上帝甚勤。而顾以余眼译此书者，盖动植诸物，皆上帝所造。验器用之精，则知工匠之巧；见田野之治，则识农夫之勤；察植物之精美微妙，则可见上帝之聪明睿智。然则二君之汲汲译此书也固宜，学者读此书，恍然悟上帝之必有，因之寅畏恐惧。而内以治其身心，外以修其孝悌忠信，惴惴焉惟恐逆上帝之意，则此书之译，其益人岂浅鲜哉！①

对于部分译者无法阐释清楚的或过于深奥科学现象，《植物学》均诉诸自然神学。《植物学》中的自然神学思想虽使《植物学》的行文更加完整，也并未影响译著关于近代植物学知识的传播，但从当代植物学研究的视角考虑，却在某种程度上降低了《植物学》的科学性，对其科学说服力造成一定冲击。

晚清植物学译著中所包含的自然神学思想虽不会造成这些科技译著科学文化意义的缺失，但若忽视贯穿于译著全篇的自然神学思想，却很可能导致学术界对于其中部分理性价值观，甚至部分汉译动机的忽略。因此，晚清植物学译著的待译内容尚存进一步优化之处。

三、偏差矫正及对当代科技翻译出版的启示

为纠正晚清西方植物学著作翻译出版的偏差，从而助力推动当代科技翻译的出版与传播，本研究认为，应从以下三方面对晚清西方植物学著作翻译出版的偏差进行矫正，并将之应用到当代科技翻译出版中，从而充分发挥当代科技翻译出版的科技传播与交流作用。

（一）以"市场化"为导向

晚清西方植物学著作翻译出版也有市场因素的主导，即受到西方来华传教士"科学传教"及推动晚清植物学发展双重目的的影响。因此，目标受众的需求及科技发展的需要是制约科技翻译市场竞争的两个主要因素。无论晚清西方植物学著作翻译出版，还是当代科技翻译出版，均需要在整体规划的同时，坚持以"市场化"为导向。科技翻译出版的市场化，需从国际和国内两个层面考虑，通过充分考虑国际科

---

① 李善兰，韦廉臣，艾约瑟. 植物学［M］. 上海：墨海书馆（清），1858.

技市场的方向及国内市场的实际情况，使两者协调化运作，在充分发挥出译著科技传播作用的同时，也能够最大限度呈现中国主流价值观。为实现这一目的，参与译介的译者需具有国际化视野，对目标语国家及源语国家的科技发展情况均有客观的认知；而出版机构则需要能够探索翻译出版的市场化规律，从而客观上扩大科技译著的传播影响力。

（二）合理化应用翻译策略

翻译策略的抉择，需充分考虑目标受众的接受能力。晚清西方植物学著作汉译主要以译者"创造性"翻译为主，主要由中西方近代植物学发展的不均衡性所致。在晚清西学东渐大时代背景下，这种翻译方式具有一定的实用性，可最大限度地解决客观不利因素的制约；但其弊端也不可忽视，即从降低了学科术语的统一化进程。如cell一词的汉译统一化，李善兰等人在《植物学》中将其创译为"细胞"，傅兰雅在《植物图说》中将其改译作"膛"①，后几经波折，最后定译为"细胞"。

因此，本研究认为，在科技翻译出版中，译者应依从其传播科学知识的根本目的，同时兼顾科技翻译市场需要，根据实际情况，确定采用本土化或异域化的翻译导向，不拘泥于特定翻译策略，合理化选择应用合适的翻译策略；同时，对于部分新生科学事物或科学现象的描述，译者可进一步以附录等形式进行阐释，从而在保障译文连贯性与流畅性的同时，也可加强目标语读者对于所引介科学知识的理解，最终充分发挥科技译著翻译出版的传播功能。

（三）拓宽出版渠道

晚清西方植物学著作翻译出版主要依托墨海书馆、格致汇编社、益智书会等由来华传教士主持或管理的翻译机构。由于这些机构创建的首要使命即为宗教传播，因此，从出版渠道本源方面即具有一定的局限性。为更好推广科技译著，"需要通过多种渠道沟通受众"。科技翻译出版不应拘泥于传统出版模式，而应以现代化出版模式为指导，在尊重科技发展的特点与客观规律的基础上，借助多样化的媒体形式实现翻译出版的时效性及功能性。

此外，在拓宽科技翻译出版渠道方面，也应重视科技翻译出版品牌的打造。所谓"术业有专攻"，科技翻译领域学科界限明显，出版机构也应根据自身特点，致力于强化某一个或某一类科学领域的科技译著出版，从而发挥出版渠道的独有作用。

科技翻译与出版是当代翻译领域的重要组成部分，且随着中外科技领域日新月异的进步与发展，其在中外科技交流中也将发挥出越来越重要的作用。因此，不断加

---

① 罗桂环. 我国早期的两本植物学译著——《植物学》和《植物图说》及其术语 [J]. 自然科学史研究，1987（4）：383–387.

强科技翻译出版相关研究具有一定的现实意义。晚清西方植物学译著在中国植物学发展史上发挥出了不可替代的作用，通过对其翻译出版进行偏差勘误与探讨，并就其在华传播过程与结果进行系统梳理，既有助于学术界客观认识晚清来华传教士植物学译著的历史特征，也有助于推动当代科技翻译出版的发展，从而进一步发挥科技译著的桥梁媒介作用，最终推动中外科技交流的进步与发展。

第四节 《植物学》中的环保理念及其社会属性研究

《植物学》中除引介西方近代基础植物学知识外，书中也涉猎了一定的环保知识。鉴于晚清科学界的整体发展水平，这无疑具有一定的科学前沿性；但需要指出的是，这些环保知识具备一定的时代特征及译者倾向性，因此，对其进行总结梳理，并对其社会属性开展研究，有助于学界进一步加深对晚清传统植物学向近代植物的过渡及《植物学》一书的认识，并产生更加直观的感知印象。

一、环保理念及其相关知识在《植物学》中的表现形式

《植物学》中的与环境保护有关的知识内容，主要指李善兰等译者在介绍相关植物学及生物学原理时所涉猎的环保理念与阐述。

在《植物学》卷四关于叶的知识介绍中，李善兰等译者做了如下一段论述：

> 凡叶上口大者，发散流质易，故易干；口小者，发散难，故难干。暑地叶上之口恒小，故虽天日酷烈，叶不干；且叶之边坚而厚，或多毛，故尤不易干也。叶之发散流质，有大功用，所以令风气恒湿。风气恒湿则多雨露以润土，令土中恒有水。试将数百里内草木荄尽，土中即无水，地必成荒脊。昔英国人至北亚美利加林木之区，欲改为田，尽芟丛木，地变荒瘠，田卒不成。[①]

这段引文中既阐述了蒸腾作用的简要原理，也说明了蒸腾作用的意义，并肯定了植物在保持水土过程中的所发挥出的作用，即，《植物学》在此处明确了环保理念。引文中的"叶之口"指代叶表面的"气孔"，并指出气孔越大，水分蒸腾出植物体就越容易，气孔越小，则蒸腾越慢。引文中也论及了植物的地域性特点，即热带地区的植物气孔较小，蒸腾速度较慢，且"叶之边坚而厚，或多毛"，因而使植物虽生于

---

① 李善兰，韦廉臣，艾约瑟. 植物学［M］.上海：墨海书馆（清），1858.

酷暑之地却能耐受高温，保持自身所需的水分。关于叶蒸腾作用的功用，李善兰等译者指出其有"有大功用"，即植物蒸腾作用使周围空气湿润，"土中恒有水"，从而使土壤肥沃，有利于植物的耕种与生长；此外，引文也指出，草木尽，则会则造成水土流失，久而久之，必令一方土地贫瘠。最后，引文中列举了英国人在北美洲改林为田失败的案例，进一步说明植物在水土保持方面的作用和价值，指出"尽芟丛木"，"地变荒瘠，田卒不成"，即草木尽毁，土地即逐变荒瘠，造田失败。

立足于这些内容，《植物学》中进一步引介了"光合作用""呼吸作用"等科学原理，并初步描述了"二氧化碳"等概念的基本特征，从而加深了读者对于其中环保相关知识的理解。

《植物学》译文中虽未提出"光合作用"这一术语，但却介绍了植物光合作用的基本要理；而为使读者更好地理解这一科学原理，李善兰等译者首先介绍了二氧化碳这一物质，而在译著中，术语"二氧化碳"对应的表达方式为"炭气"[①]：凡动物之呼吸，火之焚物，恒出炭（碳）气。炭（碳）气者，六分炭（碳）质，十六分养（氧）气，相合而成，炭（碳）气积多则不利动物[②]。

基于对二氧化碳的介绍，译著接着描述了植物光合作用的机理：

> 叶如动物之肺，能吸炭（碳）气中之炭（碳）质以成木质。炭（碳）气遇叶，叶即尽吸其炭（碳）质，独剩养（氧）气，散于空中，以利动物。此须日光助之方能，故叶之吸收炭（碳）质，恒在昼不在夜也。[②]

在光合作用的介绍后，《植物学》中接着介绍了光合作用的相反过程——呼吸作用：动物恒需养（氧）气以益体，每一呼吸，收养（氧）气而出炭（碳）气[②]。呼吸作用是生物体内的有机物经过氧化分解，最终产生二氧化碳或其他产物，并且释放出总能量的总过程。前段引文中提出，动物的肺是吸收氧气的主要器官，即呼吸作用的主要发生器官为肺；本段引文中首先指出，氧气则是呼吸作用的主要参与因素，其后，引文指出，呼吸作用的最终结果是产生炭（碳）气，即二氧化碳，囊括了呼吸作用的全部关键要素。

译文所引述的内容肯定了植物在保持一方水土中所发挥出来的重要作用，这与当代"植树造林""退耕还林"等环保理念相一致。在介绍植物蒸腾作用的同时，译者能够引申出植物对于保持水土的重要意义，同时也表现出了一定的环保危机意识：若草木尽芟，则土地荒瘠，这是十分难能可贵的。结合《植物学》译文行文表述及其中所引介植物学知识的特点，其中所引介的环保知识具有以下特点：

---

① 笔者认为，"炭"应为"碳"。
② 李善兰，韦廉臣，艾约瑟.植物学［M］.上海：墨海书馆（清），1858.

（一）涉猎知识领域较为宽泛

《植物学》汉译发生时，晚清植物学界尚未接触到西方近代植物学的相关研究，关于环境保护研究方面也尚未形成理论化的认知与成果。因而，鉴于《植物学》汉译发生的时代背景，书中所宣扬的环保理念具有一定的先进性特征；但其引介主要目的在于拓展晚清植物学研究者的知识面，相关研究尚未聚焦，对环保知识的介绍"浅尝辄止"，所涉猎的知识领域较为宽泛。

（二）关注"理"的依据

《植物学》行文逻辑严密，论述内容具备科学性，既有科学理论的指导，也有彼时较为先进科学仪器的技术支撑，《植物学》中环保知识的相关内容也同样关注"理"的依据；而与环保知识有关的"理"，则主要指科学理论的内涵高度。

《植物学》介绍了许多科学理论，光合作用、呼吸作用、腐败原理等，甚至包括色彩学中的构色原理等知识；在引介环保知识时，译著中虽未提炼出专门的术语表达方式，但译者却较好地运用了这些理论为所引介的环保知识提供理论支持，从而既提升了译著的理论高度，也加深了读者的认知，也进一步推动了《植物学》科学影响力的发挥。

（三）兼具理论性与实践性的指导意义

《植物学》中所引介的环保知识兼具理论价值与实践指导意义。译者从西方植物学研究成果中提取的科学原理赋予了《植物学》一定的理论高度，最大限度地推动晚清植物学研究与国际接轨。此外，译著也从科学的视角向读者呈现了许多对于生产生活有所助益的实践措施论述，如环保知识中的水土保持理念，以及植物种植益疏不益密及植物生长的区域性特征等；这些内容对于人们的生产实践具有实践指导价值，既阐释了传统农业及植物学研究中的部分现象，也从科学的视角对生产实践活动予以指导。

环境保护理念全面兴起于20世纪70年代。然而，译介完成于1858年的《植物学》中却可见环保理念的痕迹，这无疑是《植物学》科学性的客观体现；同时，这些环保理念的引介也受到《植物学》汉译发生时的晚清社会属性的制约。

二、《植物学》汉译背景下的晚清社会属性

社会属性包含丰富的内涵。"在马克思看来，社会不是虚假的共同体，而是人类通过实践从自然中分化出来的另一个真实的共同体。它有自己的真实主体，自己独

特的运行规律，自己的构成单位与组织，还有自身运行中生成的目标与方向"。①

《植物学》的汉译发生在晚清西学东渐的大背景之下，与其他来华传教士的科技译著一样，《植物学》的汉译也同样出于科学传教的需要。科学传教策略的提出者为利玛窦（Ricci，1552—1610）。另一方面，晚清科技发展水平从整体看相对滞后，植物学学科也是如此，研究工作的开展依然徘徊在传统植物学研究的范畴之内。但西方植物学研究自17世纪起即逐渐开始进入全面发展阶段，尤其是进入19世纪后，中西方植物学发展的不均衡性更为明显，这一因素同样在客观上推动了《植物学》汉译的最终发生。

本研究所探讨的"社会属性"指的是广义上的社会属性，即在晚清社会环境之下的固有的、客观存在的性质；主要包括：《植物学》汉译发生时的社会背景、中西方植物学发展的不均衡性及晚清科技翻译的目的性等方面。

（一）《植物学》汉译发生时的社会背景

晚清社会整体环境决定了其文化特点；文化的形成受到诸多社会因素的制约，包含政治、经济等多方面的因素，这些因素能够在文化塑造过程中产生极大的影响。1842年后，外国列强的侵略使得中国丧失了主权上的独立；而清政府内部的腐朽无能更使得国家面临着内忧外患的双重困境，晚清政府逐渐由封建社会沦为半殖民地半封建社会，社会性质的改变带来了国民强烈的民族危机感，越来越多的人意识到只有国家的强大才能保障民族尊严的存留。同时，鸦片战争的炮火轰开了国门之后，西方文化开始逐渐渗透至晚清社会的各个角落。这种文化渗透既指西方国家出于文化侵略的目的而进行的渗透，也指中国思想进步的有识之士主观上的吸收。西方文化的涌入对中国传统文化造成了极大的冲击，传统儒学不再占据统治地位，清政府甚至在1905年废止了封建科举制度。在西方文化的冲击之下，晚清的进步之士不断寻求文化思想的新出路。因此，晚清社会的社会文化背景较之前产生了很大的改变，社会整体的文化包容度较清前期也有了大幅的提高。

包容的文化观使得晚清的文人志士们的学术见识日渐广播，越来越多的人不再封闭自守，能够意识到西方科技的先进之处，尤其在魏源"师夷长技以制夷"进步思想提出之后，晚清新型知识分子已然出现，且队伍不断发展壮大，如：王韬、康有为、马建忠、郑观应、李善兰等人，他们既能够正视当时中西方科技发展的差距之处，同时也具备科学救国的思想意识。因此，1842年鸦片战争后，这些站在思想及科学前沿的进步之士逐渐发展成为一股具备明确群体意识的社会力量，这股社会力量力求通过翻译、教育、出版等方式，不断地从西方科技文化中吸收精华，其根本主

① 雒新艳. 实践：现实人超越观念人、感性人的节点——再议马克思人性理论的当代意义［J］. 河海大学学报（哲学社会科学版），2011，13（1）：1-4.

旨即在于传播西学，推动晚清科技的进步与发展，在此过程中，西书汉译是一种较为普遍的，也是较为直观有效的科技交流方式，产生的影响也最为深远。

（二）中西方植物学发展的不均衡性

中国植物资源较为丰富，传统植物学研究起步较早，但却并未作为独立的学科存在，研究成果呈现形式多样，通常与农业与医药研究结合在一起，并强调对"有用的"植物的研究，甚至学科名词"植物学"一词也是在《植物学》一书的汉译发生之后才得以问世。在有文字记载的历史上，最早关于植物知识的记载见于诗经（成书于公元前770—公元前476年，春秋时期），中国早期的植物学研究要领先于西方。中国传统植物学研究工作的开展偏重于实用性，研究的内容主要关注植物的食用性、药用性等方面。

西方近代植物学研究起步于17世纪，虽略晚于自然科学其他学科，但进入18世纪后，即进入全面发展阶段。西方植物学发展同样经历了古典植物学、本草学等研究阶段，但在17世纪至18世纪期间，经过文艺复兴等先进思潮洗礼过的西方科学界，各种先进的科学理论相继而出；在生物学大学科全面发展的带动下，借助生物学研究领域中的全新理论与最新科学成果，西方植物学研究也在"实验科学"思想的主导下从本草学研究上升至植物解剖学、植物生理学、植物分类学、植物胚胎学等更为强调科学仪器与科学技术的应用等更具研究高度的研究方面。这样的进步既带来了较具影响力的科学理论与成果，也为19世纪植物学的全面发展奠定了坚实的基础。同一时期，西方植物学界也不断涌现出了在植物学史上乃至整个生物学史上举足轻重的植物学大家，他们不断带来植物学上的新发现、先进的植物学理论及前沿的植物学研究方法。17、18世纪的研究为西方植物学带来了丰厚的科学积累，因此，进入19世纪后，植物学已发展成为具有一定科学实力的分支学科，相关研究工作已经能够独立开展并日趋成熟完善。

19世纪前半叶的西方植物学研究已然全面进入近代意义的植物学研究的阶段，多种较为先进的植物学理论与研究已然被提出并用来指导相关科学研究工作的开展，为后来达尔文、孟德尔的遗传学说的研究奠定了基础。此时的西方植物研究早已不再依靠经验与主观的感官描述，而是更为注重实验观察，其研究侧重点更倾向于放在研究植物的内在组织、细胞、植物学生理等更具理论高度的内容方面；从客观上看，19世纪前半叶，中国植物学研究明显落后于西方。在这样的背景下，西方近代植物学知识的注入无疑是促进晚清植物学发展的一剂强心针，能够推动晚清植物学的整体发展。"（植物学）介绍了近代西方在实验观察基础上建立的各种器官组织生理功能的理论，这些理论对于当时的中国人来说，可谓是闻所未闻"①；因此，

---

① 汪子春. 中国传播近代植物学知识的第一部译著《植物学》[J]. 自然科学史研究，1984（1）：90-96.

《植物学》的汉译为晚清植物学研究带来全新的研究视角和研究理念，有助于推动中国植物学研究与西方近代植物学研究接轨。

（三）晚清科技翻译的目的性

晚清的科技翻译构成了晚清西学东渐时期中西方科技交流的主要形式。传播实施的主体为中国思想进步的有识之士与西方来华传教士，因此，晚清的科技翻译带有双重目的——既有来自"师夷长技以制夷"等科学救国思想的主导，也有以"科学传教"为目的的驱使。

晚清西学东渐时期所发生的西书汉译事务，翻译方式虽然采取合译的方式，但是，中国译者却能够在此过程中发挥出更大的主导作用，尤其在针对待译文本及科学知识的选定方面。这些参与西书汉译的中国学者普遍抱有科学救国的爱国情怀，迫切希望能够通过学习西方科学的长处来提升晚清社会的整体实力与发展水平；他们能够意识到19世纪中西方科技发展的差距及吸取西方科技之长能够推动晚清科技的整体进步，从而实现科技救国的最终目的。同时，中国译者也较为了解晚清科学界的整体认识能力与水平，因此在选定待译内容时，他们能够选择晚清读者所易于接受的西方近代科学知识作为主要待译内容，从而既实现了传播科学的目的，也充分考虑了晚清读者的整体认知水平，遵从了循序渐进的原则。

《植物学》的汉译正是发生在晚清中西方科技交流的高潮时期，其译介受到了文化包容思想及科学救国思潮的影响，其科学传播目的较为明确。《植物学》汉译发生之前，晚清植物学界尚未曾涉猎西方近代植物学的研究范畴；因此，出于推动晚清植物学发展的目的，同时也受限于晚清植物学界的整体认知水平，《植物学》中选译的是约翰·林德利相关植物学著作中的西方近代基础性植物学知识，而并非细胞学说、遗传学说等较深层次的理论与内容。可以说，《植物学》产生的科学文化影响深远，也在客观上反映了在晚清西书汉译过程中中国学者主观能动性的发挥。

另一方面，晚清的科技翻译也受到西方来华传教士科学传教总体目的的影响。自利玛窦起，为更好地传播西方宗教教义，来华传教士多采取科学传教的策略。晚清西学东渐时期所汉译的西书中，约有52%的译著为宗教类书籍，其他各类译著总量约为48%[①]。此外，西方近代科学往往与自然神学密不可分，西方来华传教士科技译著并非神学作品，但宗教思想依然有所体现。虽然这些科技译著中的科学知识可以从宗教文化背景中剥离开来，但为推动科学界形成关于本时期科技译著的理性价值观，我们也不能忽视来华传教士以宗教传播为主导的科技翻译目的。

《植物学》同样受到自然神学思想的影响。自然神学指的依据理性判断或经验总结所构建的与上帝有关的教义，其理念不依赖宗教信仰与特殊启示，强调"在大自然

---

① 徐宗泽.明清间耶稣会士译著提要［M］.上海：上海书店出版社，2010.

中发现上帝的作为，从而颂扬主的智慧和全能。近代自然科学的博物学传统一直与自然神学有着密切的关系"[1]。综观《植物学》正文全文，自然神学色彩贯穿于译著行文间，文中多次提及"上帝""造物主"及其他与宗教文化相关的表述，其中，卷一有5处，卷三有4处，卷四有2处，卷五有3处，卷六与卷七各有1处，卷二与卷八中没有提及。通过对之进行深入解析归类，《植物学》中关于自然神学的论述可概括为强调上帝创造万物及上帝的无所不能。正因为此，在引介某些植物学知识内容时，并未深入阐释其科学原理及成因，而是以"上帝作为之精妙"作为结论，不可谓之遗憾。

虽然从当代科学发展水平看，《植物学》中所引介的环保理念及相关知识较为浅显，但受到《植物学》汉译发生时的社会属性的制约，《植物学》中所涉猎的环保知识理念及围绕其引介的植物学，乃至生物学理论，均能够进一步客观彰显《植物学》研究视角的创新性及先进性。《植物学》是晚清的西书汉译过程中的代表之作，其汉译发生在特殊的社会历史语境之下；这些社会历史语境及李善兰等译者的主观能动性均赋予了《植物学》特殊的社会属性。同时，《植物学》的汉译及其中所引介的科学知识及理念也反作用于这些社会属性，进一步丰富了其文化内涵特性，从而赋予了《植物学》经久不衰且不弱于其科学价值的文化影响力。

第五节　小　结

《植物学》的汉译发生在晚清西学东渐最为活跃的时期，作为彼时第一部植物学译作及中国植物学史上第一部近代意义的植物学著作，《植物学》的科学文化影响力体现在多个层面，既包括其所传播知识的科学贡献，也包括其开启民智、从思想上引领晚清植物学研究进入新阶段及所展现的科技翻译价值等方面。书中对于部分无法阐释清楚的科学知识，译者援引了自然神学的思想，对于《植物学》科学性的发挥，不可谓没有遗憾。自然神学思想贯穿于《植物学》行文中，既是西学东渐时期科技翻译中"科学传教"策略的直接表现，也是《植物学》时代特征的体现。这些自然神学思想的出现，受到多方面因素的影响，既有来自晚清西学东渐时期科技翻译发生发展大背景的制约，也有来自韦廉臣作为西方来华传教士的身份背景及学术经历的干扰，还有来自《植物学》所依据外文原本中相关内容的传承。对《植物学》中自然神学思想的表现形式及成因进行解读，有助于我们进一步把握《植物学》汉译发生时的时代历史文化背景，同时也有助于学术界更加客观地评价与认知《植物学》中所引介的各类植物学知识。

---

[1] 刘华杰.《植物学》中的自然神学［J］.自然科学史研究，2008，27（2）：166-178.

附　录

附表 1　察理五部法

分册名称	分部特征	小部特征
第一册： 外长类分部	第一分部： 花或尽具心须，自为雌雄，或兼三种，有须无心，为雄花；有有心无须，为雌花；有全具心须，为兼雌雄之花。须或附于萼，或附于瓣。子房或全在萼之下，或大半在萼之下，分七小分部①	一、花只一轮，或萼或瓣，胚小，多浆护之。
		二、花二轮，兼萼与瓣，瓣不相连，种子大而胚小。
		三、花二轮，瓣之下相连不分，胚甚小，浸多浆中。
		四、花二轮，瓣不相连，种子多而甚小，胚亦小。
		五、花二轮，瓣不相连，胎座偏于旁，胚无浆或不多。
		六、花二轮，间或一轮，瓣不相连，胎座居中，胚之浆不多，或无浆。
		七、花二轮，瓣俱相连，胚之浆不多或无浆
	第二分部： 花或尽具心须，自为雌雄，或兼三花，有有须无心，有有心无须，有心须俱全。须或附于萼，或附于瓣。子房或全居萼上，或大半居萼上，分十小部①	一、花有二轮，萼瓣俱全，而出数不同，瓣之下相连不分，其实之壳或甚硬，种子甚多，开裂有定数。
		二、花有二轮，萼瓣俱全，瓣之下相连不分，果甚硬。
		三、花有二轮，瓣之下相连不分，胎座居中。
		四、花有二轮，瓣之下相连不分，果有二子房或三子房，胚甚大而浆少，间有无轮者。
		五、花有二轮，瓣之下相连不分，胚中之仁甚微，小于未苗之根。
		六、花或二轮，或一轮，子房合而难分，种子有定数，胎座在轴上，实之壳或硬，开裂有定处。
		七、花或二轮，或一轮，种子多少不一定，胚之状若圆锥，胚中未苗之根甚长。
		八、花或一轮，或二轮，有瓣者，瓣不相连，胎座在裂缝上。
		九、花或一轮，或二轮，子房只一，胚扁椭而尖，无浆
		十、花或一轮，或二轮，胚之状曲，环抱浆，浆不多，干若粉

---

① 李善兰，韦廉臣，艾约瑟. 植物学［M］.上海：墨海书馆（清），1858.

续表

分册名称	分部特征	小部特征
	第三分部： 花或尽具心须，或兼三种。有有心无须，有有须无心，有心须俱全。须与萼瓣不粘附，分十四小部^①	一、花无轮，胚甚小，浆干若粉而甚多，胚居浆外。
		二、花一轮，子房只一，间有二三子房者，俱易分，胎座居中不附轴，胚居浆外，或曲抱浆，浆干若粉，或坚凝。
		三、花或二轮，或一轮，心皮有二三，合而孕一果，胎座居中，不附轴，胚抱浆，浆不多，干若粉。
		四、花或二轮，或一轮。萼瓣之出数或相同，或相为本。萼互相叠；瓣作螺旋状，花放不能足。胎座居中附轴。
		五、花或二轮，或一轮。萼瓣之出数或相同，或相为本。且萼与瓣恒相比附。须之多少有一定。胎座居中附轴。
		六、花有二轮，子房之隔数，与萼瓣或相同，或相为本。胎座居中附轴。胚居多浆中，浆凝而软。
		七、花或二轮，或一轮。子房之隔数，与萼瓣不同，亦不相为本。胎座偏于旁或在裂缝，亦有居中附轴者，胚在多浆中
		八、花或二轮，或一轮。须之多少无定，胎座或在裂缝，或附轴，胚小居浆外，浆凝或坚或软甚多。
		九、花有二轮，须之多少无定。胎座或附轴，或在裂缝，胚居多浆之外，浆干若粉，或无浆。
		十、花或二轮，或一轮。胎座附轴，萼互相掩叠，或作螺旋状。须之多少无定，间亦有有定者。胚居微浆内，或无浆。
		十一、花或二轮，或一轮。须与瓣之出数不同，亦不相为本。萼与瓣俱互相掩叠。须之多少有一定。胎座附轴，在微浆或无浆。
		十二、花或二轮，或一轮。萼未开时，其边相连；瓣有互相掩叠者，有作螺旋状者；须之多少或一定或无定。胎座附轴，胚在微浆或无浆。
		十三、花或二轮，或一轮。胎座偏在旁，或在裂缝；胚之形或曲或作螺旋状，浆甚微或无。
		十四、花或二轮，或一轮。胎座偏在旁，或在裂缝。胚之形正直，浆甚少或无

① 李善兰，韦廉臣，艾约瑟.植物学［M］.上海：墨海书馆（清），1858.

续表

分册名称	分部特征	小部特征
	第四分部： 花或有须无心为雄花，或有心无须为雌心。分八小部①	一、花有二轮，诸子房合而难分，居萼上，胎座偏在旁，胚浸多浆中。
		二、花有二轮，或一轮。子房居萼下，胎座偏在旁，胚无浆。
		三、花或二轮，或一轮。诸子房可分，居萼上，胚在多浆中。
		四、花一轮，子房居萼下，胚甚小，浆甚多。间有花叶生成穗者。
		五、花一轮，叶生成穗。诸子房居萼下。胚偏椭而有尖，无浆。
		六、花或二轮，或一轮。散生不成穗。诸子房合而难分，居萼上。胎座居中。胚浸多浆内，间有无浆者。
		七、花一轮，散生，子房只一，居萼上。胚颇大，浸浆中，浆甚微。
		八、花或一轮，或无轮。叶生成穗，诸子房居萼上，胚小，浆亦微
	第五分部： 无子房种子露于外，亦无皮。须粉直扑种子之口而入。此部分四小部①	一、干多节多枝，叶俱相连不分，其管交错若网。须末有单囊，囊有诸细穴。粉从穴出，近胚之膜成管，露于外。
		二、干直上多枝，叶相连不分。管或相交错。雌花散生，雄花须末有二囊，囊直裂，近胚之膜不露。
		三、干直上，多枝，叶若针。雌花成卵，卵有种子。
		四、干直上无枝，叶之管平行直达边。不相交错，有卵，卵有鳞，鳞之下有雄粉囊（如松杉之卵）
第二册： 外长类分部	第一分部： 新生之木在外，中有心，叶之管相交错，与外长木同，惟单仁，故定为内长类。此部分为五小部①	一、花兼有心须，诸子房部相合。子房内有多种子而而无隔膜。种子之蒂甚长。胚珠之口在下，胎座同。
		二、花兼有心须，有数子房，子房合而尚可分。胎座附轴，瓣三出。
		三、花兼有心须，有数子房，子房合而难分。胎座偏在旁，瓣或三出，或六出。
		四、花分雌雄。雄花有须无心，雌花有心无须。有数子房合而难分，胎座附轴，瓣六出。
		五、花分雌雄，萼瓣难辨相连不分，粘附于心皮，子房合而难分。种子多

① 李善兰，韦廉臣，艾约瑟.植物学［M］.上海：墨海书馆（清），1858.

续表

分册名称	分部特征	小部特征
	第二分部： 花全具萼瓣心须，萼瓣与子房不相附。此部分四小部[①]	一、花瓣或三出，或六出，子房可分，无浆，间有花分雌雄者。
		二、花瓣六出，其软处，内有汁，汁易干，故花易残。其花多浆。
		三、花绿色，中无汁，不易残，浆甚多。此小部中，有花作他色者。瓣干而薄，甚憔悴。花多浆，间有无浆者。
		四、瓣或二出，或三出。浆甚多，大半草本
	第三分部： 萼瓣心须俱全。萼瓣与子房相粘附。此部分三小部[①]	一、萼瓣之数不同，亦不相为本。须之数，或一或二或三。种子无浆。
		二、萼瓣之数不同，亦不相为本。须之数，或一或二或三或四或五，其须恒有变成瓣者，种子无浆。
		三、萼瓣之数或同，或相为本。须之数或三，或以三为本。无变成瓣者。种子无浆，此小部间有萼瓣与子房不相粘附者
	第四分部： 花或二轮，或一轮，或无轮。其花分雌雄。雄花有须无心，并无心痕。雌花有心无须，并无须痕。此部分三小部[①]	一、根在水中，花或全，或不全，大率散生，胚居子房轴上，无浆。间有花兼具心须者。
		二、花兼有萼瓣，无跗。叶生于软茎上。茎分枝，有鳞，花外有总衣护之。胚坚，不甚可辨。浆凝聚，或坚或软。且花或有兼具心须者。
		三、花之状若鳞，或二花并生，或三花聚生，或诸花叶生，无跗。所生之茎无枝，外无总衣，胚在子房轴上，浆或干如粉，或凝而软，或无浆
	第五分部： 花乃抱花小叶所成。若鳞相掩叠，非真花也。色如叶，或绿或黄，亦无轮	小部不分
第三册： 外长类分部	以螺线体为之。其子无胚，不分小部	
第四册： 外长类分部	不分小部	

---

① 李善兰，韦廉臣，艾约瑟. 植物学 [M]. 上海：墨海书馆（清），1858.

续表

分册名称	分部特征	小部特征
第五册：外长类分部	第一分部：胚珠多少无定，偏居子房之旁，果中有多种子。萼五出，须囊有孔。粉从孔出。 第二分部：胚珠多少无定，偏居子房之旁，果中有多种子。萼或三出或四出或六出，须囊自裂。 第三分部：胚珠单一，果中只一种子，种子有长茎	

附表 2 《植物学》中的分科知识总结简表

科属名称	所属植物特点	种类数目	代表植物
缴（伞）形科	此科植物为草本，花托聚生而四散，形状似伞，果双生，叶对生，花有白、蓝、黄、红青四色。此科植物体中多油，多生于温寒二带，热带少生	267 族，1500 种	多生于温寒二带
石榴科	此科植物包含大小木本。子房中多隔膜，花瓣不相连，偶有花无瓣。萼彼此间不相重叠，无定数。种子多，须囊形状较长。花有红黄白三色。子房数 2~6 个间不等	45 族，1300 种	石榴、丁香等
绣球科	此科植物为草本，须附于瓣，心皮不份，叶对生，花聚生。瓣或连或分，花形状呈轮状或管状	14 族，220 种	绣球、金银花等
菱科	此科植物为草本及小木本，多生于湿地，子房中隔膜较多，或单子房。须数与瓣同。果壳干硬，无裂缝。只有一个种子，且倒生，胚形直，胚内浆汁凝固且软	8 族，70 种	菱、芡[①]等
菊科	草木及小木本。单子房，瓣附于萼末。瓣附萼末，或呈带状，或分四五齿，多落地。花聚生，有分雌雄者也雌雄同体者。子房卵顺生，胚无浆，果实小，壳干无裂缝	1005 族，9000 种	菊类
唇形科	同为草本及小木本。瓣大小不一。每花生四果，壳硬无裂缝，内有一种子，枝干俱方，叶花对生，叶中多香油。瓣相连，也在子房之下。作唇形，上唇或为两个或只一个。下唇稍大，分为三四个。须附下唇，双子房，果实数目 1~4 个不等	125 族，2350 种	薄荷类
淡巴菰科	同为草本及小木本，多为毒药。五须，胚形长且尖，胎座附轴，叶不分或微分。双子房，心管无节，果实或分二房或多房，有无数种子。胚形或直或曲。胚浆软	族种若干未考定	淡巴菰、泰西（西方）山芋等

---

① 当代植物学研究将芡归于睡莲科。

续表

科属名称	所属植物特点	种类数目	代表植物
橄榄科	此科为小木本。须或二或四，不相连。也对生，不分。花成穗，对生。花或雌雄同体或分雌雄。萼不相连，与瓣同在子房下，瓣相连。须数或二或四，果软且多汁，有核，胚多浆	24 族，130 种	槐树、丁香、橄榄等
实大功劳科	大小木本，冬天不凋零，有枝蜷曲者。叶对生或交错生。胎座附轴，种子有一定数，均倒生。瓣互相掩叠。花色小而白，或带微绿色，可散生，也可成穗。须附于瓣。子房无轮，在萼上。果软无裂缝，中有核，数目 2~6 不等。胚小分四仁。	11 族，110 种	
蔷薇科	藤本与小木本。瓣不相连，子房不附萼。花聚生散生不定。萼中有轮，瓣五出，附子房外。须数不定。果实或为硬壳且只含一子，或做葡萄状，或干壳有一裂缝含多子。胚直平，二仁，无浆，胚根小	38 族，500 余种	蔷薇、月季、玫瑰等
梨科	大小木本。果状均似梨，果内有子房，数 1~5，核只在一房中。花瓣不连。子房附萼，在花下。花色分为白色及淡红色两种。散生聚生均有。萼五出。须无定数，俱生于萼喉。子房之轮甚薄。胚直仁平，无浆	16 族，200 种	苹果、梨、奈李[①] 等
梅科	大小木本。瓣不连，五出。单子房，果软而湿，内有核，甚硬。叶不分，交错生。花色为白色及淡红两种。散生聚生均有。萼五出，子房在萼上，卵数为二，倒生。心管末呈现出肾之形状，胚直，仁扁而厚，一面凸一面平，无浆	5 族，110 种	梅花、杏树、桃树、李子树等
豆科	草本及大小木本。花呈蝶状，其他科属植物之花无此特征。瓣不相连或无瓣。果有荚，果内有一房。萼在子房下，大小不一。果皆如豆或梅，此为此科植物独有特征	467 族，6500 种	豆类、金雀花、紫檀等
肉桂科	大木本。须囊曲裂，果裸露于外，叶全。花聚生，可分雌雄也可不分雌雄。萼三出。无瓣，须有定数。子房数一，在萼上。卵数一或二，倒生。心管一，末微分为二三。果软多汁	46 族，450 种	肉桂、香樟等

① 当代植物学认为，奈李当归属蔷薇科。

续表

科属名称	所属植物特点	种类数目	代表植物
紫薇科	多为小木本，偶有草本。树皮韧性大，瓣不相连或无瓣，须囊直裂，卵一，倒生。花有散生成穗者。萼呈管状，彩色。须有定数，8、4偶有2数。子房心管均为一个。果实干而壳硬，也有呈梅李形状。胚形直薄而软，一仁，一面凸一面平	38族，300种	紫薇、瑞香、楮树等
胡椒科	小木本及草本。干上有节，单子房。一卵且顺生，胚居胞囊中，浆先湿后干。花雌雄同体。须数二、三或更多。粉圆而有光润，子房不附他体，种子数一，顺生	10族，600种	
大黄科	多草本，少数小木本。叶交错生，种子形直，果三角形且硬，无裂缝。花成穗，可雌雄同体也可分雌雄。萼有色，与子房不相附，须有定数，生萼底或子房外。子房数为三。果无包衣，胚倒生，有浆，长根在上	29族，490种	大黄、荞麦等
橘科	大小木本，树皮光滑，有油胞。果软有裂缝，内有多子房。瓣相掩叠，须不附他体。叶多分。萼短或三出，或五出，不落自枯，瓣三出或五出。须之数或如瓣或以瓣为本，生于心轮。多子房，心管各一。果软多汁，皮厚内有油囊。胚形直，无浆，仁厚且软，胚根短	20族，95种	橘、柚、橙、柑等
葡萄科	藤本，有节，也有小木本。萼瓣之出皆等势。胎座附轴，须于瓣交错相对，囊直裂，枝干中所胞体，内有汁，每年有一段时间汁液流出较多。花聚生，叶相对生，花小色绿，萼微，瓣数四或五，须数与瓣同，生于心轮，茎不连。子房数2~6，心管各一。果实形状如球，有汁。种子数4或5，顺生，甚硬。胚顺生，浆凝固且坚，胚根在下	7族，260种	
罂粟科	草本及小木本。植物体内有汁呈牛奶状。单子房，萼落，胎座在旁。一本只一花，花色呈除蓝色外的其他各色。萼二出或三出，瓣在子房下，四出六出或多出，以萼为本。须数不定，生于子房下，卵多。果形可做豆状、干壳有裂缝、罂状等。胚小直居浆底，油状，仁平而凸	18族，130种	

续表

科属名称	所属植物特点	种类数目	代表植物
玉兰科	大小木本。此科之树外形美观。多子房，抱花叶大。瓣相掩叠，胚浆凝固且软。花散生有香味，多雌雄同体。萼三出或六出，偶有无萼者。须多，生于心下。果或干或软而有汁，内多房。胚小，居软浆下浆甚多。果多不可食用	11族，65种	多处于亚美利加区域
莲科	草本。叶质软，形状为人心状。干平卧水底。果有多房，花大，颜色亮丽且香。萼四出，与心瓣均不相附。须生于心轮，双囊。心有多子房。果无裂缝，种子附于软隔膜，胚小居于浆底，浆如散粉。仁软而内凹	5族，50种	藕等
茶科	大小木本。叶不分，对生。花瓣出法为等边状。须囊横加茎末。种子数一。心管长，花成穗，繁茂，有白及淡红二色。多数雌雄同体。须数不定生于心下。茎如线。双囊直裂，多子房，在萼上。卵附轴上甚大。果壳裂法各不相同。胚或直或曲，无浆。仁大多油	33族，130种	茶、山茶、玉茗等
荔枝科	大木本，藤本。瓣出法不等势，有物附于瓣内。须囊直裂，子房数三。叶多分，交错生。花成穗，花色呈白及淡红二色，偶有黄色。萼四处五出。瓣生于心下。须茎不相连。果有干壳。胚多曲，无浆。胚根近胚连胎座	50族，380种	荔枝、龙眼等
木棉科	草本，大小木本。须全，单囊向内。叶出数三四五不等。瓣生于心下，出数与萼同。须数不定，茎连为一体。囊横裂，子房分多房。果壳或干或软而多汁。胚曲无浆，仁曲	39族，1000种	
十字科	主要特征在其须。草本。一、二年生或多年生。瓣四十字形。叶交错生，花成穗，颜色有黄、白、紫三色。萼四出，与瓣交错。四长须二短须。子房不分，在上，胎座在旁。心管口分为二。果壳成荚，一房，裂缝二。种子数一或多。胚无浆	173族，1600种	芥、菜菔、白菜等

续表

科属名称	所属植物特点	种类数目	代表植物
瓜科	蔓本。一年生或多年生。瓣相连，胎座在旁，果即为瓜，叶状如手，分五尾。植物体长硬毛。花分雌雄，颜色为红黄白，萼瓣五出，同状。五须，双囊，子房不分，胎座三。种子数或一或多，心管短，口厚且软。果实多汁，种子平，有皮；胚亦平，无浆。仁有总管、支管如叶	56族，270种	瓜类
胡桃科	大木本，体内有水或胶。子房不分，卵一，顺生。叶交错生。花分雌雄，雄花成穗，雌花聚生。偶有雌雄同体。须数三或更多，双囊。萼附于心，三四五出不等。无瓣或小瓣。子房分为二三四不等，一房在上，其余在下。果有皮有核，或双裂缝或无裂缝。核有硬壳，壳内多凹曲，胚无浆，仁软有油，胚根尤其短，生于上	4族，27种	
栗科	大小木本。子房分为二或多。卵倒生。叶不分。花分雌雄，聚生，雄花成穗，雌花成穗或总跗分枝。须数为5~20。子房顶有萼痕，四周有轮形，形状不统一，与卵均较多。果有一房，壳硬而韧，无裂缝。种子数一二三不等，独居。仁大平且凹，胚根小。花成穗	8族，265种	栗、橡等
桑科	大小木本或藤本。体内多乳，单卵，倒生，胚曲，多浆，胚根在上，叶状各异且粗。花小聚生或成穗或成团，分雌雄；雄花萼三出或四出。须数三或四，生于萼底。双囊直裂。雌花二三四五出不定。子房不分，偶有分为二者。果实小且硬，只有一房，有汁软囊包裹。种子数一，有薄膜。胚浆软且多	8族，184种	桑类、无花果等
麻科	草本。一卵倒生。胚曲，无浆，胚根在上，花较细，叶分交错生。花分雌雄，雄花成疏穗，萼有鳞，相叠，须不多，与萼之出相对。茎如线，双囊，在茎末。雌花成密穗或呈松子状。心无管，二口，无裂缝。单种子。麻可作绳布及麻药酒	2族，2种	

续表

科属名称	所属植物特点	种类数目	代表植物
杨柳科	大小木本。子房不分，种子多且有丝。叶不分，可落可不落，花分雌雄，有护衣呈酒杯状或无。聚生成穗。须或分或连为一体。双囊，子房不分，在萼上。卵多，俱顺生。果内一房，裂缝二。种子在子房底，胚直，浆不多。胚根在下	2 族，220 种	
松柏科	大小木本。可过冬。植物体多有厚胶。叶形如针，干自下而上逐节分枝，花分雌雄成穗，雄花之须连为一体，或散生或聚生成穗，双囊直裂，心开，子房并列作鳞状，无管无口，卵露于外，每二卵或多卵同房，倒生。一胚珠，诸雌花合生果实，叠鳞形状。胚有多浆，浆凝且软，有油。双仁或数仁	20 族，100 种	松树、柏树、杉树等
水仙科	木本草本，根甚短，弯曲匍匐在地。叶节节而生，萼与瓣同状。须囊向内，心管不分。胚浆呈凝固状但较软。叶狭长，管平行。近干处无节。花大小不定，雌雄同体。萼瓣同色，交错等势。六须，附瓣与萼，心不附他体，分三房，卵甚多，心管一，口单，三出。胚有多浆，种子方向同	133 族，1200 种	水仙、萱百合、葱、蒜等
姜科	不生寒地。草本，根卧地蔓生，有节。无真干，而由叶梗合成。无枝，一须，双囊，胚居于有汁胞体中。花或成密穗或疏穗。萼在上方，构成短管，瓣也成管，俱不等势。须三。子房分为三，卵多，胎座附轴。果硬分三房。种子多而软，内有汁	29 族，247 种	姜黄、姜等
芭蕉科	本科植物无干。但叶的根部为筒状并相互叠加为假干。花成穗，萼瓣难分。六须，双囊。心在下，子房有二，卵为三或更多，心管为单，口微分。果较干有裂缝，也有少数软而多汁者。种子多毛，胚顺生而直，长方形	4 族，20 种	
五谷科	冬天不凋零。一年生者个别根较大。而数年生者则根较短。根上多根管，干多作圆柱形状，中空，分节，而在分节处则为实。干外有薄皮，叶子狭长，不分，交错生。花绿色成穗，多雌雄同体，种子内浆如粉，胚偏居浆外，单仁	291 族，3800 余种	水稻、大小麦、黍、稷、草等具备干圆且中空特征的植物

参考文献

（一）历史文献类

［1］李善兰，韦廉臣，艾约瑟.植物学［M］.上海：墨海书馆（清），1858.

［2］李善兰，伟烈亚力.续几何原本·序［M］.上海：墨海书馆（清），1856.

［3］傅兰雅.植物图说［M］.上海：江南制造局，1894.

［4］梁启超.清代学术概论［M］.中国言实出版社，2014.

［5］梁启超.中国近三百年学术史［M］.北京：东方出版社，2012.

［6］李提摩太.亲历晚清四十五年［M］.天津：天津人民出版社，2005.

［7］阮元.十三经注疏·周礼［M］.上海：世界书局，1936.

［8］伟烈亚力.六合丛谈小引［J］.六合丛谈，第1号.

［9］韦廉臣.《万国公报》列于书会缘记［J］.万国公报，第14号，1890.

［10］吴其濬.植物学名实图考［M］.北京：商务印书馆，1957.

［11］王韬.瀛壖杂志［M］.上海：上海古籍出版社，1989.

［12］王韬.王韬日记［M］.北京：中华书局，1987.

［13］徐光启，石声汉校注.农政全书校注［M］.上海：古籍出版社，1979.

［14］叶澜.植物学歌略［M］.上海：上海蒙学书报局，1898.

［15］赵尔巽等纂.清史稿［M］.北京：中华书局，1977.

（二）学术专著类

［1］杜石然，金秋鹏.中国科学技术史·通史卷［M］.北京：科学出版社，2003.

［2］杜石然.中国科学技术史稿（下）［M］.北京：科学出版社，1982.

［3］黎难秋.中国科学翻译史料［M］.合肥：中国科学技术大学出版社，1996.

［4］郭文韬.中国传统农业思想研究［M］.北京：中国农业科技出版社，2001.

［5］惠富平，牛文智.中国农书概况［M］.陕西：西安地图出版社，1999.

［6］胡庚申.翻译适应选择论［M］.武汉：湖北教育出版社，2004.

［7］梁家勉.中国农业科学技术史稿［M］.北京：农业出版社，1989.

［8］李亭举，吉田忠.中日文化交流史大系·科技卷［M］.杭州：浙江人民出版社，1996.

［9］罗桂环. 中国近代植物学的发展［M］. 北京：中国科学技术出版社，2014.

［10］马君武. 实用主义植物学教科书［M］. 上海：商务印书馆，1918.

［11］沈国威. 六合丛谈［M］. 上海：上海辞书出版社，2006.

［12］沈国威. 植学啓原と植物学の語彙：近代日中植物学用語の形成と交流［M］. 吹田：関西大学出版部，2000.

［13］樊兆鸣. 江南制造局翻译馆图志［M］. 上海：上海科学技术文献出版社，2011.

［14］邢春如. 生物科技概述（下册）［M］. 沈阳：辽海出版社，2007.

［15］熊月之. 西学东渐与晚清社会［M］. 上海：上海人民出版社，1994.

［16］熊月之，张敏. 上海通史　第6卷：晚清文化［M］. 上海：上海人民出版社，1999.

［17］徐宗泽. 明清间耶稣会士译著提要［M］. 上海：上海书店出版社，2010.

［18］杨自强. 学贯中西——李善兰传［M］. 杭州：浙江人民出版社，2006.

［19］张芳，王思明. 中国农业科技史［M］. 北京：中国农业科技出版社，2001.

［20］中国农业遗产研究室. 中国农业古籍目录［M］. 北京：北京图书馆出版社，2002.

［21］郑师渠. 中国文化通史·清前卷［M］. 北京：北京师范大学出版社，2009.

［22］Benjamin A. Elma.On Their Own Terms: Science in China，1550—1900[M]. Cambridge : Harvard University Press, 2005.

［23］Edkins J D. In memory of Reverend William Muirhead, D. D. [M]. Shanghai : Printed at the American Presbyterian Mission Press, 1900.

［24］Lindley J. The Elements of Botany: Structural and Physiological; Being a Fifth Edition of the Outline of the First Principles of Botany, with A Sketch of the Artificial Methods of Classification, and A Glossary of Technical Terms [M]. London: Bradbury & Evans, 1847.

［25］Lindley J. The Elements of Botany: Structural, Physiological, Systematical, and Medical; Being a Sixth Edition of the Outline of the First Principles of Botany, with A Sketch of the Artificial Methods of Classification, and A Glossary of Technical Terms [M]. London: Bradbury & Evans, 1849.

［26］Lindley J. Elements of Botany: Structural, Physiological, Systematical, and Medical[M]. London : Hardpress Publishing, 1841.

［27］Lindley J. An Outline of the First Principles of Botany [M]. London: Longman and Co., Patemoster Row, 1830.

（三）期刊论文类

［1］付雷. 晚清中下学生物教科书出版机构举隅［J］. 科普研究，2014（6）：61-72.

［2］高秉江. 自然神学与科学［J］. 华中科技大学学报（社会科学版），2004，18（4）：9-12.

［3］惠富平，孙雁冰.《齐民要术》农耕文化价值的再认识［J］. 中国农史，2020，39（2）：50-57.

［4］胡庚申. 生态翻译学的研究焦点与理论视角［J］. 中国翻译，2011，32（2）：5-9.

［5］胡庚申. 生态翻译学解读［J］. 中国翻译，2008，29（6）：11-15.

［6］黄信初，肖蓉，肖丽. 析墨海书馆的兴衰历史及其积极影响［J］. 湖湘论坛，2010（6）：109-112.

［7］雒新艳. 实践：现实人超越观念人、感性人的节点——再议马克思人性理论的当代意义［J］. 河海大学学报（哲学社会科学版），2011，13（1）：1-4.

［8］李建中，雷冠群. 明末清初科技翻译与清末民初西学翻译的对比研究［J］. 长春理工大学学报，2011（7）：84-86.

［9］林成滔. 自然神学与近代科学的诞生［J］. 白城师范学院学报，2006（2）：25-27.

［10］芦迪. 晚清《植物学》一书的外文原本问题［J］. 自然辩证法通讯，2015，37（6）：1-8.

［11］芦笛. 对晚清《植物学》一书中真菌学知识的考察［J］. 中国真菌学杂志，2013，8（6）：366-368.

［12］罗桂环. 我国早期的两本植物学译著——《植物学》和《植物图说》及其术语［J］. 自然科学史研究，1987（4）：383-387.

［13］刘华杰.《植物学》中的自然神学［J］. 自然科学史研究，2008，27（2）：166-178.

［14］潘吉星. 谈"植物学"一词在中国和日本的由来［J］. 大自然探索，1984（3）：167-172.

［15］沈国威. 现代汉语中的日语借词之研究——序说［J］. 日语学习与研究，1988（5）：14-19.

［16］沈国威. 译名"化学"的诞生［J］. 自然科学史研究，2000，19（1）：55-57.

［17］沈国威. 回顾与前瞻：日语借词的研究［J］. 日语学习与研究，2012（3）：1-9.

［18］孙雁冰. 从生态翻译学的角度看严复翻译［J］. 西安航空学院学报，2014，32（4）：54-57.

［19］孙雁冰. 明代来华传教士科技翻译对中国科技发展的意义［J］. 潍坊工程职业学院学报，2016，29（5）：54-57.

［20］孙雁冰. 清代（1644—1911）来华传教士生物学译著书目考［J］. 生物学通报，2016，51（12）：48-54.

［21］孙雁冰. "botany" "植物学" 译名缘起及意义探微［J］. 出版广角，2020（19）：94-96.

［22］孙雁冰. 晚清（1840-1912）来华传教士植物学译著及其植物学术语研究［J］. 山东科技大学学报（社会科学版），2019，21（6）：33-38.

［23］孙雁冰. 论李善兰译者主体性在晚清《植物学》汉译中的发挥［J］. 出版广角，2019（13）：88-90.

［24］孙雁冰. 传统植物学向近代植物学的过渡：《植物名实图考》与《植物学》的对比［J］. 出版广角，2019（20）：94-96.

［25］孙雁冰，惠富平. 论译者主观能动性在晚清西书汉译中的主导作用——以李善兰《植物学》的汉译为例［J］. 西安电子科技大学学报（社会科学版），2018，28（3）：91-97.

［26］孙雁冰，马浩原. 生物学术语创译视角下的清代来华传教士生物学译著及其科学价值［J］. 江苏科技大学学报（社会科学版），2017，17（2）：57-62.

［27］孙雁冰. 李善兰科技译著述议［J］. 安庆师范学院学报（社会科学版），2016，35（4）：47-51.

［28］孙雁冰. 从翻译目的论的视角看李善兰科技翻译［J］. 湖北广播电视大学学报，2016，36（6）：45-49，53.

［29］孙雁冰，马浩原. 论清代来华传教士生物学译著对晚清生物学发展的贡献［J］. 韩山师范学院学报，2017，38（3）：59-64.

［30］屠国元，朱献珑. 译者主体性：阐释学的阐释［J］. 中国翻译，2003（6）：8-14.

［31］汪子春. 中国传播近代植物学知识的第一部译著《植物学》［J］. 自然科学史研究，1984（1）：90-96.

［32］汪子春. 李善兰和他的《植物学》［J］. 植物杂志，1981（2）：28-29.

［33］汪振儒. 关于植物学一词的来源问题［J］. 中国科技史料，1988（1）：88.

［34］汪晓勤. 艾约瑟：致力于中西方科技交流的传教士合学者［J］. 自然辩证

法通讯，2001，23（5）：74-96.

［35］王宗训.中国植物学发展史略［J］.中国科技史杂志，1983（2）：22-31.

［36］王渝生.李善兰：中国近代科学的先驱者［J］.自然法通讯，1983（5）：59-80.

［37］许均."创造性叛逆"和翻译主体的确立［J］.中国翻译，2003（1）：6-11.

［38］熊月之.1842年至1860年西学在中国的传播［J］.历史研究，1994（4）：63-81.

［39］咏梅.中日近代科学交流方向逆转原因探讨［J］.长沙理工大学学报（社会科学版），2013，28（1）：26-30.

［40］于应机.中国近代科学的奠基人——科学翻译家李善兰［J］.宁波工程学院学报，2007，19（1）：56-60.

［41］杨瑞玲.传播学视域下中国文学海外翻译出版偏差与矫正［J］.中国出版，2019（13）：62-64.

［42］查明建，田雨.论译者主体性——从译者文化地位的边缘化谈起［J］.中国翻译，2003（1）：19-24.

［43］张卫，张瑞贤.植物名实图考引书考析［J］.中医文献杂志，2007，25（4）：11-12.

［44］张灵.简论吴其濬的《植物名实图考》［J］.中国文化研究，2009（3）：45-52.

［45］张翮.晚清译著《植物学》的出版及影响［J］.山西大同大学学报（自然科学版），2019，35（4）：109-112.

［46］张升.晚清中算家李善兰的学术交流与翻译工作［J］.山东科技大学学报（社会科学版），2011，13（2）：30-35.

［47］周锰珍."目的论"与"信达雅"——中西方两种译论的比较［J］.学术论坛，2007（8）：154-158.

［48］仲伟合，周静.译者的极限与底线——试论译者主体性与译者的天职［J］.外语与外语教学，2006（7）：42-46.

［49］William T S. The Self-Taught Botanists Who Saved the Kew Botanic Garden [J]. Taxon. 1965, 14 (9): 19.

（四）学位论文及论文集类

［1］龚昊.传科学的传教士——傅兰雅与中西文化交流［D］.北京：中国社会科学院研究生院，2013.

［2］吴霞.英国伦敦会传教士艾约瑟研究［D］.福州：福建师范大学，2005.

［3］赵圣健.麦都思跨文化传播研究［D］.沈阳：辽宁大学，2012.

［4］张翩.基于"双语对校"的晚清译著《植物学》研究［D］.合肥：中国科学技术大学，2017.

（五）其他类

［1］Alan Richardson. A Dictionary of Christian Theology [M]. London : Westminster Press, 1969.

［2］刘星.西方近代博物学与自然神学［N］.中国社会科学报，2016–6–7（4）.

［3］http://www.wul.waseda.ac.jp/kotenseki/advanced_search.html古典籍総合データベース[EB/OL]2020–08–16.

后　记

　　《植物学》汉译至今已逾150年。作为中国植物学史上第一部介绍近代植物学知识的著、译著，长久以来，《植物学》持续受到学术界的广泛关注，其科学价值和文化影响力得到学术界的广泛认可；且学术界对于《植物学》一书的研究不断向纵深层次开展，研究内容已从《植物学》中所引介的植物学知识本身拓展至其科学文化延伸内涵及外文原本等更加微观性层面的探讨。对《植物学》的科学文化价值进行深度挖掘，有助于学术界更好地了解近代植物学萌芽与发展的经过，以及更加全面地认识晚清中西方科技交流的总体情况。

　　通过对晚清至近代的植物学方面的著、译作及相关科学文献进行搜集和整理，并对相关期刊、人物传记等文献资料的考察和研究，本书力争最大限度地还原《植物学》汉译发生发展的经过。在开展了系统性研究的基础上，本书认为关于《植物学》一书，有以下几方面值得关注：

　　一是作为第一部介绍西方近代植物学知识的译著，《植物学》的出版刊行象征了中国植物学就此迈入了全新的研究阶段。《植物学》中所选译的内容、译著的主体内容及框架思路等，在引领晚清植物学研究向近代植物学研究过渡方面，均发挥出了积极的作用，推动了西方近代植物学知识在晚清植物学界的萌芽与发展。

　　二是《植物学》的外文原本问题有待于进一步挖掘。由于《植物学》为李善兰等译者"有目的"的选译，并非针对某一部西方植物学著作的全译，且其翻译过程也受到了李善兰等译者的译者主体性的影响，因此，为学术界考据其外文原本带来了一定的难度。

　　三是《植物学》具有较为深远的科学影响力。在引介西方近代植物学知识的同时，也将彼时西方近代科学研究中已然采用的科学仪器、科学方法论、科学实验观等传播至晚清科学界。这些科学理念对于晚清科学界而言具有一定的先进性，有助于推动晚清植物学研究实现由经验主义向实验主义的跨越。

　　四是《植物学》中丰富的文化内涵有助于我们更好地了解晚清中西方科技交流的基本情况及彼时晚清社会的部分信息，能够为当代学术界考据晚清的各类社会信息及晚清中西方科技交流的总体情况提供进一步的参考依据，从而赋予《植物学》远超于其科学影响力的文化意义。

五是《植物学》中所创译的术语发挥出了积极的科学传播力量，引领了晚清植物学学科的发展方向；既规范了植物学的研究，也有助于集聚植物学研究力量，奠定了植物学后续发展的基础。此外，《植物学》汉译中翻译策略的选择、术语创译、译者科技翻译思想等，进一步赋予了《植物学》科技翻译价值。

《植物学》的科学文化价值及传播影响力自不待言，但是从当代植物学研究视角出发，《植物学》中所引介的部分植物学知识确实存在疏漏之处，少数科学原理及科学现象的阐释浅尝辄止，缺乏较为深入的科学性的依据，甚至受到自然神学思想的主导，这些均对《植物学》的科学说理性产生了一定的影响。客观理性地认识这些内容，有助于当代科技史学研究者更加客观地认识晚清的西书汉译，也对当代植物学史研究有一定的借鉴作用。

以上是对本书内容的回顾和启示，相信对于学术界进一步加强关于中西方科技交流史的研究有所裨益。但是受限于本人研究能力及文献资料获取的有限性，本书主要立足于《植物学》一书的内容体系架构、术语创译及影响等方面，而对某些问题的研究尚不够具体和深入。此外，跳出《植物学》植物学著、译作本身的属性，也有很多问题值得进一步探讨。为此，本书做了以下几点展望，希望对今后相关研究工作有所助益。

一是关于《植物学》中环保知识等文化附加信息的社会属性研究。虽然从当代科学发展水平看，《植物学》中所引介的环保理念及相关知识较为浅显，但受到《植物学》汉译发生时的社会属性的制约，《植物学》中所涉猎的环保知识理念及围绕其引介的植物学，乃至生物学理论，均能够进一步客观彰显《植物学》研究视角的创新性及先进性。《植物学》在引介植物学知识的同时，也在行文中包含了一定量的文化及社会信息，通过对这些文化信息的深入解读，并从社会属性的视角进行分析，有助于我们进一步加深对晚清中西方植物学交流的情况及传统植物学向近代植物学过渡的过程的了解，并进一步丰富关于《植物学》文化价值的研究。

二是在传播学视角下，关于晚清西方植物学著作翻译出版偏差与矫正研究。科技翻译出版是科技交流与传播的重要途径之一；晚清第二次西学东渐时期的科技翻译在推动彼时中西方科技交流方面发挥出了不可替代的作用。作为自然科学的重要分支，早期西方植物学的传入也始于科技翻译。为提升当代植物学译著的翻译质量，应对早期植物学译著中待译内容的选定、译者个人学术经历、术语翻译及翻译影响等方面进行分析与评价。因此，对传播学视角下的晚清西方植物学著作翻译出版出现的偏差进行分析与探讨，并对上述偏差的矫正给出应对策略，有助于做好西方植物学著作的翻译与传播，并进一步推动当代中西方植物学交流。

三是对《植物学》及晚清至近代西方来华传教士植物译著的梳理及翻译学价值的深入探讨。《植物学》是西方近代植物学传入中国的第一部译著，在《植物学》之后，还有多部西方来华传教士植物学译著，这些译著中所创译的植物学术语（包括）生物学术语有很大一部分一直沿用至今，其演化更替的过程既能够客观折射中国近代植物学研究发展的经过，也对当代科技术语研究有所助益。因此，进一步深度挖掘《植物学》及其他近代西方来华传教士植物学译著也将有助于当代翻译学研究及科技术语研究。

另外，在开展下一步研究的过程中，研究方法的采用也值得进一步思考和探讨。本书作者认为，如何进一步有机运用跨学科的研究方法开展研究工作将是下一步研究主要关注的要点。交叉运用科技史学与翻译学的研究方法，对传统植物学向近代植物学的过渡开展系统性研究。运用比较法将《植物学》与其他西方来华传教士植物学译著及清末民初时期植物学著作、教科书等进行对比；运用理论借鉴与运用问题驱动，将翻译学的研究理论应用于对《植物学》及其他西方来华传教士植物学译著的译文分析中，从而为深度挖掘史料提供依据；运用文化交融将晚清西方来华传教士的植物学著、译作的科技内涵与人文内涵相互渗透与融合，从而进一步推动晚清科技学，尤其是中西方科技交流史学研究向前发展。

晚清中西方科技交流史研究内容广泛且复杂，本书未能尽其详，而且由于本人知识与能力的不足，有很多方面的思考尚不够深入和成熟，若有可待商榷之处，恳请专家学者不吝指正！